高等学校信息技术
人才能力培养系列教材

微课版

数据结构
（Java 语言描述）
第 2 版

Data Structures in Java

(2nd Edition)

罗福强 赵力衡 ● 主编

人民邮电出版社

北京

图书在版编目（CIP）数据

数据结构：Java语言描述：微课版 / 罗福强，赵
力衡主编. -- 2版. -- 北京：人民邮电出版社，2022.10（2023.1重印）
高等学校信息技术人才能力培养系列教材
ISBN 978-7-115-59539-3

Ⅰ. ①数… Ⅱ. ①罗… ②赵… Ⅲ. ①Java语言—数
据结构—高等学校—教材 Ⅳ. ①TP311.12②TP312.8

中国版本图书馆CIP数据核字(2022)第107580号

内 容 提 要

　　"数据结构"课程是国内高校涉及程序设计的相关专业的基础课程。为了促进新兴信息技术人才培养，本书强化链表、循环队列、矩阵、二叉查找树、平衡二叉树、最小生成树、AOV网等复杂数据结构的分析、设计、实现与应用。本书共9章，主要内容包括数据结构的基本概念、线性结构（线性表、栈、队列、串、矩阵、广义表）与非线性结构（树、图）、查找与排序算法和综合项目实训，并通过"校园导游系统"等案例展示数据结构的应用与实现过程。本书面向应用型本科院校学生，立足于把数据结构的基本概念和基本算法讲清楚、讲透彻。本书知识结构完整，提供大量的应用案例，不仅配备符合教学目标的丰富的课后习题，还配备富有针对性的实训任务清单和微课视频，因此既方便教学，又方便自学。

　　本书可作为应用型本科院校涉及数据结构课程的教材或参考资料，也可作为相关从业人员的参考用书。

◆　主　　编　罗福强　赵力衡
　　责任编辑　刘　博
　　责任印制　王　郁　陈　犇

◆　人民邮电出版社出版发行　　北京市丰台区成寿寺路 11 号
　　邮编　100164　　电子邮件　315@ptpress.com.cn
　　网址　https://www.ptpress.com.cn
　　三河市祥达印刷包装有限公司印刷

◆　开本：787×1092　1/16
　　印张：15.75　　　　　　　　2022 年 10 月第 2 版
　　字数：410 千字　　　　　　　2023 年 1 月河北第 2 次印刷

定价：59.80 元

读者服务热线：(010)81055256　印装质量热线：(010)81055316
反盗版热线：(010)81055315
广告经营许可证：京东市监广登字 20170147 号

前言
PREFACE

2016 年 1 月，本书第 1 版出版时，云计算、物联网、大数据、移动互联网等新兴技术兴起不久，都还处于发展之中。当时的判断是随着这些技术的发展，软件设计思想、程序设计语言、软件开发环境，以及最终的应用场景都将发生深刻的变革。如今，6 年过去了，新技术带来的变革事实上远远超过了当初的预期。

在技术领域，虚拟现实、数字孪生、5G、区块链、深度学习、边缘计算、无人驾驶、脑机接口等新技术令人眼花缭乱、目不暇给。在学科与专业层面，几乎所有学科都在朝着"大数据+"和"AI+"方向发展。新专业，诸如数据科学与大数据技术、人工智能、数据计算及应用、智能制造工程、智能感知工程、工业智能、区块链工程、智慧交通、大数据管理与应用等如雨后春笋般涌现。面对如此局面，数据结构的课程教学问题已经不再是原来计算机或者电子信息学科范围内的问题。在其他学科中，例如正在融入"大数据+"和"AI+"的管理学、经济学等专业需不需要开设数据结构课程呢？如果需要开设，那么开设之后讲什么内容？讲到什么程度？以何种方式讲？特别是高中不分文、理科后如何让传统的偏文科的学生也能轻松掌握数据结构？这一系列的问题都需要在实践中进行探讨。带着这些问题，本书启动了修订工作。

首先，本次修订继续以 Java 语言为工具，以更符合人的自然思维方式的、面向对象的思想描述各种算法，通过精选基础理论内容，降低理论难度和抽象性，加强实践环节等措施来提高学生的面向对象算法设计和实现能力，并力求使学生得到较好的学习效果。

其次，本次修订在编写理念上坚持综合应用能力与创新思维培养并举，在内容上兼顾"大数据+"和"AI+"等专业建设的需要，强化链表、循环队列、矩阵、二叉查找树、平衡二叉树、最小生成树、AOV 网等复杂数据结构的分析、设计、实现与应用，从而为学生深入学习新兴的信息技术及应用提供更多的支持。

经过修订，本书在以下 5 个方面特色更加鲜明。

第一，教学定位清楚。本书面向应用型本科院校学生，立足于把数据结构的基本概念和基本算法讲清楚、讲透彻。

第二，教学内容先进。本书以 Java 语言为工具，用面向对象的思想描述各种数据结构的定义和相关算法的实现。

第三，教学目标明确，知识结构完整。本书在教学内容安排方面强调既要方便教学，又要方便自学，因此针对数据结构的常用算法提供完整的 Java 语言源代码实现，而针对其他算法只提供分析和设计思路，源代码留给读者拓展实现。

　　第四，教学理念先进。本书坚持以应用与实践为纲领，避免传统数据结构教材"重理论、轻实践"的弊端，因此本书针对每一种数据结构都特别突出地讲述相关数据结构的应用与实现。

　　第五，教学模式完善。本书坚持综合应用能力和创新思维培养并举，保留第 1 版的全部课后习题和实训任务清单，还配备微课视频，方便自学。

　　本次修订主要由成都锦城学院罗福强老师和赵力衡老师负责，罗福强老师主要负责全书内容的修改和完善，赵力衡老师主要负责微课视频的制作。特别感谢参与本书第 1 版编写的刘英老师和杨剑老师，正是他们在第 1 版的坚实工作为本书再版奠定了良好的基础。

　　此外，特别感谢成都锦城学院何贤江老师对本书的修订提出了宝贵意见。也向所有为本书修订提供帮助和支持的人表示感谢！

编　者

2022 年 3 月

目录
CONTENTS

第5章

树和二叉树 ··· 103

第 6 章

图 ⋯⋯⋯⋯⋯⋯⋯⋯⋯⋯⋯⋯⋯⋯⋯⋯⋯⋯⋯⋯⋯⋯⋯⋯⋯⋯⋯⋯⋯⋯⋯⋯⋯⋯⋯ 140

第 7 章

查找 179

第 8 章

排序 205

第9章

第 1 章

概　述

建议学时：4 学时

总体要求

- 了解数据结构的意义、数据结构在计算机领域的地位和作用
- 掌握数据结构各名词、术语的含义和有关的基本概念，以及数据的逻辑结构和存储结构之间的关系
- 掌握使用 Java 语言对数据结构进行抽象数据类型的表示和实现的方法
- 了解算法的 5 个特征
- 熟悉估算算法时间复杂度的方法

相关知识点

- 相关概念：数据、数据元素、数据对象、数据结构
- 数据的逻辑结构：集合、线性结构、树和图
- 数据的物理结构：顺序结构和非顺序结构
- 算法时间复杂度及空间复杂度

学习重点

- 数据的逻辑结构和存储结构及它们之间的关系
- 算法时间复杂度的计算

学习难点

- 算法时间复杂度的计算

　　计算机科学是一门研究信息表示、组织和处理的科学，而信息的表示和组织直接关系到处理信息的效率。随着计算机产业的迅速发展和计算机应用领域的不断扩大，计算机应用已不仅限于早期的科学计算，而更多地用于控制、管理和数据处理等方面，随之而来的是处理的数据量越来越大，数据类型越来越多，数据结构越来越复杂。因此，若要编写一个高效的处理程序，就需要解决如何合理地组织数据，建立合适的数据结构，设计好的算法，来提高程序执行的效率等问题。"数据结构"这门学科就是在这样的背景下逐步形成和发展起来的。

1.1　数据结构的作用和意义

在计算机科学领域，数据是外部世界信息的计算机化，是计算机经过输入、转换、计算、统计等一系列加工处理之后所形成的结果。数据可以用于科学研究、设计、查证等。运用计算机处理数据时，必须解决 4 个方面的问题：一是如何在计算机中方便、高效地表示和组织数据；二是如何在计算机存储器（内存和外存）中存储数据；三是如何对存储在计算机中的数据进行操作，可以有哪些操作，如何实现这些操作以及如何对相同问题的不同操作方法进行评价；四是如何理解每种数据结构的性能特征，以便选择一个适用于解决某个特定问题的数据结构。这些问题就是数据结构这门课程所要研究的主要问题。

1.1.1　数据结构的作用

我们知道，虽然可能每个人都懂得英语的语法与基本类型，但是对于同样的题目，每个人写出的英语作文，水平却高低不一。程序设计也和写英语作文一样，虽然程序员都懂得某种计算机语言的语法与语义，但是对于同样的问题，不同的程序员往往会写出不同的程序。有的人写出来的程序效率很高，有的人却用复杂的方法来解决一个简单的问题。

当然，程序设计水平的提高仅靠看几本程序设计书是不行的。只有多思索、多练习，才能提高自己的程序设计水平，否则，书看得再多，提高也不大。想要提高程序设计水平，还需要多看别人写的程序，多去思考问题。从别人写的程序中，我们可以发现效率更高的解决方法；在思考问题的过程中，我们可以了解解决问题的方法往往不止一个。运用先前解决问题的经验，来解决更复杂、更深入的问题，是提高程序设计水平的有效途径之一。

数据结构正是前人在思考问题的过程中所想出的解决方法。一般而言，在学习程序设计一段时间后，学习数据结构能让我们的程序设计水平得到提升。如果只学会了程序设计语言的语法和语义，那么你只能解决程序设计三分之一的问题，而且运用的方法并不是最有效的。但学习了数据结构之后，我们就可以在进行程序设计时，运用最有效的方法来解决绝大多数的问题。

数据结构课程的教学目标有 4 个。一是掌握常用的数据结构，这些数据结构已成为程序员处理数据问题的基本工具。对于许多常见的问题，这些数据结构是理想的选择，程序员经过少许的修改就可以使用，非常方便。二是掌握常用的算法，算法和数据结构一样，是人们在长期实践过程中的总结。三是了解并熟悉算法效率度量的标准，学会算法优化的常见方法。四是通过数据结构的算法训练提高程序设计水平，通过编程技能训练提高程序设计的综合能力。

1.1.2　数据结构的意义

当我们用计算机解决一个问题时，必须告诉计算机如何去做。首先，我们需要分析问题中数据之间的关系，确定一个合适的数据模型；然后，需要设计一个求解这个数据模型的算法；最后编写程序，经过反复调试直至得到正确结果。这就像我们求解一个数学应用题，需要通过问题的描述列出一个方程或方程组，然后求解该方程（组）。但是，需要计算机求解的大多数问题比数学方程复杂得多。下面给出几个简单的例子加以说明。

【例 1-1】　某公司有 50 名员工，现在需要设计一个管理系统，完成对员工信息的查找、修改、插入或删除。

首先需考虑如何表示这 50 名员工的信息。员工信息之间的关系可以看成一个接一个的线性关系，这是一种线性结构。这些员工信息按一定的先后顺序线性排列，构成一个线性表。线性表中的每一个元素代表一个员工信息，如表 1.1 所示，对员工信息的查找、修改、插入或删除都应该基于该线性表。

员工信息是按工号一个接一个存放的。要查找和修改某个员工信息，可以从第一个员工开始，依次向后比较，找到后就可以修改了。如果要插入一个员工信息，可以先找到插入位置，把从该位置到最后的所有员工信息依次后移，空出一个位置后插入。如果要删除一个员工信息，可以先找到删除位置，然后将后面的员工信息依次前移即可。

表 1.1 员工基本信息表

工号	姓名	性别	出生年月	……
K0705	王鹏	男	1975.06	
K0722	李煜	男	1978.04	
K0809	赵斌	女	1978.11	
K0916	侯超	男	1979.03	
K1005	张小兵	男	1980.07	
K1204	周宇	女	1981.12	
……	……	……	……	……

【例 1-2】 计算机和人对弈问题。对弈是在一定的规则下进行的，为使计算机能灵活对弈，必须将对弈过程中所有可能发生的情况以及相应的对策考虑周全，同时，作为一名优秀的棋手，应能预测棋局的变化趋势，所以，为使计算机能够和人对弈，必须事先将对弈的策略存入计算机。图 1.1 所示为九宫格棋盘"对弈树"，其中图 1.1（a）所示为一个九宫格的棋局。

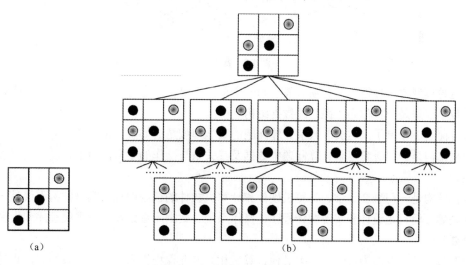

图 1.1 九宫格棋盘"对弈树"

黑白双方交替落子，若将从对弈开始到结束过程中可能出现的棋局画出来，可得到一个倒长的"树"，图 1.1（b）所示的是其中的一部分。"树根"是对弈开始前的棋局，而"叶子"是可能出现的棋局。可以看到，与线性结构不同，一个棋局可以派生出多个棋局，也就是说，一个棋局只能有一个前续棋局，却可以有多个后续棋局。如果计算机对弈开始前就计算出这样一棵树，就可以知道在对弈过程中哪一种走法获胜的概率大一些，就像一位高手能预测棋局的发展趋势，从而选择一种较好的走法一样。

【**例 1-3**】　田径比赛赛程安排问题。在一名选手参加多个项目的情况下，这些项目不能同时开始，否则会产生冲突。假设一个比赛的参赛项目表如表 1.2 所示，则 A、B、E 不能同时开始。那么应如何安排赛程呢？

表 1.2　参赛项目表

姓名	参赛项目		
张三	A	B	E
王五	C	D	—
李四	C	E	F
赵六	D	F	A
刘一	B	F	—

在此例中，可以把一个参赛项目表示为图中的一个顶点，而当两个项目不能同时举行时，以两个顶点之间的连线表示互相矛盾的关系。如图 1.2（a）所示，每个顶点表示一个参赛项目，两个顶点之间的连线表示这两个参赛项目不能在同一时间安排。所以当安排参赛项目 A 时，只能同时安排没有和 A 连线的项目，在此例中，应为 C，可以按此方法将没有冲突（互相没有连线）的项目用同一种颜色涂色，图 1.2（b）所示为一种涂色结果。该结果表示的安排方法为（A、C），（B、D），（E），（F）。

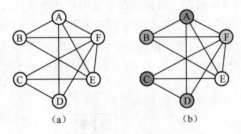

（a）　　　　　　　（b）

图 1.2　赛程安排

在这种模型中，将每个参赛项目表示为一个顶点，每个顶点可以和其他任意顶点联系。这类问题的数学模型是一种称为"图"的数据结构。

综合前面 3 个例子，这类非数值计算问题的数学模型是诸如表、树、图之类的数据结构，因此，数据结构是一门研究复杂计算问题中数据及其关系与操作的学科，用于解决相关算法设计与编程问题。

数据结构是一门融合数学、计算机硬件和计算机软件的核心课程。数据结构不仅是一般程序设计的基础，而且是设计和实现编译程序、操作系统、数据库系统及其他系统程序和大型应用程序的重要基础。

学习数据结构既能为进一步学习其他计算机相关专业课程提供必要的准备知识，也有助于提高软件设计和程序编写水平。1968 年，唐纳德·克努特教授开创了数据结构的最初体系，他的著作《计算机程序设计技巧》较为系统地阐述了数据的逻辑结构和存储结构及其操作。随着计算机科学的飞速发展和应用领域的不断扩大，到 20 世纪 80 年代初期，数据结构的基础研究日臻成熟，数据结构已成为一门完整的学科。

1.2 基本概念和术语

1.2.1 数据结构中的常用术语

本小节将对数据结构中一些常用术语进行介绍,这些概念和术语在以后的章节中会多次出现。

1. 数据

数据即信息的载体,是客观事物的符号表示,凡能输入计算机并被计算机程序处理的符号都可称为数据。数据有很多种,最简单的就是数字,数据也可以是文字、图像、声音等,数据范畴如图 1.3 所示。

图 1.3 数据范畴

2. 数据元素

数据元素是数据的基本单位,它在计算机处理和程序设计中通常作为独立整体。数据元素一般由一个或多个数据项组成,一个数据元素包含多个数据项时,常被称为记录、节点、元组等。数据项也被称为域、字段、属性等。

如表 1.3 所示,除了表头行,其他每一行表示一名同学的信息,是一个数据元素。其中,每个数据元素由专业、专业方向、学号等 5 个数据项组成。表格中全体学生即为数据元素的集合。

表 1.3 学生信息统计表

专业	专业方向	学号	姓名	联系电话
信息科学	嵌入式方向	110810110	黄小虎	184*****714
信息科学	互联网方向	110810117	龚力	158*****292
通信工程	网络通信方向	110840128	李俊	182*****458
通信工程	嵌入式方向	110840139	张静静	182*****102
信息工程	物联网方向	110830104	张婷	156*****175

3. 关键字

关键字(Key)是数据元素中某数据项的值,用该值可以标识一个数据元素。若该值可以唯一地标识一个数据元素,称该值为主关键字,否则称为次关键字。例如表 1.3 中的"学号"即可看成主关键字,"姓名"可视为次关键字,因为可能有同名同姓的学生。

4. 数据对象

数据对象是具有相同特征的数据元素的集合,是数据的子集,如一个整型数组、一个字符串数组都是一个数据对象。

例如要将表 1.3 中的学生信息按照学号进行排序,排序时比较的是各个数据元素中学号这一数据项的大小。此时整个表中的各个数据元素就构成了待处理的数据对象。

5. 数据结构

数据结构(Data Structure,DS),是数据及数据元素的组织形式。任何数据都不是彼此孤立的,通常把关联的数据按照一定的逻辑关系组织起来,这样就形成数据结构。

数据结构包含 3 个方面的内容:数据的逻辑结构、数据的存储结构和数据的运算。数据的逻辑结构描述了一个数据对象中各数据元素之间的内在逻辑关系。数据的存储结构又称物理结构,表示一个数据对象中的各数据元素被保存到物理存储器之中呈现的关系。数据的运算是指对数据实施的操作，分为运算定义和运算实现两个层面。运算定义是运算功能的描述，是抽象的、基于逻辑的。运算实现是程序员为了完成运算而实现的算法，是具体的。同一个数据对象基于不同的存储结构的运算实现是不同的。

数据结构通常有 4 类基本形式：集合结构、线性结构、树形结构或层次结构、图形结构或网状结构。

（1）集合结构：集合结构中的数据元素除了同属于一个集合，它们之间没有其他关系。各个数据元素是"平等"的，它们的共同特性是离散的且同属于一个集合。数据结构中的集合关系类似于数学中的集合。

【例 1-4】　电视机、冰箱等家用电器构成一个集合结构，如图 1.4 所示。

（2）线性结构：线性结构中的数据元素之间的关系是一对一的关系。

图 1.4　家用电器构成的集合结构

【例 1-5】　节气是我国古代用来指导农事的补充历法，是劳动人民长期经验的积累和智慧的结晶。春季的节气有立春、雨水、惊蛰、春分、清明、谷雨，这些节气一个接一个的结构就是一种线性结构，如图 1.5 所示。

立春 —— 雨水 —— 惊蛰 —— 春分 —— 清明 —— 谷雨

图 1.5　春季节气构成的线性结构

（3）树形结构：树形结构中的数据元素之间存在一对多的层次关系。

【例 1-6】　院系的组织架构就是一种树形结构，如图 1.6 所示。计科系和电子系的地位是"平等"的，电子系开设信息工程、通信、微电子等专业，它们受电子系"领导"。反过来看，无论是通信，还是微电子等专业，都属于电子系；无论是计科系，还是电子系等，都属于某学院。综上，树形结构中正向关系是一对多，逆向关系是一对一。

图 1.6　某院系组织架构构成的树形结构

（4）图形结构：图形结构中的数据元素之间存在多对多的关系。

【例 1-7】　在一个学生选课系统中，一个学生可以选修若干门课程，某一门课程可以被若干个学生选修，学生与课程之间存在多对多的关系。如图 1.7 所示，把 S1 学生和他的选课记录（选修 C1、C2 两门课程的选课记录）连接起来，同样把 S2、S3、S4 学生和他们的选课记录连接起来，把 C1 课程和选修了 C1 课程的学生的选课记录（S1、S2、S3、S4 学生选修了 C1）连接起来，同样把 C2、C3 课程和选修了这些课程的学生的选课记录连接起来，最后可以发现：学生、课程、选课记录等数据元素的数据结构就是图形结构。

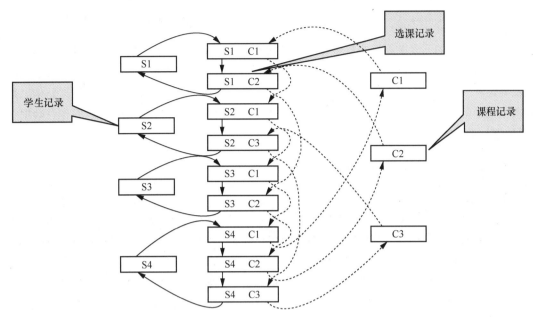

图 1.7 学生选课系统中数据库设计采用的图形结构

6.数据类型

数据类型是一组具有相同性质的操作对象以及该组操作对象上的运算方法的集合，如整数类型、字符类型等。每一种数据类型都有一组具有自身特点的操作方法，即运算规则。

在 Java 语言中，数据类型分为两种：值类型和引用型。其中，值类型是 Java 语言的基本数据类型，包括 int、double、long、float、short、byte、character、boolean 等，这些值类型都是简单数据类型。引用型通常是复杂数据类型，引用的本质是一个数据对象在内存中的存储位置，C++语言通过指针来指示对象在内存中的起始地址，而 Java 语言直接使用一个对象的名字或者别名（Alias）来代表其存储位置。在 Java 语言中，常用的引用型有：Array（数组）、String（字符串类）、StringBuilder（字符串工具类）、Math（数学工具类）、ArrayList（集合类）、Calendar（日期类）、Date（日期类）、File（目录或文件操作类）等。

Java 语言允许用户自定义数据类型，包括：使用 enum 保留字（Java 语言中预先保留的，有特别意义的标识符，有时又称关键字，例如 int、float、class、new、void 等。但它与数据元素的关键字在概念上是完全不同的。）自定义"枚举型"（属于值类型）；使用 class 保留字自定义"类"（属于引用型）。以下代码分别自定义了订单状态枚举型和商品类。

```
enum OrderState    //订单状态枚举型
{
    //未支付，未发货，未收货，已完成，已关闭
    unpaid, undelivered, unreceived, completed,closed
};
class Goods        //商品类
{
    int   id;      //商品编号
    string name;   //名称
    string style;  //型号或样式
    float price;   //单价
    int quantity;  //数量

    public float getMoney()        //计算金额
    {
        return this. Price * this. quantity;
```

```
        }
    }
```

由于集合中的元素关系极为松散，可用其他数据结构来表示，所以本书不做专门介绍。

从数据类型和数据结构的概念可知，二者的关系非常密切。数据类型强调数据元素的相同性质及其运算，数据结构强调数据元素之间的相互关系，数据类型可以看作简单的数据结构。数据的取值范围可以看作相同类型的数据元素的有限集合，而对数据的各种运算可以看作在数据结构（即数据元素之间关系）之上所进行的操作集合。

1.2.2　数据的逻辑结构

数据的逻辑结构（Logic Structure）是从具体问题抽象出来的数学模型，与数据在计算机中的具体存储没有关系。数据的逻辑结构独立于计算机，是数据本身所固有的特性。从逻辑上可以把数据结构分为线性结构和非线性结构。线性结构有链表、堆栈、队列、串等，非线性结构有集合、矩阵、树和图等。

数据的逻辑结构有两个要素：一是数据元素的集合，通常记为 D；二是所有数据元素 D 上的关系集，它反映了 D 中各数据元素的前驱与后继的关系，通常记为 R，即一个数据结构可以形式化地描述成二元组 $B=(D,R)$。

【例 1-8】　一年四季可表示成 $B_1=(D_1, R_1)$，其中：$D_1=\{春,夏,秋,冬\}$，$R_1=\{<春,夏>,<夏,秋>,<秋,冬>\}$。

序偶关系<春,夏>表示：春季之后的下一个季节是夏季，反过来夏季的前一个季节是春季。其他的依次类推。通过关系集 R_1 我们就可以描述出四季的更替顺序为春、夏、秋、冬。同时我们可以发现，在关系集 R_1 中，夏和秋都有一个直接前驱和一个直接后继，春作为一年之首是没有前驱的，但是有一个直接后继夏；冬作为一年之尾没有后继，但是有一个前驱，所以二元组 B_1 描述的是一个一对一关系的线性结构。

注意，<x,y>表示 x 和 y 之间存在"x 领先于 y"的次序关系，而(x,y)表示 x 和 y 之间没有次序关系。

【例 1-9】　某单位的管理关系可表示成 $B_2=(D_2,R_2)$，其中：$D_2=\{总经理,部门经理 A, 部门经理 B, 组长 A, 组长 B, 组长 C, 组长 D, 职工 A, 职工 B, 职工 C, 职工 D, 职工 E, 职工 F, 职工 G\}$；$R_2=\{<总经理，部门经理 A >,<总经理, 部门经理 B >,<部门经理 A，组长 A >,<部门经理 A，组长 B >,<部门经理 B，组长 C >,<部门经理 B，组长 D >,<组长 A,职工 A >,<组长 A,职工 B >,<组长 B, 职工 C>,<组长 C, 职工 D>,<组长 C, 职工 E>,<组长 D, 职工 F>,<组长 D, 职工 G>\}$。

通过分析关系集 R_2 可知，该单位人员的关系为：总经理管理若干个部门经理，每个部门经理管理若干个组长，每个组长管理若干个职工。但是每个职工的直接领导，即组长，只有一个；每个组长的直接领导，即部门经理，只有一个；每个部门经理的直接领导，即总经理，只有一个。综上，二元组 B_2 描述的是一个一对多关系的树形结构，如图 1.8 所示。

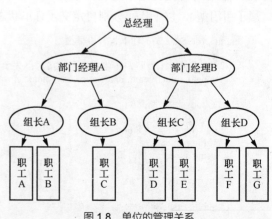

图 1.8　单位的管理关系

【**例 1-10**】 A 某的人际关系可以表示成 $B_3=(D_3, R_3)$，其中：$D_3=\{$A 某, B 某, C 某, D 某, E 某,F 某, G 某, H 某$\}$；$R_3=\{<$A 某, B 某$>$, $<$A 某,C 某$>$, $<$B 某,D 某$>$, $<$B 某,E 某$>$, $<$B 某,F 某$>$, $<$C 某,F 某$>$, $<$C 某,G 某$>$, $<$E 某,H 某$>$, $<$F 某,H 某$>\}$。

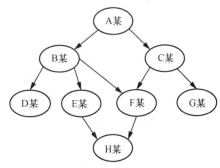

通过分析关系集 R_3 可知，A 某的人际关系为：每个人可以有多个朋友，同一个人也可以是多个人共同的朋友。例如，F 某既是 B 某的朋友，也是 C 某的朋友。综上，二元组 B_3 描述的是一个多对多关系的图形结构，如图 1.9 所示。

图 1.9 A 某的人际关系

上述数据结构的定义仅是对操作对象的一种数学描述，是从操作对象抽象出来的数学模型，所谓关系集的"关系"，描述的是数据元素之间的逻辑关系，所以称为逻辑结构。

1.2.3 数据的物理结构

我们讨论数据结构的目的是在计算机中实现对它的操作，因此需要研究在计算机中如何表示和存储数据结构。数据结构在计算机中的表示称为**数据的物理结构**（Physical Structure），又称存储结构，它的实现依赖于具体的计算机语言。数据存储结构有顺序和链式两种不同的方式。

顺序存储结构的特点是借助数据元素在存储器的相对位置来体现数据元素相互间的逻辑关系，顺序存储结构在内存中通常采用一维数组形式来实现，在外存中可以保存为有序的数据文件（顺序文件）。无论是一维数组还是顺序文件，它们的存储空间通常都使用连续存储单元。

例如：一个有序的数字序列(25,34,48,57,63)，25 有一个直接后继 34，如果该有序序列用数组存储，如图 1.10 所示，可以发现，相邻的 25 和 34 在存储器中的地址也是相邻的，即数据元素在存储器中的相对位置可以体现数据元素在有序序列中的前驱关系和后继关系，整个数组在存储器中占用的是连续的存储空间。

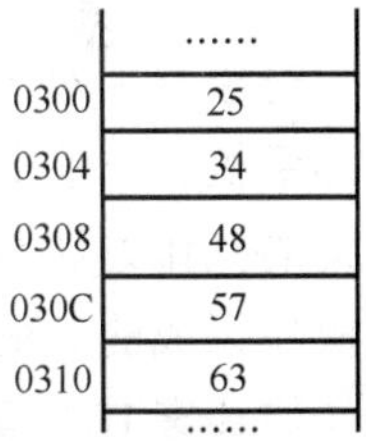

链式存储结构通过一组任意的存储单元来存储数据元素，而这些存储单元可以是连续的，也可以是不连续的。无论是否连续，在链式存储结构中一个完整数据元素除了包含数据项本身，还必须带一个地址项，该地址表示当前元素的后继元素的存储位置。如图 1.11 所示，为建立起数据元素之间的逻辑关系，对数据元素 a，除了存放元素自身信息'a'，还需要存放与它有关系的其他元素的地址 150，通过这个地址就可以找到下一个数据元素'b'，依次类推，可以发现字符序列('a','b','c','d','e','f')在存储器中的地址是不连续的。

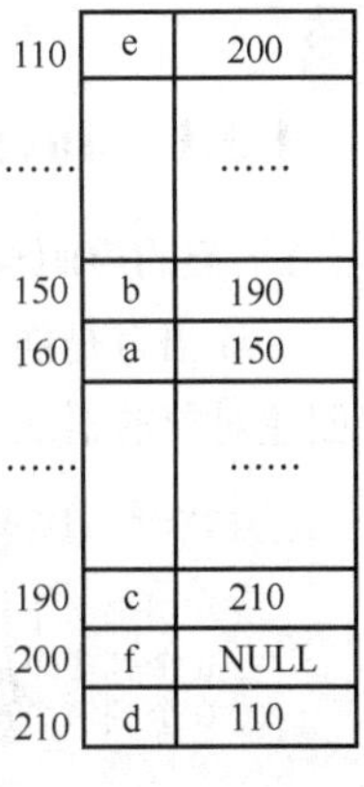

在顺序存储结构的基础上，可延伸出另外两种存储结构，即索引存储和散列存储。

索引存储是在数据对象的基础上增加了一个索引表。索引表通过指定一个特定排序关键字来建立索引机制。在进行数据元素的增加、修改、删除和查找操作时，可先查找索引表，获得其存储位置，然后执行相应的操作。索引存储允许建立多个不同的索引表，其目的是增强索引功能，或者在查找时提高查找效率，避免盲目查找。如图 1.12 所示，索引关键

图 1.10 顺序存储结构

图 1.11 链式存储结构

字为学号，在查找学号为 04 的学生信息时，根据该学号先查找索引表得到存储地址值 1101，然后依据该地址从数据文件中获取到叶永亮的信息。

索引表

学号	地址
01	0B01
04	1101
05	0E01
07	0F01
08	1201
09	0C01
11	0D01
12	0A01
13	1001

数据文件

地址	学号	姓名	其他
0A01	12	张晓丽	……
0B01	01	黄小红	……
0C01	09	王光斌	……
0D01	11	李思思	……
0E01	05	崔一春	……
0F01	07	夏天宇	……
1001	13	邱水月	……
1101	04	叶永亮	……
1201	08	蒋大卫	……

图 1.12　索引存储

散列存储是通过数据元素与存储地址建立起某种映射关系，使每个数据元素与每一个存储地址尽量产生一一对应的关系。这样，查找时同样可以大大提高效率。

数据的逻辑结构和存储结构是密切相关的两个方面，任何一个算法的设计取决于选定的逻辑结构，而算法的实现依赖于采用的存储结构。综上所述，数据结构主要描述的是数据元素之间的逻辑关系、数据在计算机系统中的存储方式和数据的运算 3 个方面的内容，即数据的逻辑结构、存储结构和数据的操作集合。

1.3　面向对象的数据结构表示

对象是人对各种具体事物抽象后的一个概念，我们每天都要接触各种各样的对象。例如，一部手机、一张个人照片、一条购物记录等都是一个对象。面向对象就是把对象的数据及对数据的操作方法看成一个整体，对同类对象抽象出其共性，形成类。一个类是由数据及数据的操作组成的。例如，所有购物信息（实体对象）抽象为购物记录 Records 类，购物数据信息（如买家 ID、卖家 ID、商品 ID、数量、购物时间等）以及相应的操作处理（如应付款的计算操作等）的描述代码就组成 Records 类的程序源代码。可见，面向对象是一种程序设计方法。

1.3.1　Java 语言面向对象基础

1．类的声明与实例化

Java 语言是面向对象的程序设计语言，类和对象是面向对象的核心。Java 语言提供了创建类和创建对象的语法支持。定义类的简单语法格式如下。

```
[访问修饰符]  class  类名
{
    0 个到多个构造器定义
    0 个到多个成员变量
    0 个到多个成员方法
}
```

在上面的语法格式中，类名必须是一个合法的标识符，访问修饰符可以是 public、final、abstract，[]表示可以省略访问修饰符，省略时默认为允许相同 Java 包（即 package）的其他类访问。

例如，圆是大家都熟悉的一种几何图形，半径是圆的一个属性，它的值决定了圆的大小。下面我们就来定义一个表示圆的类。

```
public class Circle
{
    private double radius;
    public Circle(double r)    //构造器
    {
            radius=r;
    }
}
```

在 Java 语言中，自定义一个类的实质是自定义一种数据类型。因此，必须将类实例化之后才能引用类中的成员变量和成员方法。所谓"实例化"就是使用类声明一个变量并通过 new 操作符以及构造器完成各成员变量的初始化。

例如，要得到一个半径为 2.5 的圆，可以使用下面代码进行实例化。

```
Circle c= new Circle(2.5);
```

其中，变量 c 本质是一个 Circle 型的变量，也是一个半径为 2.5 的圆对象。该对象是通过操作符 new 并调用构造器 Circle(2.5)完成半径 radius 的初始化之后得到的。

2．类的成员的定义与使用

类是数据以及数据的操作的封装体。类的成员详细描述了类的数据信息（成员变量）以及针对这些数据信息的操作方法（成员方法）。Java 语言是完全面向对象的，方法（在 C 语言中称为函数）不能独立存在，所有的方法都必须定义在类之中。

例如，上面定义的 Circle 类缺乏操作方法。为了计算圆的周长，必须修改其定义，添加相应的操作方法，代码如下。

```
//Circle.java
publicclass Circle {
    private double radius;
    ublic Circle(double r){
        radius=r;
    }
    public double getPerimeter(){        //计算圆的周长
        return Math.PI*radius*2;
    }
}
```

类的成员在类的内部允许直接引用，例如在上面代码中为了计算圆的周长直接引用了成员变量 radius。但是请注意，在类的外部引用类的成员必须使用对象名，格式为**对象.成员名**。

例如：

```
public class Test1{
    public static void main(String[] args) {
        Circle c = new Circle(2.5);
        System.out.println(c.getPerimeter());
    }
}
```

3．抽象类

在 Java 语言中，类的成员方法用来完成类的成员变量的运算处理，因此通常拥有明确的可执行的语句代码，例如 Circle 类的 getPerimeter()方法拥有"return Math.PI*radius*2;"语句。但是，当类表达的是抽象概念（例如几种图形）时，其运算处理往往也是抽象的，此时只能定义方法的格式，而无法写出语句代码。

例如，针对几何图形 Shape 类及其周长的计算，可使用以下代码进行描述。

```
public abstract class Shape {
    public abstract double getPerimeter ();
}
```

在 Java 语言中，抽象类及其抽象成员方法必须使用 abstract 来修饰。抽象成员方法不能有方法体。抽象类不能被实例化，无法使用 new 保留字来创建 Shape 类的对象，但是抽象类可以作为父类被其他类继承。

例如，使用抽象类 Shape 定义 Circle 类的代码如下。

```
public class Circle extends Shape{
    private double radius;
    public Circle(double r){
        radius = r;
    }
    public double getPerimeter()    //重写 Shape 类计算几何图形周长的抽象方法
    {
        return Math.PI*radius*2;
    }
}
```

可见，抽象类的子类必须实现抽象类的抽象成员方法。

同样，三角形类 Triangle 的定义代码如下。

```
public class Triangle extends Shape{
    private double a;
    private double b;
    private double c;
    public Triangle(double a,double b,double c)
    {
        this.a=a;
        this.b=b;
        this.c=c;
    }
    public double getPerimeter()    //重写 Shape 类计算几何图形周长的抽象方法
    {    return a+b+c;    }
}

//test2.java
public class Test2 {
    public static void main(String[] args) {
        Shape s1=new Triangle(3,4,5);
        Shape s2=new Circle(3.5);
        System.out.println(s1.getPerimeter());
        System.out.println(s2.getPerimeter());
    }
}
```

main()方法中定义了两个 Shape 类的变量 s1 和 s2，它们分别指向 Triangle 对象和 Circle 对象。由于 Shape 类定义了 getPerimeter()方法，所以可以直接使用变量 s1 和 s2 调用 getPerimeter()方法，无须强制类型转换为其子类型。

4．泛型类

泛型类是一种自定义数据类型，其中，有的需要运算处理的数据的类型尚不明确而临时使用类型参数（如 K）来表示。

例如，映射 Map 类就是典型的泛型类，用于构造一种称为"键值对"的对象，代码如下。

```
public class Map<K, V>{                    //指定类型参数
    K k;                                   //使用类型参数定义成员变量
    V v;
    public void set(K key, V value){       //使用类型参数定义成员方法
        k=key;
        v= value;
    }
    public V get(){
        return v;
    }
}
```

其中，Map 类包含两个类型参数 K 和 V，K 表示键的数据类型，V 表示值的数据类型，Map 类实现由键向值的映射和转换。

注意，泛型类在使用时必须明确指定各类型参数对应的实际数据类型，Java 语言编译器在编译代码时将根据所指定的实际数据类型自动替换对应的类型参数。

例如：

```
Map< String, String >  a = new Map< String, String >();
a.set("China","中国");
System.out.println(a.get());
Map<Integer, String >  b = new Map<Integer, String >();
b.set(21,"10101");
System.out.println(a.get());
```

上面代码的第一行构造了一个键与值均为 String 型的对象 a，可实现英文单词"China"向中文词语"中国"的映射。第 4 行构造了一个键为 Integer 型、值为 String 型的对象 b，可实现十进制数 21 向二进制数 10101 的映射。

为了帮助读者更好地掌握 Java 语言的相关知识，编者对 Java 语言编程的基本过程、Java 语言面向对象编程和 Java 语言程序的调试方法 3 部分内容录制了微课视频，读者可扫码观看。

Java 语言编程的　　　Java 语言面向　　　Java 语言程序的
基本过程　　　　　　对象编程　　　　　调试方法

1.3.2　面向对象的抽象数据类型

数据结构研究的是数据对象内部各数据元素之间逻辑关系问题，它不关心数据的具体类型，因此数据结构本身就是一种抽象概念。为了弄清楚针对特定数据结构计算机能进行何种操作，就必须把数据结构中的数据对象、数据关系和基本操作看作一个整体进行定义，从而得到**抽象数据类型**（Abstract Data Type）。

在传统的数据结构教材中，抽象数据类型通常表示为集合 {D,S,P}。

```
ADT 抽象数据类型名
{
    数据对象 D：<数据对象的定义>
    数据关系 S：<数据关系的定义>
    基本操作 P：<基本操作的定义>
}
```

其中，数据对象 D 是在已有数据类型的基础之上对新的数据对象进行定义，以明确其数据元素组成；数据关系 S 定义了数据元素之间的逻辑结构；基本操作 P 包含若干个操作，每

个操作的定义由操作名称、参数列表、初始条件和操作结果 4 部分内容组成。数据对象和数据关系的定义可以采用数学符号或自然语言进行描述。省略初始条件和操作结果时，基本操作的定义格式如下。

```
<操作名称>([参数列表]);
```

例如，一个集合的抽象数据类型可定义如下。

```
ADT Set
{
    数据元素: aᵢ∈同一数据对象，i=1，2，…，n（n≥0）
    逻辑结构: <aᵢ,aᵢ₋₁>| i=1，2，…，n（n≥0），a₁无前驱，aₙ无后继
    基本操作: InitSet( );                //建立一个空的集合
            Length( );                //求集合的长度
            Insert(i,x);              //向集合中插入一个新元素 x
            Delete(i);               //删除集合中的第 i 个元素
            ……                      //设计者可以根据实际需要添加必要的操作
}
```

正如前文中的 Circle 类是对所有圆的抽象，Shape 类是对所有几何图形的抽象一样，Java 语言面向对象思想的抽象性与数据结构中的抽象数据类型的抽象性在目标上是相同的。因此，我们也可以使用 Java 语言的抽象类、泛型类或接口来表示数据结构中的抽象数据类型，从而实现**面向对象的抽象数据类型表示**。

Java 语言泛型类入门

用 Java 语言泛型类表示的抽象数据类型的格式如下。

```
//数据关系的定义
[访问修饰符] class 抽象数据类型名<类型参数列表>
{
    [访问修饰符]数据类型  数据对象; //数据对象的定义
    [访问修饰符]返回值类型  基本操作 1(参数列表){
        //基本操作 1 的定义
    }
    //其他基本操作
}
```

例如，一个字典的抽象数据类型可定义如下。

```
//数据关系的定义：词典是若干个原文词汇及对应的译文词汇所构成的集合
public class Dictionary<K,V> {
    //数据对象的定义：词典由原文词汇表和译文词汇表组成
    public K[] keys;
    public V[] values;
    public int n;
    //基本操作：词典提供初始化、添加新词、删除词条、翻译等操作
    public Dictionary(int max){
        //初始化操作的定义
    }
    public void append(K k, V v){
        //添加新词的定义
    }
    public boolean delete(K k){
        //删除词条的定义
    }
    public V translate(K k){
        //翻译操作的定义
    }
    //其他操作定义
}
```

1.3.3　使用 Java 语言描述数据结构的优势

1．使用 Java 语言描述数据结构更加简单

Java 语言是一种完全面向对象的程序设计语言，支持使用对象、类、继承、封装、消息等基本概念进行程序设计。在 Java 语言中，使用类时必须先声明变量名（也称对象名），然后实例化，再引用类的成员。其中，实例化的本质是为对象分配足够的内存空间，以保存各数据成员的值。对象名代表对象的引用，可理解为对象所拥有的内存空间的首地址。因此，Java 语言不使用指针就可以描述数据结构的前驱关系和后继关系。

Java 语言提供了自动的垃圾回收机制，在实现复杂的数据结构运算处理时，程序员不必为内存管理而担忧。因此，使用 Java 语言简单、方便。

2．Java 的泛型机制更加适合数据结构的抽象表示

Java 语言的泛型类定义了一个代码模板，专门针对暂时不确定的数据类型进行抽象描述和定义。因此，相对抽象数据类型的传统表示方法，Java 语言的泛型类将更加直观和方便。

例如，在不使用泛型机制描述集合时，必须指定集合元素的数据类型，代码如下。

```
public class Set {
    private final int MaxSize=20;
    private int[] elements;
    private int length;
    public Set( ){        //建立一个空的集合
        length=0;
        elements =new int [MaxSize];
    }
    public int Length( ) {    //求集合的长度
        return length;
    }
    public boolean Insert(int x) {    //向集合插入一个新元素 x
            .....//具体实现此处省略
    public boolean Delete( i) {      //删除集合中的第 i 个元素
            ......// 具体实现此处省略
    }
}
```

上述代码定义了一个整数集合。但在实际应用中集合的数据元素可以是整数，也可以是字符、浮点数或者更复杂的数据。若不借助泛型机制，此时必须反复书写相似的代码，以定义各种不同的集合，那么，工作量将成倍地增加。同时，相似的代码在编辑时极易出错。若使用泛型机制，则引入一个类型参数 T 来表示集合元素的数据类型即可完成泛型集合的定义，之后就可以用该泛型集合来创建各种类型的集合对象，代码如下所示。

```
public class Set<T> {
    private final int MaxSize =20;
    private T[] elements;
    private int length;
    public Set( ){        //建立一个空的集合
        length=0;
        elements =(T[])new Object [MaxSize];
        //不能实例化一个泛型对象，所以先实例化一个 Object 数组，再强制转换类型
    }
    public int Length( ) {    //求集合的长度
        return length;
    }
    public boolean Insert(T x) {    //向集合插入一个新元素 x
            ......//具体实现此处省略
    }
```

```
        public boolean Delete(int i) {        //删除集合中的第 i 个元素
            ......//具体实现此处省略
        }
}
```

其中，突出显示的是需要重点关注的代码，其中 T 仅仅是一个合法的标识符，在使用 Set 时必须用实际的数据型来替换 T。

例如：

```
Set<Integer>a= new Set<Integer>;
```

编译器在遇到 Set<Integer>时会自动用 Integer 替换原代码中的 T，即集合中的数据元素最终为 Integer 型。

以此类推，也可以把 T 绑定为 character 或者其他任意类型。

注意：Java 语言泛型类在描述抽象数据类型时更加直观、方便，因此本书在后文将主要使用泛型类来定义各种数据结构。

3．java.util 包提供多种数据结构，可以加速应用系统开发

在 java.util 包中，Java 语言提供了多种数据结构，包括 ArrayList、Hashtable、LinkedList、Map、Queue、Set、Stack、TreeSet、Vector 等。这些数据结构在 Java 语言程序中可直接使用，而不需要用户自己编程实现，这样可大大加快应用系统的开发速度。

例如：

```
java.util.Stack s=new java.util.Stack();     //创建堆栈对象 s
s.push("中国");                               //将数据压入对象
s.push("四川");
while(!s.empty())                            //测试堆栈是否为空
    System.out.print(s.pop()+"");            //将数据从堆栈中弹出
System.out.println();
```

堆栈操作的基本规则是"先进后出"，因此上述代码最终输出结果为"四川 中国"。

看到这里，有读者可能会说：既然 Java 语言已经实现了各种数据结构，我们为什么还要学习数据结构呢？是的，Java 语言确实提供了多种数据结构，但这些数据结构往往只满足通用的功能需求，在实际应用中通常需要自定义数据结构，以进行特殊数据运算处理。此外，数据结构这门课程可以提升编程能力，因此，作为刚涉足程序设计的在校学生，除了了解各种数据结构的概念之外，最重要的是要理解各种数据结构的算法并提高实际编程能力。

1.4　算法和算法分析

1.4.1　算法的基本概念

数据结构和算法是程序设计中重要的内容。简单地说，数据结构是数据的组织、存储和运算的总和。它是数据的一种组织方式，其目的是提高算法的效率，然后用一定的存储方式将数据存储到计算机中，并且它通常与一组算法的集合相对应，通过这组算法集合可以对数据结构中的数据进行相应的操作，实现具体的功能。在计算机处理的大量数据中，数据结构和算法是相互关联、彼此联系的。著名的瑞士计算机科学家尼古拉斯·沃斯提出：算法＋数据结构=程序，该公式深刻揭示了算法和数据结构之间的关系。

由此可见，对实际问题而言，在选择一种好的数据结构之后还得有一个好的算法，才可更好地解决问题。这如同厨师做菜，原材料即数据，菜谱即算法。同样的菜，不同的菜谱做出来的菜肴味道是不一样的，于是有了川菜、湘菜、粤菜等。

算法（Algorithm）是指在有限的时间内，为解决某一问题而采取的方法和步骤的准确、完整的描述，它是有穷的规则序列，这些规则决定了解决某一特定问题的一系列运算或者操作。

一个算法应该具备以下特征。

1．有穷性

一个算法应包含有限的操作步骤，即一个算法在执行若干个操作步骤之后应该能够结束，并且每一步都要在合理的时间之内完成。

2．确定性

算法中的每一个步骤必须有确切的含义，无二义性。在任何情况下，算法只有唯一的一条执行路径，即对于相同的输入只能执行相同的路径且只能得出相同的输出。

3．可行性

算法中的每一个步骤都应该能够通过执行有限次已经实现的基本运算实现，即用以描述算法的操作都是足够基本的。

4．输入

输入指的是在算法运行时，从外界取得必要的数据。一个算法可以有一个或一个以上的输入，也可以没有输入。

5．输出

输出指的是算法对输入数据处理后的结果。一个算法可以有一个或一个以上的输出，没有输出的算法是无意义的。

注意，算法的概念与程序的概念非常相似，但又有区别。一方面，一个程序不一定满足有穷性。另一方面，程序中的指令必须是机器可执行的，而算法中的指令虽然强调可行性但并无此限制。此外，算法代表了对问题的解，而程序是算法在计算机上的特定实现。一个算法若用程序设计语言来描述，就成为一个程序。

1.4.2　算法的描述

算法需要使用一种工具来描述，同时算法可以有多种不同描述方法以满足不同的需求。一个方便人阅读和交流的算法可以使用程序设计语言（如 Java 语言、C 语言）、伪码语言以文本形式描述，也可以使用传统的程序流程图或者盒图来描述，还可以使用统一建模语言 UML 中的活动图、时序图等来描述。本书讨论的数据结构将统一使用 Java 语言的泛型类来定义，算法将统一使用 Java 语言的方法或者函数来描述，按照面向对象的思想将数据结构中的数据与算法封装为一个整体，这样既可以方便读者阅读理解，还可以快速地把算法变成完整的 Java 语言源程序，从而提高读者的学习效率。

（1）所有算法都以如下所示的方法或者函数的形式表示。

```
//算法说明
访问修饰符 返回值类型 方法名([参数列表])
{
    //语句块
    //[return 返回值]
}
```

其中，"[ ]"表示可以省略。参数列表可以包含一个或多个参数，每一个参数的描述遵守 Java 语言语法规范。省略参数列表，表示该算法不需要参数。算法有输出或需要返回计算结果，以指定返回值类型统一使用 return 语句返回。当然，算法可以没有返回值，此时返回值类型使用 Java 语言的保留字 void 表示。当返回值或参数的数据类型不确定时，按 Java 语言的泛型规则进行表示。

（2）所有算法统一使用//表示注释。

1.4.3　算法效率的量度

对于一个特定的问题，采用的数据结构不同，其设计的算法一般也不同，即使在同一种数据结构下，也可以采用不同的算法。那么，对于解决同一问题的不同算法，选择哪一种算法比较合适呢？如何对现有的算法进行改进，从而设计出更适合于数据结构的算法？这些就是算法效率的度量问题。评价一个算法优劣的主要标准如下。

1．正确性

算法的执行结果应当满足预先规定的功能和性能的要求，这是评价一个算法最重要、最基本的标准。算法的正确性（Correctness）还包括对输入、输出处理的明确而无歧义的描述。

2．可读性

算法需要方便人阅读和交流，其次才是方便机器的执行。所以，一个算法应当思路清晰、层次分明、简单明了、易读易懂。即使算法已转变成机器可执行的程序，也需要考虑人是否能较好地阅读理解。同时，一个可读性（Readability）强的算法也有助于人们对算法中隐藏错误的排除和算法的移植。

3．健壮性

一个算法应该具有很强的容错能力，当输入不合法的数据时，算法应当能做适当的处理，不至于引起严重的后果。健壮性（Robustness）要求算法要全面细致地考虑所有可能出现的边界情况和异常情况，并对这些边界情况和异常情况做出妥善的处理，尽可能使算法在执行时没有意外的情况发生。

4．运行时间

运行时间（Running Time）是指算法在计算机上运行所花费的时间，它等于算法中每条语句执行时间的总和。对于同一个问题，如果有多个算法可供选择，应尽可能选择运行时间短的算法。一般来说，运行时间越短，算法性能越好。

5．占用空间

算法的占用空间（Storage Space）是指算法运行过程中所需要的最大存储空间，它包括算法运行时所输入的数据、中间变量、计算结果以及算法指令序列本身所消耗的存储空间。对于一个问题，如果有多个算法可供选择，应尽可能选择存储需求低的算法。

1.4.4　算法效率分析

评价一个算法优劣的重要依据是这个算法运行需要占用多少机器资源。而在各种机器资源中，时间和空间是两个主要的方面。因此，在进行算法评价时，人们最关心的就是该算法在运行时所要耗费的时间和算法中数据结构所占用的空间，在这里我们分别称之为时间复杂度（Time Complexity）（所需运行时间）和空间复杂度（Space Complexity）（所占存储空间）。

1．时间复杂度

一个程序的运行时间是指程序从开始运行到结束所需要的时间，影响程序运行时间的因素是多方面的，如机器执行指令的速度、编译程序产生的目标代码的质量、数据的输入、问题的规模等。显然，同一个算法用不同的计算机语言实现，或者用不同的编译程序进行编译，或者在不同硬件配置的计算机上运行，效率都是不相同的。一个算法的运行时间，称为算法时间复杂度，时间复杂度是对一个算法运行时间的度量。算法的时间复杂度从理论上是不能算出来的，必须上机运行测试才能知道。但我们不可能也没有必要对每个算法都上机测试。在不考虑那些与计算机软、硬件有关的因素时，我们认为一个特定算法所需的执行时间仅与所解决问题的规模大小有关。如果用 n 表示问题规模的大小，那么算法时间复杂度 T 可以表示为问题规模 n 的函数，记为 $T(n)$。

　　一个算法是由控制结构和原操作构成的。控制结构包括顺序、分支和循环 3 种，原操作是指固有数据类型的操作，表示算法中的基本操作。显然，算法的执行时间取决于控制结构和原操作的综合。为了便于比较同一问题的不同算法，通常的做法是，只从算法中选取那些基本的操作或者语句，并以该基本操作重复执行的次数作为算法的时间度量。若一个算法的基本操作重复执行的次数（频度）是问题规模 n 的某个函数 $f(n)$，则算法时间复杂度 $T(n)$ 记为：

$$T(n)=f(n) \tag{1-1}$$

　　大部分情况下，要准确地计算 $T(n)$ 是很困难的，一个算法的执行时间通常随问题规模的增长而增长，因此比较不同算法的优劣主要应该以它们的"增长的趋势"为准则，并重点考察当 n 逐渐增大时 $T(n)$ 的极限情况。为了便于分析，这种"渐近时间复杂度"常常使用数量级的形式来表示，简称时间复杂度，记为：

$$T(n) = O(f(n)) \tag{1-2}$$

其中，大写字母 O 为 Order（数量级）的第一个字母，$f(n)$ 为函数形式，如 $T(n) = O(n^2)$。一般用数量级的形式表示 $T(n)$，当 $T(n)$ 为多项式时，可只取其最高次幂，且其系数也可省略。例如：$f(n) = 8n^3 + 15n^2 + 3n + 1$ 时，可以表示为 $T(n) = O(n^3)$。

　　可以看出，时间复杂度往往不是精确的执行次数，而是估算的数量级，它着重体现的是随着问题规模 n 的增大，算法运行时间的变化趋势。

【例 1-11】　计算下列语句的时间复杂度。

（1）

```
x=x+1;
```

　　解：语句 x=x + 1;执行的频度是 1，该程序段的执行时间是一个与问题规模 n 无关的常数，因此时间复杂度 $T(n) = O(1)$。

（2）

```
for (i=1;i<=n;i++)
    x = x + 1;
```

　　解：其中第一条语句的循环变量 i 要从 1 增加到 n，故它执行 n 次。第二条语句作为循环体语句也要执行 n 次。所以，该程序段所有语句执行的次数为 $T(n) = 2n$。故其时间复杂度为 $T(n) = O(n)$。实际上，在分析时间复杂度时，只需要关注随着问题规模 n 增大，语句执行次数变化最快的语句即可，如本例中的 x=x+1;就是这样的语句。

（3）

```
for(i=1;i<=n;i++)
    for (j=1;j<=m;j++)
        x=x+1;
```

　　解：这是二重循环的程序，外层 for 循环的循环次数是 n，内层 for 循环的循环次数为 m，所以，该程序段中语句 x=x+1;是随着问题规模 n 和 m 增大而执行次数变化最快的语句，其计算频度为 $n×m$，故其时间复杂度为 $T(n) = O(n×m)$。

（4）

```
i=1;
while (i<=n) i=5*i;
```

解：该程序段中语句 i=5*i;是随着问题规模 n 增大而执行次数变化最快的语句。假设该语句循环执行次数为 x，可以列出下列公式。

执行次数	循环前 i 的值	循环后 i 的值（$i=5i$）
1	1	5
2	5^1	5^2
⋮	⋮	⋮
x	5^{x-1}	5^x
$x+1$	5^x	/（根据假设，由于 $5^x > n$，循环结束）

$i = 5^{x-1}$ 时，第 x 次循环是最后一次循环，根据条件，可以列出公式 $5^{x-1} \leqslant n < 5^x$，从而得到 $x-1 \leqslant \log_5 n < x \Rightarrow x \approx \log_5 n$，则程序段的时间复杂度为 $T(n) = O(\log_5 n)$。

一些常见的时间复杂度的等级如下。

- $O(1)$：常数阶，基本操作执行次数为常数。
- $O(\log n)$：对数阶。
- $O(n)$：线性阶。
- $O(n\log n)$：线性对数阶。
- $O(n^2)$：平方阶。
- $O(n^k)$：k 方阶。
- $O(x^n)$：指数阶。

常见函数的时间复杂度增长率如图 1.13 所示。

一般地，对于足够大的 n，常用的时间复杂度存在如下顺序：

$$O(1) < O(\log n) < O(n) < O(n\log n) < O(n^2) < O(n^3) < \cdots < O(2^n) < O(3^n) < \cdots < O(n!)$$

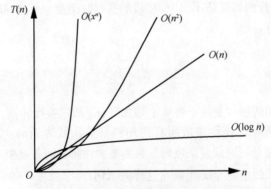

图 1.13　常见函数的时间复杂度增长率

2．空间复杂度

算法在整个运行过程中所占用的存储空间称算法的空间复杂度。空间复杂度是对一个算法在运行过程中临时占用存储空间大小的度量。算法在计算机存储器内占用的存储空间主要分为 3 部分：算法本身占用的存储空间、算法输入/输出数据所占用的存储空间、算法运行过程中临时占用的存储空间。其中，算法本身所占用的存储空间与算法编写的长短成正比，要减少这方面的存储空间，就必须编写出更短的算法。算法的输入/输出数据所占用的存储空间是由要解决的问题决定的，其输入通常由调用方的实际参数决定，通过参数列表进行传递。相同的输入必须有相同的输出。算法在运行过程中临时占用的存储空间随算法的不同而异。有的算法只需要占用少量的临时存储单元，而且不随问题规模的大小而改变，这种算法称为"就地"运行的算法。有的算法需要占用的临时存储单元与解决问题的规模 n 有关，它随着 n 的增大而增多，当 n 较大时，将占用较多的存储单元，这种算法的空间复杂度 $S(n)$ 是问题规模 n 的函数，即 $S(n)=f(n)$。

准确地计算算法的空间复杂度有时是非常困难的，与时间复杂度类似，也可使用渐近空间复杂度来表示空间复杂度，用数量级的形式表示，记为：

$$S(n) = O(f(n)) \tag{1-3}$$

其中，n 是问题的规模。

在分析算法的空间复杂度时，通常只考虑在运行过程中为局部变量分配的存储空间的大小，包括两个部分：一是为所有形参变量分配的存储空间，二是为在函数体中定义的内部临时变量分配的存储空间。如果算法的形参是一个引用型变量，例如数组名、字符串变量、对象名，则只需要为它分配一个地址的空间，用来存储对应实参变量的地址，以便由系统自动引用实参变量所指向的数据。

当一个算法的空间复杂度为一个常量，也就是说不随被处理数据量 n 的大小而改变时，可表示为 $O(1)$；当一个算法的空间复杂度与以 2 为底的 n 的对数成正比时，可表示为 $O(\log_2 n)$；当一个算法的空间复杂度与 n 成线性关系时，可表示为 $O(n)$。

【例 1-12】　计算下列算法的空间复杂度。

```
long factorial(long n)
{
    if (n<= 1)
        return 1;
    else
        return n * factorial(n − 1);
}
```

解： 这是求 n 的阶乘 $n!$ 的算法，是一个递归算法，其空间复杂度为递归计算过程中所消耗的堆栈空间的大小，它等于一次调用所分配的临时存储空间的大小乘以被调用的次数。该算法的空间复杂度 $S(n)=O(n)$。

一个算法的时间复杂度和空间复杂度往往不能兼顾。因此，当设计一个算法（特别是大型算法）时，要综合考虑算法的各项性能，如算法的使用频率、算法处理的数据量的大小、算法描述语言的特性、算法运行的机器系统环境等各方面因素，这样才能够设计出比较好的算法。

1.5　习题

一、单项选择题

1．非线性结构是指数据元素之间存在一种（　　）。

A．一对多关系　　　　B．多对多关系　　　　C．多对一关系　　　　D．一对一关系

2．数据结构中，与所使用的计算机无关的是数据的（　　）结构。

A．存储　　　　　　B．物理　　　　　　C．逻辑　　　　　　D．物理和存储

3．算法分析的目的是（　　）。

A．找出数据结构的合理性　　　　　　B．研究算法中的输入和输出的关系

C．分析算法的效率以求改进　　　　　D．分析算法的易懂性和文档性

4．算法分析的两个主要方面是（　　）。

A．空间复杂性和时间复杂性　　　　　B．正确性和简明性

C．可读性和文档性　　　　　　　　　D．数据复杂性和程序复杂性

5．计算机算法指的是（　　）。

A．计算方法　　　　　　　　　　　　B．排序算法

C．解决问题的有限运算序列　　　　　D．调度方法

6．从逻辑上可以把数据结构分为（　　）。

A．动态结构和静态结构　　　　　　　B．紧凑结构和非紧凑结构

C．线性结构和非线性结构　　　　　　D．内部结构和外部结构

二、填空题

1．数据的物理结构包括_____的表示和存储以及_____的表示和存储。

2．对于给定的 n 个元素，可以构造出的逻辑结构有_____、_____、_____、_____ 4 种。

3．一个算法具有 5 个特性：_____、_____、_____、有零个或多个输入、有一个或多个输出。

4．抽象数据类型被形式地定义为(D,S,P)，其中，D 是_____的有限集合，S 是 D 上的_____有限集合，P 是对 D 的_____集合。

5．数据结构主要包括数据的_____、数据的_____和数据的_____这 3 个方面的内容。

6．一个算法的效率可分为_____效率和_____效率。

三、计算题

1．计算机执行下面的语句时，语句 s;的执行次数为_____。

```
for(i=l; i<n-l; i++)
    for(j=n; j>=i; j--)
        s;
```

2．在有 n 个选手参加的单循环赛中，总共将进行_____场比赛。

3．试给出下面 3 个语句块的时间复杂度。

（1）for(i=l；i<=n；i++)
　　　　x=x+1;

（2）for(i=l；i<=n；i++)
　　　　for(j=l；j<=n；j++)
　　　　　　x=x+1;

（3）int[] a={1,3,2,45,65,33,12};
　　for(int i = 0; i <arr.length - 1; i++) {
　　int k = i;
　　for(int j = k + 1; j < a.length; j++){
　　　　if(a[j] < a[k]) k = j;
　　}

```
    if(i != k){
                int t = arr[i];
                a[i] = a[k];
                a[k] = t;
        }
}
```

第 2 章
线性表

建议学时：8 学时

总体要求

- 掌握线性表的逻辑结构及两种不同的存储结构
- 掌握两类存储结构（顺序存储结构和链式存储结构）的表示方法，以及单链表、循环链表、双向链表的特点
- 掌握线性表在顺序存储结构及链式存储结构上实现基本操作（查找、插入、删除等）的算法及分析
- 能够针对具体应用问题的要求和性质，选择合适的存储结构并设计出有效算法，解决与线性表相关的实际问题

相关知识点

- 相关概念：线性表、顺序表、链表（单链表、循环链表、双向链表）、头指针、头节点
- 顺序表的表示及基本操作
- 链表的表示及基本操作

学习重点

- 线性表的逻辑结构及两种不同的存储结构
- 链表的表示和实现

学习难点

- 链表的表示和实现，特别是循环链表和双向链表的表示与实现

本章首先讨论线性结构。这种数据结构元素之间呈现一对一的关系，即线性关系。有关线性结构的实例在日常生活中非常常见，例如，在公交车站或候车室检票口等候上车的乘客队列，电话号码簿中依次排列的单位名称或住宅用户及对应的电话号码序列等。这类例子的共同特点是：结构中存在一个唯一的起始成员，其前面没有其他成员；存在一个唯一的结尾成员，其后面没有其他成员；而中间的所有成员，其前面只存在一个唯一的成员与之直接相邻，其后面也只存在一个唯一的成员与之直接相邻。

由此可见，线性结构的特点是：在数据元素的非空有限集中，存在唯一的一个被称作"第一个"的数据元素；存在唯一的一个被称作"最后一个"的数据元素；除第一个数据元素之外，集合中的每个数据元素均只有一个前驱；除最后一个数据元素之外，集合中每个数据元素均只有一个后继。

2.1　线性表的逻辑结构

线性表是最简单且最常用的一种数据结构，它具备线性结构的特点，并且表中元素属于同一种类型的数据对象，元素之间存在一种序偶关系。

2.1.1　线性表的概念

线性表（Linear List）是 n 个数据元素的有限序列，其元素可以是数值、字符，也可以是有多个数据项的组合，甚至可以是一页书、一张图片、一段视频或其他更复杂的信息。例如，由 26 个大写英文字母组成的字母表

$$(A,B,C,\cdots,X,Y,Z)$$

就是一个线性表，表中的每个数据元素均是大写字母。再如，某学校从 2000 年开始每年拥有的职工数量

$$(48,64,77,93,112,136,167,\cdots,235)$$

也是一个线性表，表中的每个数据元素均是正整数。这两个线性表都是包含简单数据元素的例子。

线性表中的数据元素也可以是由多个数据项（Item）构成的记录或对象，如表 2.1 所示的图书信息表。在该表中，每一行是一个数据元素，代表一本书的基本信息，它由图书分类号、书名、作者、出版社等数据项组成，称为一个记录（Record）。通常，把含有大量记录的线性表称为文件（File）。若使用 $book_1 \sim book_n$ 来分别代表该表中的 n 本书，则该线性表就由 n 个对象组成，可以抽象为：

$$(book_1,book_2,book_3,book_4,\cdots,book_n)$$

表 2.1　图书信息表

图书分类号	书名	作者	出版社	……
C93	管理科学方法	鲍立威	浙江大学出版社	
G206	传播学	邵培仁	高等教育出版社	
H319.4	英汉妙语佳句赏析	青闫	中国城市出版社	
H316	大学英语四级词汇用法词典	顾飞荣	世界图书出版公司	
TN915	通信与网络技术概论	刘云	中国铁道出版社	
TP312	计算机软件技术基础	王宇川	科学出版社	
……	……	……	……	……

综上所述，线性表中的数据元素可以是多种类型的。但是，对于同一线性表，其中的数据元素必须具有相同特性，也就是说，同一线性表中的数据元素必须属于同一种数据类型，表中相邻的数据元素之间存在序偶关系。

线性表可逻辑地表示为：

$$(a_1,a_2,\cdots,a_{i-1},a_i,a_{i+1},\cdots,a_n)$$

其中，a_1 为表中的第一个数据元素，a_n 为最后一个数据元素，a_{i-1} 领先于 a_i，a_i 领先于 a_{i+1}，称 a_{i-1} 是 a_i 的直接前驱，a_{i+1} 是 a_i 的直接后继。当 $i=1,2,\cdots,n-1$ 时，a_i 有且仅有一个直接后继，当 $i=2,3,\cdots,n$ 时，a_i 有且仅有一个直接前驱。

线性表还可以使用以下形式化的描述进行定义：

$$LinearList=(D,R)$$

其中，D 为数据元素的集合，R 为序偶的集合：

$$D=\{a_i\,|\,a_i\in D_0, i=1,2,\cdots,n, n\geqslant 0\}, \quad R=\{<a_{i-1},a_i>\,|\,a_{i-1},a_i\in D_0, i=2,3,\cdots,n\}$$

D_0 为某个数据对象，$<a_{i-1},a_i>$ 为第 $i-1$ 个元素和第 i 个元素组成的序偶。

线性表中数据元素的个数 n（$n\geqslant 0$）为线性表的长度，特别地，当 $n=0$ 时称该线性表为空表。线性表中的元素是有序的，表中代表任一数据元素的符号 a_i 中的索引 i 的取值即指示该元素在表中的位置，$i=1$ 时表示第一个数据元素，$i=n$ 时表示最后一个数据元素，因此，称数据元素 a_i 的索引 i 为该元素在线性表中的位序。

在线性表中，数据元素之间的相对位置关系可以与数据元素的值有关，也可以无关。当数据元素的位置与它的值相关时，称为有序线性表，即表中的元素按照其值的某种顺序（递增、非递减、非递增、递减）进行排列，否则称为无序线性表。

2.1.2　线性表的基本操作

线性表是一种比较灵活的数据结构，可以根据不同的需要对线性表进行多种操作，常见的基本操作如下。

（1）初始化——构造一个空的线性表。

（2）插入——在线性表的第 i 个元素之前插入一个新元素。

（3）删除——删除线性表中的第 i 个数据元素。

（4）查找——找出线性表中满足特定条件的元素的位置。

（5）获取——取线性表中的第 i 个数据元素。

（6）更新——取线性表中的第 i 个数据元素，检查或更新其中某个数据项的内容。

（7）判空——判断当前线性表是否为空。

（8）求长度——求出线性表中数据元素的个数。

（9）正序遍历——依次访问线性表中每个元素并输出。

（10）销毁——销毁一个已存在的线性表。

将上述基本操作进行组合，可以实现对线性表的各种更复杂的操作。例如，将两个或者两个以上的线性表合并成一个线性表；把一个线性表拆分为两个或者两个以上的子线性表；克隆或复制一个线性表；把线性表中的元素按关键字递增或递减的顺序重新排列等。

2.2　线性表的顺序表示和实现

2.2.1　线性表的顺序表示

线性表的顺序表示指的是用一组地址连续的存储单元依次存储线性表的数据元素。线性表的这种连续存储表示称为线性表的顺序存储结构或顺序映象（Sequential Mapping），通常，把这种具有顺序存储结构的线性表简称为**顺序表**。在采用顺序存储结构表示的线性表中，逻辑位置相邻的数据元素将被存放到存储器中物理地址相邻的存储单元之中；换言之，以数据元素在计算机内"物理位置相邻"来表示线性表中数据元素之间的逻辑关系。

假设线性表的每个数据元素需占用 L 个存储单元，并以所占的第一个单元的存储地址作为数据元素的存储位置，则线性表中第 $i+1$ 个数据元素的存储位置 $LOC(a_{i+1})$ 和第 i 个数据元素的存储位置 $LOC(a_i)$ 之间满足下列关系：

$$LOC(a_{i+1})= LOC(a_i)+L$$

一般地，线性表的第 i 个数据元素 a_i 的存储位置为：

$$LOC(a_i)= LOC(a_1)+(i-1)\times L$$

式中，$LOC(a_1)$ 是线性表的第一个数据元素 a_1 的存储位置，通常称作线性表的起始位置或基地址。线性表的顺序存储结构如图 2.1 所示。

图 2.1　线性表的顺序存储结构

由上可知，在顺序表中，任一数据元素的存放位置是从起始位置开始的；与该数据元素的位序成正比的对应存储位置，可以借助上述存储地址计算公式确定。因此，可以根据顺序表中数据元素的位序，随机访问表中的任一元素，也就是说，顺序表是一种可随机存取的存储结构。

2.2.2　顺序表的实现

在计算机系统中，数组具有随机存取的特性，因此，通常用数组来描述数据结构中的顺序存储结构。由于本书讨论的顺序表是一种抽象的数据结构，我们并不限制其元素的数据类型，此时最合适的办法就是把顺序表定义成 Java 泛型类。采用一维数组来实现的顺序表定义如下。

```
public class SequenceList<T>{
    final int defaultSize=10;                   //顺序表中一维数组的初始长度
    private T[] listArray;                       //存储元素的数组对象
    private int length;                          //保存顺序表的当前长度
    public SequenceList ( )    {     }           //构造一个空的线性表
    public SequenceList (int n)    {     }       //构造一个最多能容纳 n 个元素的线性表
    public boolean add(T obj,int pos) {}         //在线性表中插入一个新元素
    public T remove(int pos) {     }             //删除线性表中某个元素
    public int find(T obj) {     }               //在线性表查找一个元素
    public T value(int pos) {     }              //获取线性表中一个元素
    public boolean modify(T obj,int pos) {   }   //更新线性表中某个元素
    public boolean isEmpty(   ) {     }          //判空
    public int size(   ) {     }                 //求线性表中数据元素的个数
    public void nextOrder(   )   {     }         //遍历：依次访问中每个元素并输出
    public void clear(   ) {     }               //销毁一个已经存在的线性表
}
```

上述定义的顺序存储结构如图 2.2 所示。在上述存储结构的定义之上可实现对顺序表的各种操作，上面类中各方法的函数体暂为空，下面分别进行讨论。

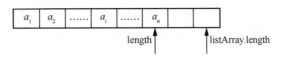

图 2.2　顺序存储结构

注意：在上述定义中，T 为类型参数，表示数据元素的数据类型暂时不确定，在未来必须使用已有的数据类型来替代 T。如果指定的数据类型未定义或不存在，则 Java 语言程序在编译时会显示以下错误信息，即 "… cannot be resolved to a type"（类型无法解析）。例如，构造一个整型的空顺序表 list，可以使用 Java 语言的整型类名 Integer 来替代标识符 T，代码如下。

```
SequenceList < Integer > list = new SequenceList< Integer>();
```

1．顺序表的初始化

顺序表的初始化就是为顺序表分配一个预定义大小的数组空间，无参数构造方法设置顺序表长度为 defaultSize，有参数方法设置顺序表数组长度为形参 n。初始化时将顺序表的当前长度 length 设为 "0"。构造方法的算法如算法 2-1 所示。

【算法 2-1：顺序表的初始化】

```
public SequenceList ( )        //构造一个空顺序表
{
        length=0;        //线性表初始为空
        listArray=(T[])new Object[defaultSize];
}
public SequenceList (int n )   //构造一个能最多容纳 n 个元素的空顺序表
{
        if(n<=0){
                System.out.println("error");
                System.exit(1);
        }
        length=0;        //线性表初始为空
        listArray=(T[])new Object[n];
}
```

值得注意的是，加粗显示的两行代码，由于不能实例化一个泛型对象，所以在构造器中可以先实例化一个 Object 数组，然后把它转换为一个泛型数组。在 Java 语言中，Object 是所有数据类型的基类，表示 "对象类型"，Java 语言的所有值类型和引用型（包括自定义的引用型）都可以看作 Object 的派生类或者后代子类。

2．顺序表的插入

顺序表的插入是指在顺序表的第 pos−1 个元素和第 pos 个元素之间插入一个新的元素，此时，顺序表中插入位置前后的元素之间的逻辑关系将发生变化，因此，除非 pos=n+1，否则必须通过顺序移动数据元素的存储位置才能体现逻辑关系的变化。顺序表的插入过程如图 2.3 所示，欲将整数 50 插入元素 57 和 16 之间，则必须按从末尾开始的逆向顺序先把 57 后面的所有元素分别向后挪动一个位置，空出插入位置之后才能将 50 填入该顺序表。

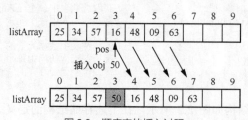

图 2.3　顺序表的插入过程

一般情况下，在第 pos（1≤pos≤length）个元素之前插入一个元素时，需将第 length～pos（共 length−pos+1）个元素向后移动一个位置，如算法 2-2 所示。

【算法 2-2：顺序表的插入】

```
public boolean add(T obj,int pos)
{
    if(pos<1 || pos>length+1){
        System.out.println("pos 值不合法");
        return false;
    }
    if(length==listArray.length){          //如果当前顺序表已满
        T[] p=(T[])new Object[length*2];    //则将顺序表的长度增大 1 倍
        for(int i=0;i<length;i++)
            p[i]=listArray[i];
        listArray=p;
    }
    for(int i=length;i>=pos;i--)            //将插入位置后面的所有元素分别向后挪动一个位置
        listArray[i]=listArray[i-1];
    listArray[pos-1]=obj;
    length++;
    return true;
}
```

线性表的插入算法需注意以下几点。

（1）要检验插入位置的有效性，这里 pos 的有效范围是 1≤pos≤length+1，其中，length 为顺序表原来的长度，即已有数据元素的个数。

（2）由于顺序表的最大存储空间是 n（=listArray.length），所以在向顺序表中插入元素时先检查表空间是否满了，在表满的情况下需要重新分配 2 倍的存储空间，并进行原有数据的复制。

（3）注意数据元素的移动方向。从最后一个元素开始依次向前，一个一个地向后移动数据元素，最后把要插入的元素 obj 放到数组索引为 pos-1 的地方。

（4）顺序表的长度加 1，插入成功返回 true。

3．顺序表的删除

顺序表的删除操作是指删除顺序表中的第 pos 个元素，删除操作也会导致被删除位置前后的元素之间的逻辑关系发生变化，因此，除非删除位置是表中的最后一个元素，否则也必须通过顺序移动数据元素的存储位置才能体现逻辑关系上的变化。顺序表的删除过程如图 2.4 所示，若要删除元素 16，则只需按正向顺序将 16 后面的所有元素分别往前移动一个位置。

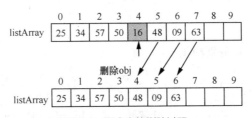

图 2.4　顺序表的删除过程

一般情况下，删除第 pos（1≤pos≤length）个元素时需将从第 pos+1～length 个元素（最后一个元素）依次向前移动一个位置，如算法 2-3 所示。

【算法 2-3：顺序表的删除】

```
public T remove(int pos)
{
    if(isEmpty()){              //空表不支持删除操作
        System.out.println("顺序表为空，无法执行删除操作");
        return null;
    }
    else{
```

```
        if(pos<1 || pos>length){
            System.out.println("pos 值不合法");
             return null;
        }
        T x=listArray[pos-1];   //备份已删除的数据元素
        for(int i=pos;i<length;i++)    //删除位置后面的所有元素分别往前移动一个位置
            listArray[i-1]=listArray[i];
        length--;                //第 pos 个元素已删除，顺序表长度减 1
        return x;                //返回已删除的数据元素
    }
}
```

线性表的删除算法需注意以下几点。

（1）当表为空时不能做删除。

（2）删除第 pos 个元素时，pos 的取值范围为 1≤pos≤length，否则第 pos 个元素就不存在，因此，要检查删除位置的有效性。

（3）注意元素移动的方向。把删除位置 pos 之后的元素依次前移一个位置，最后顺序表的长度必须减 1。

（4）返回已做备份的被删除元素。

从算法 2-2 和算法 2-3 可见，当在顺序表中某个位置上插入或删除一个数据元素时，其时间主要耗费在移动元素上。换句话说，移动元素的操作可作为预估算法时间复杂度的基本操作，对于以上两个算法而言，元素移动的次数不仅与表长 n 有关，而且与插入或删除的位置有关。

对于插入操作，在线性表中共有 $n+1$ 个可以插入元素的位置，假设 p_i 是在第 i 个位置前插入一个元素的概率，则在长度为 n 的线性表中插入一个元素时所需移动元素的平均次数为：

$$E_{is} = \sum_{i=1}^{n+1} p_i(n-i+1) \tag{2-1}$$

对于删除操作，在线性表中共有 n 个元素允许被删除，假设 q_i 是删除第 i 个元素的概率，则在长度为 n 的线性表中删除一个元素时所需移动元素的平均次数为：

$$E_{dl} = \sum_{i=1}^{n} q_i(n-i) \tag{2-2}$$

为了不失一般性，我们可以假定在线性表的任何位置上插入或删除元素都是等概率的，即：

$$p_i = \frac{1}{n+1}, \quad q_i = \frac{1}{n}$$

则公式 2-1 和公式 2-2 可分别简化为：

$$E_{is} = \sum_{i=1}^{n+1} \frac{1}{n+1}(n-i+1) = \frac{1}{n+1}\sum_{i=1}^{n+1}(n-i+1) = \frac{1}{n+1} \times \frac{n(n+1)}{2} = \frac{n}{2}$$

$$E_{dl} = \sum_{i=1}^{n} \frac{1}{n}(n-i) = \frac{1}{n}\sum_{i=1}^{n}(n-i) = \frac{1}{n} \times \frac{n(n-1)}{n} = \frac{n-1}{2}$$

由此可知，在顺序表中插入或删除一个数据元素，平均约移动表中一半元素，插入算法 add 和删除算法 remove 的时间复杂度均为 $O(n)$。

4．顺序表的查找

顺序表的查找是指在顺序表中查找某个值等于给定值的元素位置。在顺序表中查找是否存在与 obj 相同的数据元素的最简便的方法是令 obj 和顺序表中的数据元素逐个比较，如算法 2-4 所示。

【算法 2-4：顺序表的查找】

```
public int find(T obj)
{
    if(isEmpty()){
        System.out.println("顺序表为空");
        return −1;
    }
    for(int i=0;i<length;i++)
        if(listArray[i].equals(obj))
            return i+1;
    return −1;    //未查找到指定元素
}
```

本算法的基本操作是"元素值比较"，若顺序表中存在和 obj 相同的元素，则比较次数为 i （$1 \le i \le$ length），否则为 length，即查找算法 find 的时间复杂度为 $O(n)$，n 为表长。

5．获取顺序表第 pos 个位置的元素

顺序表中第 pos 个元素存放在数组 listArray 索引为 pos−1 的位置，也就是当位置转换为索引时要进行一个减 1 的运算。算法中 $1 \le$ pos $\le$ length，当 pos 值有效时返回 listArray[pos−1]，否则返回 null，如算法 2-5 所示。

【算法 2-5：获取顺序表的元素】

```
public T value(int pos)
{
    if(isEmpty()){
        System.out.println("顺序表为空");
        return null;
    }
    if(pos<1 || pos>length){
        System.out.println("pos 值不合法");
        return null;
    }
    return listArray[pos−1];
}
```

6．修改顺序表第 pos 个位置的元素

首先检查参数 pos 的合法性，当 $1 \le$ pos $\le$ length 时，用参数 obj 的值替换顺序表中第 pos 个位置的元素，当 pos 值超出合法范围时，返回 false，表示修改失败，如算法 2-6 所示。

【算法 2-6：顺序表的更新操作】

```
public boolean modify(T obj,int pos)
{
    if(isEmpty()){
        System.out.println("顺序表为空");
        return false;
    }
    if(pos<1 || pos>length){          //更新位置非法
        System.out.println("error");
        return false;
    }
    listArray[pos−1]=obj;
    return true;
}
```

7．判断顺序表是否为空

根据顺序表中表示长度的 length 的取值进行判断，当顺序表的长度为 0 时为空表，否则不为空表，如算法 2-7 所示。

【算法 2-7：顺序表的判空】

```
public boolean isEmpty(  )
{
    return length==0;
}
```

8．求顺序表的长度

返回当前顺序表的长度即 length 的值，如算法 2-8 所示。

【算法 2-8：求顺序表的长度】

```
public int size(  )
{
    return length;
}
```

9．遍历操作：正序输出顺序表中所有元素

按照逻辑次序依次访问顺序表中的每一个数据元素，并进行输出显示，如算法 2-9 所示。

【算法 2-9：顺序表正序输出】

```
public void nextOrder(  )
{
    for(int i=0;i<length;i++)
        System.out.print(listArray[i]+"\t");
    System.out.println("\n");
}
```

10．清空顺序表

把 length 的值设置为 0，即清空顺序表，如算法 2-10 所示。

【算法 2-10：顺序表的清空】

```
public void clear(  )
{
    length=0;
}
```

使用下面代码的主程序类对上面讨论的顺序表的算法进行调试。

```
public class Test3 {
    public static void main(String[] args) {
        //创建一个能容纳 5 个元素的整型顺序表 L
        SequenceList<Integer> L=new SequenceList<Integer>(5);
        int status,e,i;
        int []a={23,56,12,49,35};
        for(i=0;i<a.length;i++)
            L.add(a[i], i+1);               //将数组 a 中各个元素插入顺序表中
        System.out.println("顺序表中的数据元素为：");
        L.nextOrder();
        L.add(30, 4);                       //在第 4 个位置插入数据元素 30
        System.out.println("执行插入操作后顺序表中的数据元素为：");
        L.nextOrder();
        e=L.remove(5);                      //删除第 5 个元素
        System.out.println("执行删除操作后顺序表中的数据元素为：");
        L.nextOrder();
        i=L.find(12);                       //在顺序表 L 中查找元素 12 的位置
        System.out.println("元素 12 在顺序表中的位置为:"+i);
    }
}
```

在上述 main 方法中先初始化一个顺序表，再对该顺序表进行插入、删除、查找操作，程序运行结果如下所示。

顺序表中的数据元素为：

23　56　12　49　35

执行插入操作后顺序表中的数据元素为：

23　56　12　30　49　35

执行删除操作后顺序表中的数据元素为：

23　56　12　30　35

元素 12 在顺序表中的位置为：3

需要注意的是，在本例的插入、删除和查找操作中，数据元素的位置编号是从 1 开始的。

2.2.3　顺序表的应用——顺序表的合并、混洗与拆分

【例 2-1】　已知顺序表 La 和 Lb 的元素均按升序排列，编写一个算法将它们合并成一个顺序表 Lc，要求 Lc 的元素也是升序排列的。

算法思路：依次扫描顺序表 La 和 Lb 的元素，比较 La 和 Lb 当前元素的值，将较小值的元素赋给 Lc，直到一个顺序表扫描完毕，然后将未完的那个顺序表中余下部分赋给 Lc 即可。因此顺序表 Lc 的长度应不小于顺序表 La 和 Lb 长度之和。算法描述如下。

```
public class Test2_1 {
    //合并 La 和 Lb 得到新的顺序表 Lc，Lc 的元素也按值非递减排列
    public static <T extends Comparable> void mergeList(SequenceList<T> La, SequenceList<T> Lb,
    SequenceList<T> Lc) {
        int i = 1, j = 1, k = 1;
        //逐个比较 La 和 Lb 相同位置的顺序，按递增规则插入 Lc
        while (i <= La.size() && j <= Lb.size()){
            if (La.value(i).compareTo(Lb.value(j))<= 0) {
                Lc.add(La.value(i), k);
                i++;
            } else {
                LC.add(Lb.value(j), k);
                j++;
            }
            k++;
        }
        //把 La 剩余元素（如果有的话）插入 Lc
        while (i <= La.size()) {
            Lc.add(La.value(i), k);
            i++;
            k++;
        }
        //把 Lb 剩余元素（如果有的话）插入 Lc
        while (j <= Lb.size()) {
            Lc.add(Lb.value(j), k);
            j++;
            k++;
        }
    }

    public static void main(String[] args) {
        int i, j, k = 0;
        int[] a = { 12, 23, 35, 49, 56 };
        int[] b = { 10, 15, 20 };
        SequenceList<Integer> La = new SequenceList<Integer>(5);
        SequenceList<Integer> Lb = new SequenceList<Integer>(3);
        SequenceList<Integer> Lc = new SequenceList<Integer>(8);
        // 将数组 a 中各元素插入顺序表 La 中
        for (i = 0; i < a.length; i++)
            La.add(a[i], i + 1);
        System.out.println("顺序表 La 中的数据元素为: ");
```

```
                La.nextOrder();

                // 将数组 b 中各元素插入顺序表 Lb 中
                for (j = 0; j < b.length; j++)
                        Lb.add(b[j], j + 1);
                System.out.println("顺序表 Lb 中的数据元素为：");
                Lb.nextOrder();

                mergeList(La, Lb, Lc);   //调用合并算法
                System.out.println("顺序表 Lc 的数据元素为：");
                Lc.nextOrder();
        }
}
```

本算法的基本操作是顺序表 Lc 的插入操作，算法的时间复杂度为 $O(La.size(\ )+Lb.size(\ ))$。

【例 2-2】　已知顺序表 La，编写一个程序把 La 中的元素随机拆分到顺序表 Lb 和 Lc 之中，实现效果类似把扑克牌重新洗牌后分成 2 份。

算法思路：本例涉及顺序表的混洗操作。混洗操作是线性表、集合等数据结构的常见操作，它在大数据和机器学习中非常有用。机器学习通常需要把采集到的数据集随机划分成训练集（Training Set）、验证集（Validation Set）和测试集（Test Set）等。训练集的作用是通过设置分类器的参数，训练分类模型；验证集的作用是验证每个分类模型的准确率，并从中选出效果最佳的模型；测试集的作用是测试最优模型的性能和分类能力。本例可采取如下策略实现，首先在顺序表类 SequenceList<T>中添加一个混洗算法（代码中为 shuffle），然后调用该算法把返回的操作结果分发到 Lb 和 Lc 中。混洗操作算法将反复地从 La 中随机选择元素并存入一个临时顺序表 x，同时把 La 中的这个元素删除，当 La 为空时混洗结束，最后返回操作结果 x。完整算法描述如下。

```
//导入随机数生成器
import java.util.Random;
//SequenceList<T>类添加 shuffle()函数，实现顺序表混洗操作
public SequenceList<T> shuffle() {
    //创建临时顺序表，以保存混洗结果
    SequenceList<T> x = new SequenceList<T>(this.length);
    Random random = new Random(); // 创建随机数生成器
    int i = 0;
    while (!this.isEmpty()){
        int pos = random.nextInt(this.length)+1; //随机指定提取位置
        x.listArray[i++] = this.value(pos); // 从当前顺序表中取出元素并添加到 x 的末尾
        x.length++;
        this.remove(pos); // 从当前顺序表中删除已提取的元素
    }
    return x;
}

//编写主程序
public class Test2_2 {

    public static void main(String[] args) {
        // TODO Auto-generated method stub
        SequenceList<Integer> La = new SequenceList<Integer>(10);
        SequenceList<Integer> Lb = new SequenceList<Integer>(5);
        SequenceList<Integer> Lc = new SequenceList<Integer>(5);
        for(int i=0; i<10;i++)
            La.add(i, i+1);
        System.out.println("混洗之前 La 的数据状态：");
        La.nextOrder();
        La = La.shuffle();
        System.out.println("混洗之后 La 的数据状态：");
        La.nextOrder();
        for(int i=0; i<10;i++)   //分发数据到 Lb 和 Lc
            if(i%2==0)
```

```
                        Lb.add(La.value(i+1), Lb.size()+1);
                else
                        Lc.add(La.value(i+1), Lc.size()+1);
            System.out.println("分发之后 Lb 的数据状态：");
            Lb.nextOrder();
            System.out.println("分发之后 Lc 的数据状态：");
            Lc.nextOrder();
        }
    }
```

上述程序运行结果如下所示。

```
混洗之前 La 的数据状态：
0   1   2   3   4   5   6   7   8   9
混洗之后 La 的数据状态：
2   4   3   5   7   8   6   9   0   1
分发之后 Lb 的数据状态：
2   3   7   6   0
分发之后 Lc 的数据状态：
4   5   8   9   1
```

2.3　线性表的链式表示和实现

2.3.1　线性表的链式表示

线性表的链式存储结构是指用一组任意的存储单元来存放线性表的数据元素，这组存储单元可以是连续的，也可以是不连续的。

那么，对于链式存储结构中的某一元素，如何找到它的下一个元素的存放位置呢？对每个数据元素 a_i，除了需要存储其本身的信息之外，还需要存储一个指示其直接后继存放位置的指针。这两部分信息组成数据元素 a_i 的存储映像，称为**节点**（Node）。线性表链式表示中的节点结构如图 2.5 所示，它包括两个域，其中存储数据元素信息的域称为**数据域**，存储直接后继存放位置的域称为**指针域**。

数据域	指针域

图 2.5　线性表链式表示中的节点结构

节点类的 Java 泛型定义如下。

```java
public class Node<T> {
    T data;              //数据域
    Node<T> next;        //指针域
    public Node(Node<T> n){
        next=n;
    }
    public Node(T obj,Node<T> n){
        data=obj;
        next=n;
    }
    public T getData(   ){
        return data;
    }
    public Node<T> getNext(   ){
        return next;
    }
}
```

在上述代码中，data 为数据域，表示本节点的数据信息；next 为指针域，表示下一个节点。

节点类有两个构造器，二者的区别是参数个数不同。第一个构造器有一个参数 n，用来初始化 next 指针域。第二个构造器有两个形式参数：obj 和 n。它们分别初始化数据域 data 和指针域 next。第一个构造器没有初始化数据域 data。

有 n 个元素的线性表通过每个节点的指针域链接成一个链表，由于链表的每个节点中只有一个指向后继的指针，所以称其为**单链表**或**线性链表**，单链表如图 2.6 所示，这是一种只能通过头节点才能存取每一个元素的链表。在单链表中，**头节点**只表示链式存储结构的开始，其数据域可以不存储任何数据信息，其指针域指向链表的第一个节点。由于最后一个数据元素没有直接后继，故最后一个节点的指针为空（null），常用^表示。

图 2.6　单链表

假设有一个线性表为 $(a_1,a_2,a_3,a_4,a_5,a_6)$，则其对应的带有头节点的链式存储结构如图 2.7 所示，其中 head 指针的值为 2020H。

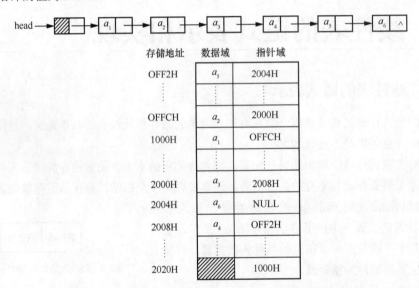

图 2.7　线性表 $(a_1, a_2, a_3, a_4, a_5, a_6)$ 带有头节点的链式存储结构

例如，有如下由 5 个字符串组成的线性表：("张凯","李晓勇","王大伟","钱忠诚","黄海")

该线性表的链式存储结构的逻辑状态如图 2.8 所示，整个链表的存取必须从头节点开始。

图 2.8　线性表的链式存储结构的逻辑状态

2.3.2　单链表的实现

在单链表中，由于从头节点开始往后便可以找到链表的各个元素，因此，可用头节点来表示一个单链表。单链表的泛型类的定义如下。

```
public class LinkedList<T> {
    private Node<T> head;                        //头节点，也称头指针
    private int length;                          //单链表的长度
    public LinkedList(){      }                  //构造一个空的链表
    public Node<T>getHead(){      }              //获取链表头节点地址
    public boolean add(T obj,int pos){ }         //在链表中插入一个新元素
    public T remove(int pos) {   }               //删除链表中某个元素
    public T value(int pos) {   }                //获取链表中一个元素
    public int find(T obj){      }               //在链表查找一个元素
    public boolean modify(T obj,int pos){      } //更新链表中某个元素
    public boolean isEmpty(){      }             //判空
    public int size(){      }                    //求链表中数据元素的个数
    public void nextOrder(){      }              //遍历：依次访问链表中每个元素并输出
    public void clear(){      }                  //销毁一个已经存在的链表
}
```

上面定义的 LinkedList 类有两个成员变量：一个是头节点 head，习惯称 head 为头指针；另一个是 length，用来存放单链表的长度。类中的基本方法和顺序表中的基本方法实现的功能是一样的，但具体实现有所区别。

下面对 LinkedList 类中的各个算法分别进行讨论。

1．单链表的初始化

在无参构造器中，首先设置 length 的值为 0，表示初始化链表为空。然后，通过调用节点类的第一个构造器 Node(Node<T> n)新建一个节点对象，它的作用是将 next 指针域初始化为 null，数据域 data 未进行初始化，通过头节点的 next 指针域可以找到链表中的第一个节点。本书给出的链表均是带有头节点的。

单链表的初始化如算法 2-11 所示。

【算法 2-11：单链表的初始化】

```
public LinkedList(){
    length=0;
    head=new Node<T>(null);      //设头节点的指针域为空
}
```

2．获取单链表头节点的地址

获取单链表头节点的地址如算法 2-12 所示。

【算法 2-12：获取单链表头节点的地址】

```
public Node<T> getHead ( ){
    return head;
}
```

3．单链表的插入

单链表的插入是指在单链表的第 pos-1 个节点和第 pos 个节点之间插入一个新的节点。要实现节点的插入，需修改插入位置之前的节点和当前插入节点的指针指向，如图 2.9 所示。

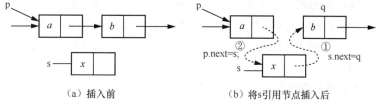

（a）插入前　　　　　　　　　　（b）将s引用节点插入后

图 2.9　在 p 引用节点之后插入 s 引用的节点

单链表的插入的基本思路是，先从头节点开始，"顺藤摸瓜"找到插入位置的前一个节点并

使用指针变量 p 进行标记，而插入位置所在的节点则用指针变量 q 进行标记。接着创建一个新节点 s（其数据域 data 的值为 obj）并把它插入链表之中。插入操作的第一步是把节点 q 链接到新节点的指针域 next（即 s.next=q;），也可以使用 Node<T> s= new Node<T>(obj,q);来实现；第二步是 p 所引用节点的指针域 next 指向新节点 s，语句是 p.next=s;。

　　如何"顺藤摸瓜"地找到插入位置呢？其办法是：设置一个计数器变量 num（初始值为 1），表示从单链表的第一个节点开始查找插入位置。刚开始，p 指向链表的头节点，q 指向第一个节点。之后 p 和 q 每往后移一个位置，num 变量就加 1，重复 num-1 次后，就可以找到第 pos-1 个和第 pos 个节点。插入操作完成之后，链表长度加 1，如算法 2-13 所示。

【算法 2-13：单链表的插入】

```
public boolean add(T obj,int pos){
    if((pos<1||pos>length+1)){
        System.out.println("pos 值不合法");
        return false;
    }
    int num=1;
    Node<T> p=head;                        //最终将指向插入位置之前的节点
    Node<T> q=head.next;                    //最终将指向插入位置所在的节点
    while(num<pos){                         //从链表的头节点开始向后寻找插入位置
        p=q;
        q=q.next;
        num++;
    }
    Node<T> s=new Node<T>(obj,null);        //创建一个新节点
    s.next = q;                             //将原来的第 pos 个节点 q 链接到 s 节点之后
    p.next = s;                             //将新节点 s 链接到原来的第 pos-1 个节点之后
    length++;
    return true;
}
```

　　由于链表不具有随机访问的特点，所以在进行插入操作之前，要从单链表的头节点开始，顺序扫描每个节点并计数，从而找到插入位置，即第 pos 个节点，时间主要用来查找插入位置，该算法的时间复杂度为 $O(n)$。

4．单链表的删除

　　单链表的删除是指删除单链表的第 pos 个节点，要实现该节点的删除，可将删除位置之前的节点，即第 pos-1 个节点的指针域指向第 pos+1 个节点，删除 q 所引用节点，如图 2.10 所示。

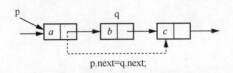

p.next=q.next;

图 2.10　删除 q 所引用节点

　　单链表进行删除操作的前提是链表不为空，条件满足之后，分别找到要删除的第 pos 个节点（通过 q 引用）和被删除节点的前一个节点（通过变量 p 引用），修改 p 引用节点指针域的值即可完成删除操作，语句为 p.next=q.next;，删除操作完成后，链表长度减 1，并返回被删除节点数据域的值，如算法 2-14 所示。

【算法 2-14：单链表的删除】

```
public T remove(int pos){
    if(isEmpty( )){
        System.out.println("链表为空表");
```

```
            return null;
        }
        if((pos<1||pos>length+1)){
            System.out.println("pos 值不合法");
            return null;
        }
        int num=1;
        Node<T> p=head,q=head.next;
        while(num<pos){       //找到第 pos 个节点
            p=q;
            q=q.next;
            num++;
        }
        p.next=q.next;
        length--;
        return q.data;
}
```

和插入操作类似，该算法的时间复杂度为 $O(n)$。

5．单链表的查找

单链表的查找思路和顺序表的类似，值得注意的是：由于构建的是带有头节点的单链表，所以变量 p 引用的是头节点之后的节点，当该节点不存在时链表为空。通过调用方法 equals()来判断两个对象的值是否相等，查找成功返回对象 obj 在单链表中的位序，查找失败返回-1，如算法 2-15 所示。

【算法 2-15：单链表的查找】

```
public int find(T obj){
        if(isEmpty( )){
            System.out.println("链表为空表");
            return -1;
        }
        int num=1;
        Node<T> p=head.next;     //p 指向链表的第一个节点
        while(p!=null){              //单链表的判空条件
            if(p.data.equals(obj)==false){   //调用 equals()判断两个对象值是否相等
                p=p.next;
                num++;
            }
            else break;
        }
        if(p==null) return-1;
        return num;
}
```

该算法的时间复杂度为 $O(n)$。

6．获取单链表第 pos 个节点的值

首先链表要不为空，获得第 pos 个节点地址，通过变量 p 引用该节点，返回 p.data 即可，如算法 2-16 所示。

【算法 2-16：获取单链表第 pos 个节点的值】

```
public T value(int pos){
        if(isEmpty()){
            System.out.println("链表为空表");
            return null;
        }

        if((pos<1||pos>length+1)){
            System.out.println("pos 值不合法");
            return null;
        }
```

```
        int num=1;
        Node<T> q=head.next;        //q 指向链表的第一个节点
        while(num<pos){             //寻找第 pos 个节点
            q=q.next;
            num++;
        }
        return q.data;
}
```

7．更新单链表第 pos 个节点的值

首先检查参数 pos 的合法性，当 1≤pos≤length 时，用参数 obj 的值替换顺序表中的第 pos 个元素，当 pos 取值超出合法范围时，算法返回 false，表示修改失败，如算法 2-17 所示。

【算法 2-17：更新单链表第 pos 个节点的值】

```
public boolean modify(T obj,int pos){
    if(isEmpty()){
        System.out.println("链表为空表");
        return false;
    }
    if((pos<1||pos>length+1)){
        System.out.println("pos 值不合法");
        return false;
    }
    int num=1;
    Node<T> q=head.next;
    while(num<pos){             //寻找第 pos 个节点
        q=q.next;
        num++;
    }
    q.data=obj;
    return true;
}
```

8．判断单链表是否为空

根据单链表中表示长度的 length 的取值进行判断，当单链表的长度为 0 时表示单链表为空表，否则不为空表，如算法 2-18 所示。

【算法 2-18：单链表的判空】

```
public boolean isEmpty(){
    return length==0;
}
```

9．求单链表的长度

返回当前单链表的长度即 length 的值，如算法 2-19 所示。

【算法 2-19：求单链表的长度】

```
public int size(){
    return length;
}
```

10．遍历操作：正序输出单链表中所有元素

按照逻辑次序依次访问单链表中头节点之后的每一个节点，并输出这些节点数据域的值，如算法 2-20 所示。

【算法 2-20：单链表的正序输出】

```
public void nextOrder(){
    Node<T> p=head.next;
    while(p!=null){
```

```
            System.out.print (p.data+"\t");
            p=p.next;
        }
        System.out.println("\n");
    }
```

11．清空单链表

把 length 的值设置为 0，同时把头节点指针域的值置为空，如算法 2-21 所示。

【算法 2-21：清空单链表】

```
public void clear(){
    length=0;
    head.next=null;
}
```

使用下面代码的主程序类对上面讨论的链式存储结构的线性表进行调试。

【main 方法】

```
public class TestLinkedList {
    public static void main(String[] args) {
        LinkedList<Integer> L=new LinkedList<Integer>( );
        int i;
        int a[]={23,56,12,49,35};
        for(i=0;i<a.length;i++)
            L.add(a[i], i+1);        //将数组中各元素插入单链表
        System.out.println("单链表中的数据元素为：");
        L.nextOrder();
        L.add(30, 4);
        System.out.println("执行插入操作后单链表中的数据元素为：");
        L.nextOrder();
        L.remove(5);
        System.out.println("执行删除操作后单链表中的数据元素为：");
        L.nextOrder();
        i=L.find(12);             //在单链表 L 中查找元素 12 的位序
        System.out.println("元素 12 在单链表中的位序为:"+i);
    }
}
```

上述 main 方法建立了一个单链表，并对该单链表进行插入、删除、查找操作，程序运行结果如下所示。

```
单链表中的数据元素为：
23    56    12    49    35
执行插入操作后单链表中的数据元素为：
23    56    12    30    49    35
执行删除操作后单链表中的数据元素为：
23    56    12    30    35
元素 12 在单链表中的位序为：3
```

2.3.3　循环链表

循环链表是另一种形式的链表，它的特点是表中最后一个节点的指针域不为空，而是指向链表的头节点，这样整个链表形成一个闭环。由此，从表中任一节点出发均可找到链表中的其他节点，如图 2.11 所示。

循环链表的操作与单链表的基本一致，差别仅在于算法中判断到达链表尾节点的条件不是 p.next 是否为空，而是它们是否等于头指针。

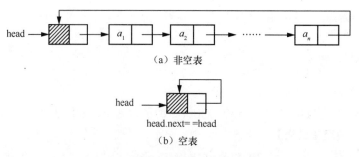

图 2.11　循环链表示例

循环链表有两种标识方式，一种是使用头指针 head 标识（见图 2.11）；另一种是使用尾指针 rear 标识，如图 2.12 所示。第一种标识方式的不足在于：若要查找最后一个节点，则必须从表头 head 开始向后搜索，其时间复杂点是 $O(n)$。由于从循环链表的任一节点出发均可找到链表中的其他节点，因此可改变链表的标识方法，采用第二种方式，即不用头指针而用一个指向链表最后一个节点的尾指针 rear 来标识，这样，从尾节点的指针域（即 rear.next）出发可以立即得到链表头节点的地址，无论是查找第一个节点，还是查找最后一个节点都很方便，并可使某些操作简化。

例如，对两个循环链表 H_1、H_2 的链接操作，即将 H_2 的第一个数据节点链接到 H_1 的尾节点，如果用头指针标识，则需要找到第一个链表的尾节点，其时间复杂度为 $O(n)$，而如果用尾指针 rear1、rear2 来标识，则时间复杂度为 $O(1)$。链接过程如图 2.12 所示。

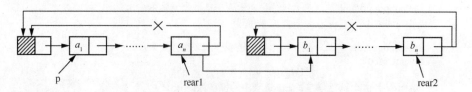

图 2.12　两个用尾指针标识的单循环链表的链接

循环链表的泛型类定义可以在单链表的基础之上实现，如以下代码所示。

```java
public class CircularLinkedList<T> extends LinkedList<T> {
    private Node<T> head;                    //头指针
    private int length;                      //循环链表的长度
    public CircularLinkedList(){             //构造一个空的循环链表
        length =0;
        head = new Node<T>(null);
        head.next = head;
    }
}
```

以单链表 LinkedList 为基类派生循环链表类 CircularLinkedList，派生类将自动继承单链表已实现的所有操作，之后根据循环链表的特性，只需重载部分操作的代码，而不需要重新写所有操作的代码。例如，在循环链表中插入一个节点时必须考虑在链表末尾追加节点的情况，即一旦插入位置位于链表的尾部，那么新添加的节点不仅要链接到原来的最后一个节点之后，还要把头节点修改为它的后继节点。同样，删除某个节点，如果该节点是链表中的最后一个节点，此时应该注意把该节点的前驱节点的后继设置为头节点。这些操作实现过程比较简单，请读者自行实现。

2.3.4　双向链表

上文讨论的单链表只有一个指向其后继节点的指针域 next，若已知某个节点，要找其前驱节点，则只能从头节点出发。也就是说，找后继节点的时间复杂度为 $O(1)$，而找前驱节点的时间复杂度为 $O(n)$。如果希望找前驱节点的时间复杂度也为 $O(1)$，则需付出空间的代价，即在每个节点中再设一个指向前驱节点的指针域。这种包含前驱节点和后继节点地址的链表称为**双向链表**，其节点结构如图 2.13 所示。

双向链表

图 2.13　双向链表的节点结构

双向链表的节点结构描述如下。

```
public class DuNode<T> {
    T data;
    DuNode<T> prior;        //前驱节点
    DuNode<T> next;         //后继节点
    public DuNode(DuNode<T> n){
        next=n;
        prior=null;
    }
    public DuNode(T obj,DuNode<T> n,DuNode<T> p){
        data=obj;
        next=n;
        prior=p
    }
}
```

与单链表类似，双向链表既可以是单双向链表，也可以是双向循环链表。双向循环链表示例如图 2.14 所示。

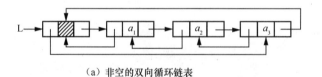

（a）非空的双向循环链表　　　　　　　　　　　（b）空的双向循环链表

图 2.14　双向循环链表示例

在双向链表中，若变量 p 引用某个节点，则显然有：

```
p.next.prior == p.prior.next == p
```

与单链表的定义类似，双向链表的 Java 泛型类的定义如下。

```
public class DoubleLinkedList<T> {
    private DuNode<T> head;                                //头节点，也称头指针
    private int length;                                    //单双向链表的长度
    public DoubleLinkedList(){      }                      //构造一个空的双向链表
    public DuNode<T>getHead(){          }                  //获取链表头节点地址
    public boolean add(T obj,int pos){}                    //在链表中插入一个新元素
    public T remove(int pos){   }                          //删除链表中某个元素
    public T value(int pos) {   }                          //获取链表中一个元素
    public int find(T obj){         }                      //在链表中查找一个元素
    public boolean modify(T obj,int pos){        }         //更新链表中某个元素
    public boolean isEmpty(){          }                   //判空
```

```
        public int size(){        }              //求链表中数据元素的个数
        public void nextOrder(){        }        //依次访问链表中每个元素并输出
        public void clear(){        }            //销毁一个已经存在的链表
}
```

在双向链表中，有些操作，如 size、value 和 find 等，仅涉及一个方向的指针，则它们的算法描述和单链表的操作类似，但在插入、删除时，在双向链表中需要同时修改两个方向的指针，下面重点介绍插入和删除操作的实现过程，其他操作请读者自行实现。

1．双向链表的插入

设指针变量 p 代表双向链表中的某节点，s 代表待插入的值为 x 的新节点，把 s 插入 p 节点之前的操作过程如图 2.15 所示。

操作步骤如下。

第一步，将 s 的前驱设置为 p 的前驱，即 s.prior=p.prior;。

第二步，将 p 的前驱的后继设置为 s，即 p.prior.next=s;。

第三步，将 s 的后继设置为 p，即 s.next=p;。

第四步，将 p 的前驱设置为 s，即 p.prior=s;。

具体算法如算法 2-22 所示。

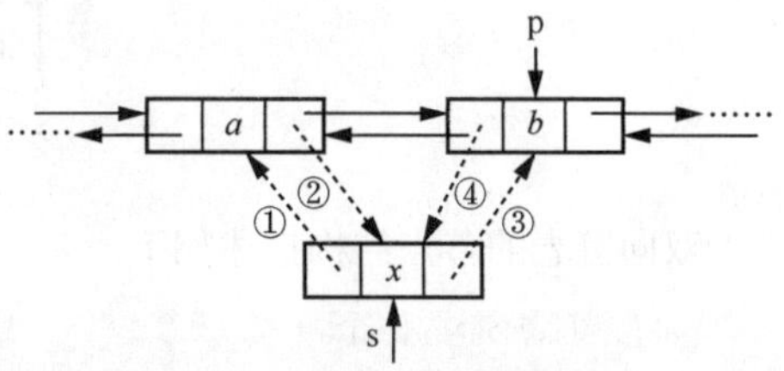

图 2.15　双向链表中节点的插入过程

【算法 2-22：双向链表的插入】

```
//在第 pos 个节点前添加一个新节点，以存储数据元素 obj
public boolean add(T obj, int pos) {
    if ((pos < 1 || pos > length + 1)){
        System.out.println("pos 值不合法");
        return false;
    }
    int num = 1;
    DuNode<T> p = head;
    while (num < pos) {      //从链表的头节点开始向后寻找插入位置之前的节点
        p = p.next;
        num++;
    }
    DuNode<T> s = new DuNode<T>(obj, null, null);    // 创建一个新节点
    if (p.next == null) {          //如果插入位置在双向链表的尾部
        p.next = s;                //则直接将新节点追加到链表的尾部
        s.prior = p;
    } else {                       //否则，新节点插入该节点之前
        p = p.next;                //将 p 指向插入位置所在的节点
        s.prior = p.prior;
        p.prior.next = s;
        s.next = p;
        p.prior = s;
    }
    length++;
    return true;
}
```

注意：指针操作的顺序不是唯一的，但也不是任意的，第一步操作必须在第四步操作的前面完成，否则 p 所引用节点的前驱节点就丢失了。此外，插入操作也可以令 p 指向插入位置之前的节点，相应的实现语句留给读者自己去思考。

2．双向链表的删除

设 p 代表双向链表中某节点，删除该节点，其删除过程如图 2.16 所示。

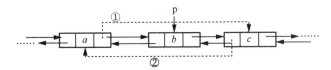

图 2.16　双向链表中节点的删除过程

操作步骤如下。

第一步，将 p 的前驱的后继设置为 p 的后继，即 p.prior.next=p.next;。

第二步，将 p 的后继的前驱设置为 p 的前驱，即 p.next.prior =p.prior;。

具体算法如算法 2-23 所示。

【算法 2-23：双向链表的节点删除】

```
public T remove(int pos) {
    if (isEmpty()){
        System.out.println("链表为空表");
        return null;
    }
    if ((pos < 1 || pos > length + 1)) {
        System.out.println("pos 值不合法");
        return null;
    }
    int num = 1;
    DuNode<T> p = head.next;
    while (num < pos) { //  找到第 pos 个节点
        p = p.next;
        num++;
    }
    p.prior.next = p.next;
    p.next.prior = p.prior;
    length--;
    return p.data;
}
```

也可令 p 指向删除位置之前或之后的节点，相应的实现操作留给读者自己去思考。

由上述分析可知，双向链表与单链表存在着比较大的区别，如表 2.2 所示。

表 2.2　单链表与双向链表的区别

链表类型	典型特征	优点	缺点	适用场景
单链表	只有 1 个指向后继节点的指针	插入节点和删除节点较简单，遍历操作不易陷入死循环	只能从头到尾遍历，查找某节点的后继节点较简单，而查找其前驱节点比较复杂	适用于频繁增加或者删除节点的情况
双链表	有 2 个指针：一个指向前驱节点，另一个指向后继节点	查找操作可进可退，查找前驱节点和后继节点都比较容易	增加、删除节点较复杂，需要多分配一个指针存储空间	适用于需要双向查找节点值的情况

2.3.5　链表的应用——链表合并、约瑟夫问题与一元多项式相加

【例 2-3】　将两个有序链表 La 和 Lb 合并为一个有序链表。

算法思路：设合并后的链表为 Lc，则无须为 Lc 分配新的存储空间，直接将两个链表中原有的节点链接成一个新链表即可。

设置 3 个指针 pa、pb 和 pc，其中，pa 和 pb 分别指向 La 和 Lb 中当前待比较的节点，而 pc 指向 Lc 表中当前最后一个节点，若 pa.data≤pb.data，则将 pa 所指节点链接到 pc 所指节点之后，否则将 pb 所指节点链接到 pc 所指节点之后。

对两个链表的节点进行逐次比较时，可将循环的条件设为 pa 和 pb 皆非空，当其中一个为空时，说明有一个表的元素已合并完，则只需要将另一个表的剩余"段"链接在 pc 所指节点之后。算法描述如下。

```java
public class Test2_3 {
    public static <T extends Comparable> void MergeList_L(LinkedList<T> La, LinkedList<T>Lb, LinkedList<T> Lc)
    /*已知单链表 La 和 Lb 的元素按值非递减排列。合并 La 和 Lb 得到新的单链表 Lc，Lc 的元素也按值
    非递减排列*/
    {
        Node<T> pa,pb,pc;
        pa=La.getHead().next;
        pb=Lb.getHead().next;
        pc=Lc.getHead();
        while(pa!=null && pb!=null){
            if(pa.data.compareTo(pb.data)<=0){
                pc.next=pa;
                pc=pa;
                pa=pa.next;
            }
            else
            {
                pc.next=pb;
                pc=pb;
                pb=pb.next;

            }
        }
        while(pa!=null){
            pc.next=pa;
            pc=pa;
            pa=pa.next;
        }
        while(pb!=null){
            pc.next=pb;
            pc=pb;
            pb=pb.next;
        }
        La.clear();
        Lb.clear();
    }

    public static void main(String[] args) {
        int i,j,k=0;
        int[] a={12,23,35,49,56};
        int[] b={10,15,20};
        LinkedList<Integer> La=new LinkedList<Integer>( );
        LinkedList<Integer> Lb=new LinkedList<Integer>( );
        LinkedList<Integer> Lc=new LinkedList<Integer>( );
        for(i=0;i<a.length;i++)
            La.add(a[i], i+1);          //将数组中各元素插入单链表 La
        System.out.println("单链表 La 中的数据元素为：");
        La.nextOrder();

        for(j=0;j<b.length;j++)
            Lb.add(b[j], j+1);          //将数组中各元素插入单链表 Lb
        System.out.println("单链表 Lb 中的数据元素为：");
        Lb.nextOrder();

        MergeList_L(La,Lb,Lc);
        System.out.println("单链表 Lc 中的数据元素为：");
        Lc.nextOrder();
    }
}
```

【例 2-4】 约瑟夫问题。约瑟夫问题是一个比较有名的问题：N 个人围成一圈，从第一个人开始报数，第 M 个人将被踢出局，最后剩下一个人，其余人都将被出局。例如当 $N=6$，$M=5$ 时，先后出局的顺序是：5，4，6，2，3。

算法思路：解决该问题的思路很简单，首先所有人从 1 开始编号并按顺序构建一个循环链表，然后设置一个指针变量 p，p 从第一个人开始每次往后移动 $M-1$ 次，之后把第 M 个节点从链表中删除，再令 p 指向其后一个节点，重复操作直到链表只剩下 1 个节点。

算法描述如下。

```java
public class Test2_4 {
    // 利用单链表类创建一个循环链表
    public static LinkedList<Integer> create(int n)
    {
        //初始化一个临时单链表
        LinkedList<Integer> temp = new LinkedList<Integer>();
        Node<Integer> rear = temp.getHead();
        //把每个人的编号作为数据元素添加到链表尾部
        for (int i = 1; i <=n; i++)
        {
            temp.add(i, i);
            rear = rear.next;
        }
        rear.next = temp.getHead();      //链表首尾相连，构成循环链表
        return temp;
    }

    // 在循环链表中删除指定节点
    public static boolean remove(LinkedList<Integer> list,Node<Integer> p)
    {
        //链表为空或者指定节点 p 是头节点，则不能执行删除操作
        if(list.isEmpty() || p == list.getHead())
            return false;
        Node<Integer> q = list.getHead();
        while(q.next != p)               //寻找当前节点 p 的前驱
        {
            q = q.next;
        }

        q.next = p.next;                 //把当前节点 p 从链表中脱链
        p=q.next;                        //当前节点 p 指向 q 的后继（即原来的当前节点的后继）
        list.length --;
        return true;
    }

    public static void main(String[] args) {
        // TODO Auto-generated method stub
        //创建由 6 个人的编号组成的循环链表
        LinkedList<Integer> L = create(6);
        int m = 1;       //从第一个人开始计数
        Node<Integer> p = L.getHead().next;   //指向链表的第一个节点
        System.out.println("6 个人出局的顺序如下：");
        while(L.length>1)
        {
            if(m==5) {
                System.out.print(p.data+"\t");
                remove(L,p);             //每次数到 5 时，这个人出局
                m=0;                     //重新开始计数
            }
            m++;
            if(p.next != L.getHead())
                p = p.next;
            else
```

```
                                p = p.next.next;    //跳过链表的头节点
            }
            p=L.getHead().next;
            System.out.println("\n 最后未出局的人："+p.data);
        }
    }
```

　　上述程序直接使用单链表泛型类来构造循环链表，而没有使用循环链表类，为此在主程序中首先实现循环链表的两个算法： create 和 remove。前者用来创建循环链表，后者完成指定节点的删除，之后调用这两个算法实现约瑟夫问题的求解。

　　本例程序的运行结果如下。

```
6 个人出局的顺序如下：
5    4    6    2    3
最后未出局的人：1
```

【例 2-5】　一元多项式相加。

　　多项式的算术运算是线性表应用的一个经典问题。在数学上，一元多项式可按升幂的形式写成：

$$P_n(x)=P_0+P_1x+P_2x^2+\cdots+P_nx^n$$

其中，P_i 是 x^i 的系数。一个最高次幂为 n 的多项式可由 $n+1$ 个系数唯一确定，因此在计算机里，它可以用一个线性表 P 来表示：

$$P=(p_0,p_1,p_2,\cdots,p_n)$$

　　假设 $Q_m(x)$ 也是一个一元多项式，同样可以用线性表 Q 表示：

$$Q=(q_0,q_1,q_2,\cdots,q_m)$$

　　若设 $m<n$，则两个多项式相加的结果 $R_n(x)=P_n(x)+Q_m(x)$，用线性表 R 表示：

$$R=(p_0+q_0,p_1+q_1,p_2+q_2,\cdots,p_m+q_m,\cdots,p_n)$$

　　我们可以对 P、Q 和 R 采用顺序存储结构，这样多项式相加的算法便很容易实现。然而，在通常的应用中，多项式的次幂数可能很高，而且变化很大，顺序存储结构的最大长度很难确定。特别是在处理形如：

$$S(x)=1+5x^{1000}+3x^{20000}$$

这样的多项式时，若采用顺序存储结构，则需要 20001 个存储空间，而实际有用的数据只有 3 个，这对存储空间是一种浪费。

　　因此，可将一元 n 项式写为以下形式：

$$P_n(x)=p_1x^{e_1}+p_2x^{e_2}+\cdots+p_mx^{e_m}$$

其中，p_i 是指数为 e_i 的项的非零系数，且满足：

$$0\leqslant e_1<e_2<\cdots<e_m=n$$

用一个长度为 m 且每个元素有两个数据项（系数项和指数项）的线性表

$$((p_1,e_1),(p_2,e_2),\cdots,(p_m,e_m)) \tag{2-3}$$

便可唯一确定多项式 $P_n(x)$。该线性表中元素类型定义为 Item 类，如下所示。

```
public class Item implements Comparable<Item>{
    private double coef;
    private int exp;
    public Item(double c,int e){
        coef=c;
```

```
            exp=e;
        }
        public double GetCoef(){
            return coef;
        }
        public int GetExp(){
            return exp;
        }
        public void Add(Item x){
            if(exp==x.exp)
                coef += x.coef;
        }
        public String toString(){
            return String.valueOf(coef)+"x^"+exp;
        }
        public int    compareTo(Item other) {
            if(exp>other.exp)
                return 1;
            else if(exp<other.exp)
                return -1;
            else
                return 0;
        }
}
```

公式 2-3 定义的一元多项式也可以采用顺序表和链表两种存储结构。在实际的应用中选取哪一种，要视多项式做何种运算而定。若只对多项式进行"求值"等不改变多项式系数和指数的运算，则采用类似于顺序表的存储结构，否则应采用链式存储结构。这里，我们主要讨论如何利用单链表来实现一元多项式的运算。

算法思路：在每个节点中设置 3 个域，分别存储系数项、指数项和指向下一节点的指针。根据一元多项式的运算规则，若指数项相等，则系数项相加，若指数项不等，则分别按指数项大小的次序抄写到多项式中即可。其基本算法可描述如下（从表 A 和表 B 的第一个元素位置开始）。

（1）表 A 和表 B 均未处理完时，对当前位置元素进行比较，分以下两种情况。

• 若指数项相等，则对应系数项相加，和不为 0 时，放入和多项式的表 C 中，表 A 和表 B 中比较的位置同时后移，重复前面的操作。

• 若指数项不等，将较小的元素放入和多项式的表 C 中，并后移该表中元素的比较位置，重复前面的操作。

（2）表 A 和表 B 之一处理完时，将未处理完的表的剩余元素依次放入表 C 中。

若有两个多项式 $A(x)=3+4x^2+7x^5+8x^{12}$ 和 $B(x)=2x+5x^2-7x^5$，则可表示为图 2.17 所示的形式。

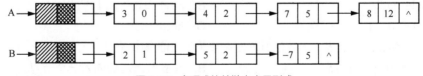

图 2.17　多项式的单链表表示形式

图 2.18 所示为两个多项式相加的结果，相加后原来的两个多项式链表仍然存在，而"和多项式"中的节点重新分配空间。

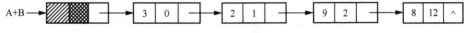

图 2.18　多项式相加得到的和多项式

算法描述如下。

```
static <T extends Item> LinkedList<T> polyAdd(LinkedList<T> b1,LinkedList<T> b2) {
    LinkedList<T> b3=new LinkedList<T>( );
    int i1=1,i2=1;
    while(i1<=b1.size()&&i2<=b2.size()){
        T x1=b1.value(i1),x2=b2.value(i2);
        if(x1.compareTo(x2)<0){
            b3.add(x1, b3.size()+1);
            i1++;
        }
        else if(x1.compareTo(x2)>0){
            b3.add(x2, b3.size()+1);
            i2++;
        }
        else{
            double y=x1.GetCoef()+x2.GetCoef();
            if(Math.abs(y)>1.0E-6){
                x1.Add(x2);
                b3.add(x1,b3.size()+1);
            }
            i1++; i2++;
        }
    }
    while(i1<=b1.size()){
        b3.add(b1.value(i1), b3.size()+1);
        i1++;
    }
    while(i2<=b2.size()){
        b3.add(b1.value(i2), b3.size()+1);
        i2++;
    }
    return b3;
}
```

2.4　习题

一、单项选择题

1. 线性表是（　　）。

A. 一个有限序列，可以为空　　　　　　B. 一个有限序列，不能为空

C. 一个无限序列，可以为空　　　　　　D. 一个无限序列，不能为空

2. 带头节点的单链表 L 为空的判定条件是（　　）。

A. head==null　　　　　　　　　　　　B. head.next==null

C. head.next==L　　　　　　　　　　　D. head!=null

3. 在表长为 n 的单链表中，算法时间复杂度为 $O(n)$ 的操作为（　　）。

A. 删除 p 节点的直接后继节点　　　　　B. 在 p 节点之后插入一个节点

C. 删除表中第一个节点　　　　　　　　D. 查找单链表中第 i 个节点

4. 在表长为 n 的顺序表中，算法时间复杂度为 $O(1)$ 的操作为（　　）。

A. 在第 i 个元素前插入一个元素　　　　B. 删除第 i 个元素

C. 在表尾插入一个元素　　　　　　　　D. 查找其值与给定值相等的一个元素

5. 设单链表中指针 p 指向节点 a_i，若要删除 a_i 之后的节点，则需修改指针的操作为（　　）。

A. p=p.next　　　　　　　　　　　　　B. p.next=p.next.next

　　C．p=p.next.next　　　　　　　　　　　　D．next=p

二、填空题

　　1．线性表的两种存储结构分别为_____和_____。

　　2．顺序表中，逻辑上相邻的元素，其物理位置_____相邻。在单链表中，逻辑上相邻的元素，其物理位置_____相邻。

　　3．若经常需要对线性表进行插入和删除操作，则最好采用_____存储结构。若线性表的元素总数基本稳定，且很少进行插入和删除操作，但要求以最快的速度存取线性表中的元素，则最好采用_____存储结构。

　　4．在顺序表中等概率地插入或删除一个元素，需要平均移动_____元素，具体移动的元素个数与_____有关。

　　5．在带头节点的非空单链表中，头节点的存储位置由_____指示，首元素节点的存储位置由_____指示，除首元素节点外，其他任一元素节点的存储位置由_____指示。

　　6．已知 L 是带头节点的单链表，且 p 节点既不是首元素节点，也不是尾元素节点。按要求从下列语句中选择合适的语句序列。

　　a．在 p 节点后插入 s 节点的语句序列是_____。

　　b．在 p 节点前插入 s 节点的语句序列是_____。

　　c．在表首插入 s 节点的语句序列是_____。

　　d．在表尾插入 s 节点的语句序列是_____。

供选择的语句如下。

（1）p.next=s;　　　　　　　　　　　　（2）p.next= p.next.next;

（3）p.next= s.next;　　　　　　　　　　（4）s.next= p.next;

（5）s.next= L.next;　　　　　　　　　　（6）s.next= p;

（7）s.next= null;　　　　　　　　　　　（8）q= p;

（9）while(p.next!=q)　　p=p.next;　　　（10）while(p.next!=null)　　p=p.next;

（11）p= q;　　　　　　　　　　　　　（12）p= L;

（13）L.next= s;　　　　　　　　　　　（14）L= p;

三、综合题

1．试比较线性表的两种存储结构各自的优缺点。

2．设线性表存于数组 $a[0..\ n-1]$ 的前 R 个分量中，且递增有序，试写一算法，将 x 插入到线性表的适当位置上，以保持线性表的有序性。

3．试分别以不同的存储结构实现线性表的就地逆置算法，即在原表的存储空间将线性表 $(a_1, a_2, \cdots, a_n)$ 逆置为 $(a_n, a_{n-1}, \cdots, a_1)$。

4．试设计在带头节点的单链表中删除一个最小值节点的算法。

5．设有一个双向链表，每个节点中除有 prior、data 和 nextp 这 3 个域，还有一个访问频度域 freq，在链表被使用之前，其值均被初始化为 0。每当对链表进行一次 LocateNode(L, x)运算，便令元素值为 x 的节点的 freq 域的值加 1，并调整表中节点的次序，使其按访问频度递减排序，以便使频繁访问的节点总是靠近表头。试设计一个符合上述要求的算法 LocateNode(L, x)。

6．一个单循环链表 F，每个节点包含 3 个域：pre、data 和 next。其中 pre 域为 null，若试图将其变为双循环链表，则可使用如下算法，请填空以补全该算法。

```
int  double_list(DoubleLinkedList F)
```

```
{
    DuNode *p,*q;
    if (F.next ==F) {    /*循环链表为空的情况*/
        F.pre=_____;
        return;
    }
    q=F;    p=F.next ;
    while(p!=              ) {
        p.pre=_____;
        q=           ;
        _____ = p.next;
    }
    p.pre=q;
    return 0;
}
```

2.5　实训

一、实训目的

1．熟悉线性表的两种存储结构。

2．掌握线性表的基本算法并能用 Java 语言编程实现。

二、实训内容

1．顺序表的表示及基本操作。

编写一个 Java 语言程序，实现顺序表的各种基本运算，并在此基础上设计一个主程序完成如下功能。

（1）初始化顺序表 L。

（2）输入顺序表的各元素值，设该顺序表有 5 个元素，各元素值分别为 a、b、c、d、f。

（3）输出顺序表 L。

（4）输出顺序表 L 的长度。

（5）判断顺序表是否为空。

（6）输出顺序表 L 的第 3 个元素。

（7）输出元素 c 的位置。

（8）在第 5 个位置之前插入元素 e。

（9）输出顺序表 L。

（10）删除 L 的第 3 个元素。

（11）输出顺序表 L。

（12）释放顺序表 L。

2．链表的表示及基本操作。

编写一个 Java 语言程序，实现单链表的各种基本运算，并在此基础上设计一个主程序完成如下功能。

（1）初始化单链表 H。

（2）采用尾插法依次插入元素 a、b、c、d、f。

（3）输出单链表 H。

（4）输出单链表 H 的长度。

（5）判断单链表 H 是否为空。

（6）输出单链表 H 的第 3 个元素。

（7）输出元素 c 的位置。

（8）在第 5 个位置之前插入元素 e。

（9）输出单链表 H。

（10）删除 H 的第 3 个元素。

（11）输出单链表 H。

3．利用本章提供的有关算法，编写 Java 语言程序，完成以下任务。

"21 点"纸牌游戏是一种古老的扑克牌游戏，游戏规则是参与者设法使自己的牌达到总分 21，而不超过这个数值。扑克牌的分值取它们的面值，A 为 1 分，J、Q 和 K 分别是 11 分、12 分和 13 分。

庄家和玩家在开局时各有两张牌，玩家可以看到自己的牌及总分，而庄家有一张牌暂时是隐藏的。接下来，只要愿意，玩家可以再拿一张牌，如果玩家的总分超过了 21 分，即"引爆"，那玩家就输了。在玩家拿了额外的牌后，庄家将显示隐藏的牌。只要庄家的总分小于或等于 21 分，那么他就必须拿牌。如果庄家引爆了，那么玩家获胜；否则将玩家和庄家的总分进行比较，如果玩家的总分大于庄家的总分，则玩家获胜；如果二者的总分相同，则玩家与庄家打成平局。

利用链表实现洗牌、发牌、计算总分、显示扑克牌的花色和面值。

第 **3** 章

栈和队列

建议学时：6 学时

总体要求

- 掌握栈的特点、表示和实现
- 熟悉栈的典型应用并编程实现（如语法检查、回溯算法、递归算法、表达式求值）
- 掌握队列的特点、表示和实现

相关知识点

- 相关概念：栈、顺序栈、链栈、队列、顺序队列、链队列
- 栈和队列的定义及基本运算

学习重点

- 栈的逻辑结构、存储结构及相关算法
- 队列的逻辑结构、存储结构及相关算法

学习难点

- 顺序存储结构的循环队列、栈与队列的应用算法

栈和队列是两种重要的线性结构，从数据结构的角度看，栈和队列也是线性表，其特性在于栈和队列的基本操作是线性表操作的子集，它们是操作受限的线性表，因此可称为限定性的数据结构。但从数据类型的角度看，它们是和线性表大不相同的两类重要的抽象数据类型。它们广泛应用在各种软件系统中，因此在面向对象的程序设计中，它们是常用数据类型。

3.1　栈

3.1.1　栈的定义及基本运算

大家应该见过独木桥。在独木桥上，人只能一个一个地过，当后面有人时，前面的人通常不能转身返回，只能走到底。那么我们设想这样一种情况：在独木桥上有几个人依次前进，当第一个人走到桥的另一端时，发现不能通过，只能原路返回，而这一行人返回的话，只能是走在最后的人先返回，然后是倒数第二个人，直到最后，才是第一个人返回。对于这样的一个过程，我们可以对它进行"替换"，将过桥的人设为元素，元素属于同一数据对象，并且元素之间存在一种序偶关系，那么这个过程就被理解为一个线性表，只是这个线性表，是先进入的元素最后出来、最后进入的元素最先出来，我们把这样的一类线性表称为栈。

1．栈的定义

栈是限定仅在表尾进行插入和删除操作的线性表。允许插入、删除的一端称为**栈顶**（Top），另一端称为**栈底**（Bottom），不含任何数据元素的栈称为**空栈**。

假设栈 $S=(a_1,a_2,\cdots,a_n)$，则称 a_1 为**栈底元素**，a_n 为**栈顶元素**。栈中元素按 $a_1,a_2,\cdots,a_n$ 的顺序入栈，出栈从栈顶元素开始，栈的修改是按"后进先出"的原则进行的。因此，栈又称为后进先出（Last In First Out，LIFO）的线性表。

图 3.1 所示为元素入栈和出栈过程。

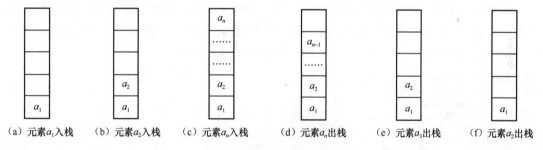

（a）元素a_1入栈　（b）元素a_2入栈　（c）元素a_n入栈　（d）元素a_n出栈　（e）元素a_3出栈　（f）元素a_2出栈

图 3.1　元素入栈和出栈过程

入栈和出栈是栈的两个主要操作，每一次进栈的元素总是成为当前的栈顶元素，而每一次出栈的元素总是当前的栈顶元素。所以栈顶的位置随元素的插入和删除而变化，为此需要一个栈顶指针来表示栈顶的位置，如图 3.2 所示，带"栈顶"标签的箭头即为栈顶指针。与之类似，栈底指针表示栈的底部位置。

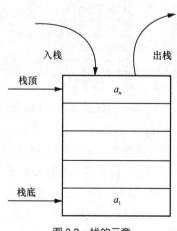

图 3.2　栈的示意

2．栈的基本操作

栈的基本操作如下。

（1）初始化——构造一个空的栈。

（2）入栈——在栈顶位置插入一个新元素。

（3）出栈——删除栈顶元素。

（4）获取——取栈顶数据元素。

（5）判空——判断当前栈是否为空。

（6）求长度——求栈中数据元素的个数。

（7）正序遍历——依次访问栈中每个元素并输出。

（8）销毁——销毁一个已存在的栈。

【例 3-1】　一个栈的输入序列是 1、2、3、4、5，若在入栈的过程中允许出栈，则栈的输出序列 4、3、5、1、2 可能实现吗？1、2、3、4、5 的输出呢？

解：4、3、5、1、2 不可能实现，因为其中的 1、2 顺序不能实现。1、2、3、4、5 的输出可以实现，"压入"一个立即"弹出"一个即可。

【例 3-2】　一个栈的输入序列为 1、2、3，若在入栈的过程中允许出栈，则可能得到的出栈序列是什么？

解：可以通过穷举所有可能来求解。

①1 入 1 出，2 入 2 出，3 入 3 出，即 1,2,3。

②1 入 1 出，2、3 入，3、2 出，即 1,3,2。

③1、2 入，2 出，3 入 3 出，1 出　即 2,3,1。

④1、2 入，2、1 出，3 入 3 出，即 2,1,3。

⑤1、2、3 入，3、2、1 出，即 3,2,1。

共计 5 种可能。

3.1.2　顺序栈

顺序栈：利用一组地址连续的存储单元（即一维数组）依次存放自栈底到栈顶的数据元素，把数组中索引为 0 的一端作为栈底，为了指示栈中元素的位置，我们定义变量 top 来指示栈顶元素在顺序栈中的位置，top 为整型变量。顺序栈泛型类的定义如下。

```
public class SequenceStack<T> {
    final int MaxSize=10;
    private T[] stackArray;
    private int top;      //栈顶指针，存放栈顶元素的数组索引值
    //注意：各方法的具体实现后有详细描述
    public SequenceStack( )       { }
    public SequenceStack(int n)   { }
    public void push(T obj)       { }        //新元素入栈
    public T pop( )        { }                //弹出栈顶元素
    public T getTop( )    { }                 //读栈顶数据元素
    public boolean isEmpty( )    { }          //判断当前栈是否为空
    public int size( )          { }           //求栈中数据元素的个数
    public void nextOrder( )       { }        //依次访问栈中每个元素并输出
    public void clear()       { }             //销毁一个已存在的栈
}
```

1．top 为栈顶指针，top 指向栈顶元素的位置

top 的初始值为-1，指向栈底，而 top<0 也可作为栈空的标志，每当插入一个新的栈顶元素，先把栈顶指针 top 加 1，再把入栈的元素放到栈顶指针 top 指向的位置。删除栈顶元素时，先删除栈顶元素，再把栈顶指针 top 减 1。因此，非空栈中的栈顶指针 top 始终指向栈顶元素。

图 3.3 所示为顺序栈中数据元素和栈顶指针之间的对应关系。有 A、B、C、D、E 这 5 个元素要进入栈 S，入栈前，S 是空栈，所以栈顶指针 top 指向栈底，即 top=-1。元素 A 进入栈中，则指针 top 加 1，随着元素 B、C、D、E 的入栈，每插入一个新栈顶元素栈顶指针 top 加 1。出栈时，

每删除一个栈顶元素，栈顶指针 top 减 1。因此，非空栈中的栈顶指针 top 始终指向栈顶元素。

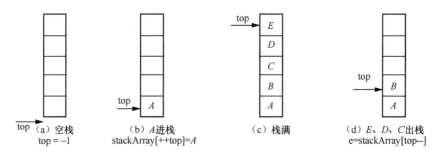

图 3.3　顺序栈中栈顶指针 top 指向栈顶元素时对应的元素入栈、出栈关系

2．顺序栈的基本操作

下面以 top 为栈顶指针指向栈顶元素为例来实现顺序栈的相关操作。具体算法如算法 3-1～算法 3-8所示。

【算法 3-1：栈的初始化】

```
public SequenceStack( )
{
     top=-1;
     stackArray=(T[])new Object[MaxSize];
}
public SequenceStack(int n)
{
     if (n<=0) {
          System .out.println("数组长度要大于 0，否则退出程序运行！");
          System.exit(1);
     }
     top=-1;
     stackArray=(T[])new Object[n];
}
```

【算法 3-2：入栈】

```
public void push(T obj)
{
     if(top==stackArray.length-1){              //如果栈已满，则扩展其存储空间
          T [] p=(T[])new Object [top*2+2]; // "+2" 的目的是防止原本就是空栈
          for(int i=0;i<=top;i++)
               p[i]=stackArray[i];
          stackArray=p;
     }
     top++;
     stackArray[top]=obj;
}
```

【算法 3-3：出栈】

```
public T pop()
{
     if(top==-1){
          System.out.println("栈已空，无法再出栈");
          return null;
     }
     top--;
     return stackArray[top+1];
}
```

【算法 3-4：读栈顶元素】

```
public T getHead()
```

```
{
        if(top==-1){
                System.out.println("栈已空");
                return null;
        }
        return stackArray[top];
}
```

【算法 3-5：判断栈空操作】

```
public boolean isEmpty()
{
    return top==-1;
}
```

【算法 3-6：求栈的长度】

```
public int size()
{
    return top+1;
}
```

【算法 3-7：遍历栈】

```
public void nextOrder()
{
    for(int i=top;i>=0;i--)
            System.out.print(stackArray[i]+"\t");
    System.out.println("\n");
}
```

【算法 3-8：清空栈操作】

```
public void clear()
{
    top=-1;
}
```

需要注意的是：入栈时首先应判断栈是否已满。如果栈已满，则不能入栈；否则出现空间溢出，引起错误，这种现象称为上溢。进行出栈和读栈顶元素操作时，应先判断栈是否为空，为空时不能操作，否则会产生错误。

3.1.3　链栈

采用链式存储结构的栈称为**链栈**，利用链表实现。链表中的每个节点由两部分信息组成，一部分是存储节点本身的信息即数据信息，一部分是存储指示其直接后继的信息，即该节点直接后继的存储位置。我们称它有两个域，其中存储数据信息的域为数据域，存储直接后继的存储位置的域为指针域。节点类的定义同第 2 章 Node 类。链栈在结构上是链表的形式，在操作定义上与栈的定义相同，栈中元素后进的先出，先进的后出，第一个入栈的元素是栈底元素，最后入栈的元素是栈顶元素，链栈的链表如图 3.4所示。由于只能在链表的头部进行运算，所以链栈没有必要像单链表那样附加头节点。

对于链栈，无栈满问题，空间可自由扩展，插入与删除仅在栈顶执行。链栈的栈顶可以一直保持指向链表的第一个节点。链栈的基本操作如图 3.5 所示。

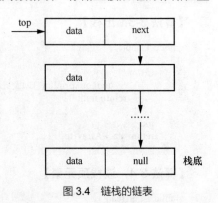

图 3.4　链栈的链表

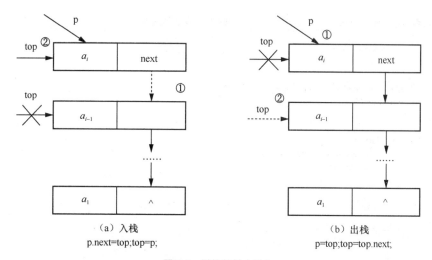

（a）入栈　　　　　　　　　　　　　　　　　（b）出栈
p.next=top;top=p;　　　　　　　　　　　　　p=top;top=top.next;

图 3.5　链栈的基本操作

插入一个新元素 p，只能链接到栈顶，数据域为 data，指针域指向原栈顶元素，栈顶指针 top 再指向这个新元素，操作语句为 p.next=top；top=p;。删除一个元素，只能删除栈顶元素，删除时，栈顶指针指向原栈顶元素的指针域，操作语句为 p=top;top=top.next;。

链栈泛型类的实现如下。

```
public class LinkedStack<T> {
    private Node<T> top;                //栈顶指针，Node 类的定义见第 2 章
    private int length;                 //存储栈的长度
    public LinkedStack()                //构造一个空的栈
    {
        length=0;
        top=null;
    }
    public void push(T obj)             //入栈
    {
        top=new Node<T>(obj,top);
        length++;
    }
    public T pop()                      //出栈
    {
        if(top==null){
            System.out.println("栈已空，无法出栈！");
            return null;
        }
        T x=top.data;                   //保存原栈顶数据
        top=top.next;                   //设置新的栈顶
        length--;
        return x;
    }
    public T getHead()                  //读栈顶数据元素
    {
        if(top==null){
            System.out.println("栈已空，无法读取元素！");
            return null;
        }
        return top.data;
    }
    public int size()                   //求出栈中数据元素的个数
    {
        return length;
    }
```

```java
public boolean isEmpty( )            //判断当前栈是否为空
{
    return top==null;
}

//遍历链栈，即从栈顶依次访问每个元素并输出
public void nextOrder()
{
    Node<T> p=top;
    while(p!=null){
        System.out.println(p.data);
        p=p.next;
    }
}
public void clear()                   //销毁一个已存在的栈
{
    top=null;
}
}
```

3.2 队列

3.2.1 队列的定义及基本运算

1．队列的定义

队列是一种运算受限制的线性表，元素的添加操作在表的一端进行，而元素的删除操作在表的另一端进行。允许插入的一端称为**队尾**（Rear），允许删除的一端称为**队头**（Front）。

队列同现实生活中的等车、买票的排队类似，新来的成员总是加在队尾，而每次离开队列的总是队头上的成员，即当前"最先入队的"成员。

向队列添加元素称为入队，从队列中删除元素称为出队。新入队的元素只能添加在队尾，出队的元素只能是队头的元素，队列的特点是先入队列的元素先出队，所以队列也称作先进先出（First In First Out，FIFO）表。

假设队列为 $q =(a_1,a_2,\cdots,a_n)$，那么，a_1 就是队头元素，a_n 则是队尾元素。队列 q 中的元素按照 $a_1,a_2,\cdots,a_n$ 的顺序进入队列，退出队列时也只能按照这个顺序依次退出，也就是只有 $a_1,a_2,\cdots,a_{n-1}$ 都退出队列后，队尾元素 a_n 才能退出队列。队列如图 3.6 所示。

图 3.6　队列

2．队列的基本操作

队列的基本操作如下。

（1）初始化——构造一个空的队列。

（2）入队——在队尾插入一个新元素。

（3）出队——删除队头元素。

（4）获取对头——读取队头元素。

（5）求长度——求队列中数据元素的个数。

（6）判空——判断当前队列是否为空。

（7）正序遍历——依次访问队列中每个元素并输出。

（8）销毁——销毁一个已存在的队列。

3.2.2 顺序队列

和顺序栈类似，队列也可以简单地用一维数组表示。设数组名为 queueArray，其索引下界为 0，上界为 $n-1$。在队列的顺序存储结构中，除了用一组地址连续的存储单元依次存放从队头到队尾的元素，还需要设置两个指针 front 和 rear 分别指向队头元素和队尾元素的位置。

元素的数目等于 0 的队列称为空队列，初始化空队列时，设 front=rear=0，如图 3.7（a）所示。入队时将队尾指针 rear 加 1，即 rear=rear+1，再将新元素按 rear 指向位置加入，如图 3.7（b）、图 3.7（c）、图 3.7（d）所示，当 A 入队时，rear 指向 1；当 B 入队时，rear 指向 2；而当 C、D 入队时，rear 指向 4。出队时将队头指针加 1，即 front=front+1，再将 front 所指的元素取出，如图 3.7（e）、图 3.7（f）所示，当 A 出队时，front 指向 1；当 B 出队时，front 指向 2。因此，在非空队列中，队头指针始终指向队头元素的前一个位置，队尾指针始终指向队尾元素的位置。

如图 3.7（g）所示，元素 E 入队后，队尾指针 rear 指向尾元素 E 的位置。如果当前队列分配的最大空间为 6，则此时队列不可以再增加新的队尾元素，否则会因数组越界而导致程序代码被破坏，这就是队列的溢出，如图 3.7（h）所示。

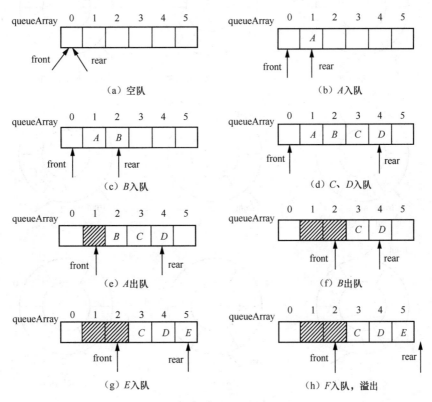

图 3.7 顺序队列入队、出队示意

1．循环队列

通过上面队列的操作我们发现一个问题，由于队列的入队、出队操作是在队列两端进行的，随着元素的不断插入、删除，队头指针、队尾指针都向后移动，队尾指针会很快移动到数组末端造成溢出，而前面的单元无法利用。如图3.7（h）所示，虽然队列中还有3个位置（索引值为0、1、2），有剩余空间，但无法插入新入队元素。这种情况称为假溢出。

循环队列

对于这个问题，我们提出了以下两种解决办法。

（1）每次删除一个元素后，将整个队列向前移动一个单元，保持队头总固定在数组的第一个单元。只是这样的话，我们每次删除元素时都要执行一次循环操作，将队列中所有元素向前移动一个单元，这样会造成系统的额外开销。

（2）将队列的存储区假想为一个头尾相连的圆环，当队尾指针 rear 指向数组的上限时，如果还有数据元素入队并且数组索引值为0的空间空闲时，队尾指针 rear 指向数组的0端，如图3.8（d）、图3.8（e）所示。当队头指针 front 指向数组的上限时，如果还有数据元素出队，队头指针 front 指向数组的0端，如图3.8（g）、图3.8（h）所示。这样做，出队元素空出的空间可被重新利用，除非整个数组单元全部被队列元素占用，否则不会出现溢出，从而解决了假溢出问题。虽然此时物理上的队尾在队头之前，但逻辑上队头仍在前，入队和出队仍按"先进先出"的原则进行。通常把这种特殊结构的队列称为循环队列，如图3-8所示。

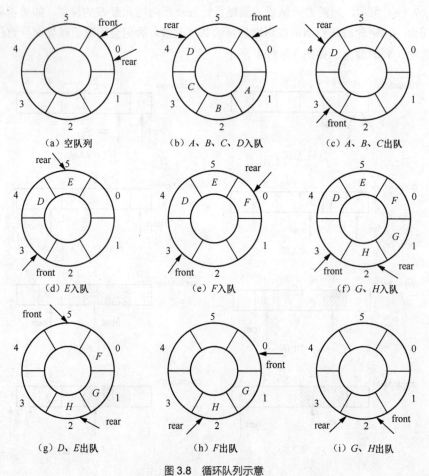

图3.8 循环队列示意

采用顺序存储结构的循环队列泛型类的定义如下。

```
public class SequenceQueue<T> {
    final int MaxSize=10;
    private T queueArray[];
    private int front,rear;                      //队头指针和队尾指针
    public SequenceQueue( )       {     }        //构造一个空的队列
    public void EnQueue(T obj)     {     }        //在队尾插入一个新元素
    public T DeQueue( )       {     }            //删除队头元素
    public T getHead( )   {   }                  //读取队头元素
    public int size( )   {   }                   //求出队列中数据元素的个数
    public boolean isEmpty( )   {     }          //判断当前队列是否为空
    public void nextOrder( )   {   }             //依次访问队列中每个元素并输出
    public void clear( )    {   }                //销毁一个已存在的队列
}
```

设采用顺序存储结构的循环队列的数组长度为 queueArray.length，则队列在初始化时执行语句 rear= front=0;，如图 3.8（a）所示。

入队时，将队尾指针 rear 加 1，再按 rear 指向位置将新的数据元素加入队列，如图 3.8（b）所示。但当 rear 指向队列的最后一个位置时，如图 3.8（d）所示，如果还要加入元素 F，则 rear 应指向 0，故队尾指针的加 1 操作修改为：

rear = (rear + 1) % queueArray.length

出队时，先将队头指针 front 加 1，再将 front 所指元素取出，图 3.8（c）所示的 A、B、C 出队，但当 front 指向队列的最后一个位置，如图 3.8（g）所示，如果 F 要出队，则 front 应指向 0，故队头指针的加 1 操作修改如下。

front = (front + 1) % queueArray.length

另外，队列中数据元素个数如下。

(rear-front+queueArray.length) % queueArray.length

采用顺序存储结构的循环队列的主要缺点是，队列判空和判满操作比较复杂。在图 3.8（f）中，如果再继续加入一个元素，rear 将指向位置 3，这时将有 front = rear，我们可以发现，单纯地使用等式 front ==rear，并不能判断队列空间是空的还是满的，那我们如何来处理呢？

一般而言，我们可以采用以下两种方法。

（1）设定一个标志位 flag，初始为 0，队列中每入队一个元素，flag 就加 1，队列中每出队一个元素，flag 减 1，这样通过判断 flag 是否为一个大于 0 的数，再结合等式 front == rear，我们就能知道当前循环队列是满的还是空的。但是这种方法要多设定一个参数，还要一直对这个参数执行运算，相对来说增加了系统的开销，所以，我们一般推荐使用第二种方法。

（2）第二种方法是在循环队列中少用一个元素的存储空间，约定以队尾指针加 1 等于队头指针表示队列已满，如图 3.8（f）所示。此时只允许队列最多存放 queueArray.length－1 个元素，也就是牺牲数组的最后一个存储空间来避免无法分辨空队列和满队列的问题。

可见，判断一个循环队列是否已满的代码如下。

（rear+1）%queueArray.length ==front;

而判断一个队列是否为空可用表达式 rear == front。图 3.9 所示为循环队列队空、队满的几种情况。其中，图 3.9（a）所示为队空；当 A、B、C、D、E 依次入队时队满，如图 3.9（b）所示；当 A 出队且 F 入队时，队满，如图 3.9（c）所示；当 B 出队且 G 入队，再继续执行 C 至 G 的所有元素出队时，队空，如图 3.9（d）所示。

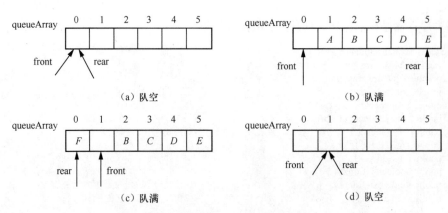

图 3.9　循环队列队空、队满的几种情况

2．顺序存储结构的循环队列的基本操作

对于采用顺序存储结构的循环队列的基本操作，具体算法如算法 3-9～算法 3-16 所示。

【算法 3-9：队列的初始化】

```
public SequenceQueue()
{
    front=rear=0;
    queueArray=(T[])new Object[MaxSize];
}
```

【算法 3-10：入队】

当向队列插入元素时，队尾指针 rear 后移而队头指针 front 不动。设要入队的元素为 obj，算法如下。

```
public void EnQueue(T obj)
{
    if((rear+1)%queueArray.length==front){//如果队列满
        T[] p=(T[])new Object[queueArray.length*2];    //则扩展存储空间
        if(rear==((T[])queueArray).length-1) //如果 rear 刚好指向数组最后一个元素
        {
            for(int i=1;i<=rear;i++)        //则把第 1~rear 个元素复制到扩展后的存储空间
                p[i]=queueArray[i];
        }
        else{                               //否则根据 front 和 rear 的指示情况复制
            int i,j=1;
            for(i=front+1;i<queueArray.length;i++,j++)
                p[j]=queueArray[i];
            for(i=0;i<=rear;i++,j++)
                p[j]=queueArray[i];
            front=0;
            rear=queueArray.length-1;
        }
        queueArray=p;
    }
    rear=(rear+1)%queueArray.length;
    queueArray[rear]=obj;   //把数据元素存入队列
}
```

【算法 3-11：出队】

当从队列删除元素时，队头指针 front 后移，而队尾指针 rear 不动。

```
public T DeQueue()
{
    if(isEmpty()){
```

```
                System.out.println("队列已空，无法出队！");
                return null;
        }
        front=(front+1)%queueArray.length;
        return queueArray[front];
    }
```

【算法 3-12：读取队头元素操作】

```
public T GetTop()
{
        if(isEmpty()){
                System.out.println("队列已空，无法读取元素！");
                return null;
        }
        return queueArray[(front+1)%queueArray.length];
}
```

【算法 3-13：队列的非空判断】

```
public boolean isEmpty( )
{
        return front==rear;
}
```

【算法 3-14：求队列的长度】

```
public int size()
{
        return (rear-front+queueArray.length)%queueArray.length;
}
```

【算法 3-15：遍历队列】

```
public void nextOrder()
{
        int i,j=front;
        for(i=1;i<=size();i++)
        {
                j=(j+1)%queueArray.length;
                System.out.println(queueArray[j]);
        }
}
```

【算法 3-16：清空队列】

```
public void clear()
{
        front=rear=0;
}
```

3.2.3　链队列

用链表结构表示的队列称为**链队列**，如图 3.10 所示。链队列不存在假溢出的问题，所以，本节给出的是一般的（非循环）队列。一个链队列需要两个分别指示队头和队尾的指针才能唯一确定。和线性表的单链表一样，为了操作方便，我们在链队列中添加一个头节点，并令队头指针指向头节点。因此，链队列为空的判断条件为队头指针和队尾指针均指向头节点，如图 3.10（a）所示，即 front==rear。

图 3.10（b）和图 3.10（c）所示为链队列入队操作，设待入队的元素由指针 p 指向，则入队操作需要修改队尾指针为 rear.next=p。图 3.10（d）所示为链队列出队操作，出队时需要修改队头

指针，其操作为 front.next= front.next.next。

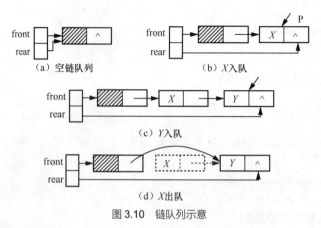

图 3.10　链队列示意

1．链队列泛型类的定义

```
public class LinkedQueue<T> {
    private Node<T> front,rear;
    private int length;
    public LinkedQueue( )      { }        //构造一个空的链队列
    public void EnQueue(T obj)      { }   //在队尾插入一个新元素
    public T DeQueue( )      { }          //删除队头元素
    public T getHead( )   { }             //读取队头元素
    public int size( )   { }              //求出链队列中数据元素的个数
    public boolean isEmpty( )   { }       //判断当前链队列是否为空
    public void nextOrder()      { }      //遍历：依次访问链队列中每个元素并输出
    public void clear()    { }            //销毁一个已存在的链队列
}
```

2．链队列的基本操作

对于链队列的基本操作，具体算法如算法 3-17～算法 3-24 所示。

【算法 3-17：初始化链队列】

```
public LinkedQueue()
{
    length=0;
    front=rear=new Node<T>(null);   //带有头节点的链队列
}
```

【算法 3-18：入队】

```
public void EnQueue(T obj)
{
    rear=rear.next=new Node<T>(obj,null);
    length++;
}
```

【算法 3-19：出队】

```
public T DeQueue()
{
    if(isEmpty( )){
        System.out.println("队列已空，无法出队！");
        return null;
    }
    Node<T> p=front.next;
    T x=p.data;
    front.next=p.next;
```

```
            length--;
            if(front.next==null)
                    rear=front;
        return x;
    }
```

【算法 3-20：取队头元素】

```
public T getHead()
{
    if(isEmpty( )){
            System.out.println("队列已空，无法读取元素！");
            return null;
    }
    return front.next.data;
}
```

【算法 3-21：求链队列的长度】

```
public int size()
{
    return length;
}
```

【算法 3-22：判断链队列是否为空】

```
public boolean isEmpty( )
{
    return front.next==null;
}
```

【算法 3-23：遍历：输出元素】

```
public void nextOrder()
{
    Node<T> p=front.next;
    while(p!=null){
            System.out.println(p.data);
            p=p.next;
    }
}
```

【算法 3-24：清空链队列】

```
public void clear()
{
    front.next=rear.next=null;
}
```

3.3　栈和队列的应用举例

　　栈和队列结构所具有的不同的特性，使得栈和队列成为程序设计中的有用工具。在本节我们将介绍几个栈和队列应用的典型例子。

3.3.1　栈的应用之一：数制转换

　　将十进制数 N 转换为 r 进制的数，其方法是辗转相除法。以 $N=3467$，$r=8$ 为例，辗转相除法示例如表 3.1 所示。

表 3.1 辗转相除法示例

N	N/8（整除商）	N% 8（求余）
3467	433	3
433	54	1
54	6	6
6	0	6

所以 $(3467)_{10}=(6613)_8$。

转换得到的八进制数按低位到高位的顺序产生，而通常的输出是从高位到低位的，这恰好与计算过程相反。根据这个特点，我们可以利用栈来实现，即将计算过程中依次得到的对应的每位八进制数按顺序入栈，计算结束后，再按顺序出栈，并按出栈顺序输出。这样即可得到给定的十进制数对应的八进制数。这是利用栈先进后出特性的最简单的例子。当然，本例用数组直接实现也完全可以，但用栈实现时，逻辑过程更清楚。

其算法思想为：当 $N>0$ 时，重复步骤 1 和步骤 2。

步骤 1：若 $N \neq 0$，则将 $N \% r$ 压入栈 s 中，执行步骤 2；若 $N=0$，将栈 s 的内容依次出栈，算法结束。

步骤 2：用 N / r 代替 N，执行步骤 1。

实现数制转换的完整主程序如下。

```java
import java.io.*;
public class Test3_1 {
    /*【算法 3-25：数制转换算法】*/
    public static void conversion(int N, int r) {    //将十进制数 N 转换为 r 进制数
        /* 定义一个顺序栈 s */
        SequenceStack<Integer> s = new SequenceStack<Integer>();
        while (N != 0) {
            s.push(N % r);    // 余数进栈
            N = N / r;        // 计算整数商
        }
        System.out.println("转换结果为：");
        while (!s.isEmpty()) {
            System.out.print(s.pop());
        }
        System.out.println("");
    }

    public static void main(String[] args) {
        BufferedReader br;
        Integer num, radix;
        try {
            br = new BufferedReader(new InputStreamReader(System.in));
            System.out.print("输入一个十进制整数：");
            num = Integer.parseInt(br.readLine());
            System.out.print("转换为哪一种进制：");
            radix = Integer.parseInt(br.readLine());
            conversion(num, radix); //调用数据转换算法
        } catch (IOException e) {
            e.printStackTrace();
        }
    }
}
```

上述数制转换算法被设计为一个独立的方法模块，这样的好处是使问题的求解层次更加清

晰。本程序的运行结果如下所示。

```
输入一个十进制整数：371
转换为哪一种进制：16
转换结果为：173
```

3.3.2 栈的应用之二：括号匹配

括号匹配问题也是计算机程序设计中常见的问题之一。为简化问题，假设表达式中只允许有两种括号：圆括号和方括号。嵌套的顺序是任意的，([]()或[()[]][]等都为正确的格式,而[()或(([])等都是不正确的格式。

可能出现的不匹配的情况如下。

（1）输入的右括号不是所"期待"的，如输入" [(["时最期待的是"] "，如果这时输入的是"）"，则和左括号不匹配。

（2）输入的是"不速之客"，如输入" ［（）] "时并不需要右括号，如果这时输入的是右括号，则匹配不成功。

（3）直到结束，也没有到来所"期待"的括号，如输入" ［(（）"，如果此时表达式结束，但还有一个" ["没有匹配成功。

可以看到，检验括号是否匹配的方法可用"期待的急迫程度"这个概念来描述，即最后输入的左括号应最先被匹配，满足后进先出，所以，检验括号匹配的方法要用到栈。

算法思路：如果括号序列不为空，重复步骤 1。

步骤 1：从括号序列中取出一个括号，分两种情况。

① 凡是左括号，则入栈。

② 凡出现右括号，首先检查栈是否空，若栈空，则表明该"右括号"多余，匹配失败；否则和栈顶元素比较，若匹配，则"左括号出栈"，否则表明不匹配。

步骤 2：括号序列结束时，若栈空，则表明表达式中括号匹配正确，否则表明"左括号"有余，匹配失败。

```java
import java.io.*
public class Test3_2 {
    /*【算法 3-26：括号匹配检测算法】*/
    public static boolean matching(char[] exp) {
        int state = 1; // 先假定表达式的括号匹配，一旦发现不匹配，修改 state 为 0
        int i = 0;
        // 创建一个顺序栈对象 s
        SequenceStack<Character> s = new SequenceStack<Character>();
        while (i < exp.length && state == 1) {
            switch (exp[i]) { // 逐个判断表达式中的字符
            case '[':
            case '(': {
                s.push(exp[i]);
                i++;
                break;
            }
            case ']': {
                if (!s.isEmpty() && s.getHead() == '[') {
                    s.pop();
                    i++;
                } else
                    state = 0;
                break;
            }
            case ')': {
                if (!s.isEmpty() && s.getHead() == '(') {
```

```
                                s.pop();
                                i++;
                        } else
                                state = 0;
                        break;
                }
                default:
                        i++;
                        break;
                }
        }
        if (s.isEmpty() && state == 1)
                return true;
        else
                return false;
    }

    public static void main(String[] args){
        BufferedReader br;
        try {
            br = new BufferedReader(new InputStreamReader(System.in));
            System.out.print("输入一个含有()和[]的表达式: ");
            String s = br.readLine();
            char[] us = s.toCharArray();
            if (matching(us))
                System.out.println("表达式中括号匹配");
            else
                System.out.println("表达式中括号不匹配");
            br.close();
        } catch (IOException e) {
            e.printStackTrace();
        }
    }
}
```

说明：本括号匹配检测算法只解决了圆括号和中括号的匹配问题，其他类型的括号匹配检测请读者根据算法思想自行设计。

3.3.3　栈的应用之三：表达式求值

表达式求值是高级语言编译中的一个基本问题，是栈的典型应用实例。任何一个表达式都是由操作数、运算符和界限符组成的。操作数既可以是常数，也可以是被说明为变量或常量等的标识符。运算符可以分为算术运算符、关系运算符和逻辑运算符 3 类。基本的界限符有左圆括号、右圆括号和表达式结束符等。

为简化问题，我们仅讨论四则运算算术表达式，并且假设一个算术表达式中只包含加、减、乘、除、左圆括号和右圆括号等符号，并假设#是界限符。在计算机中，算术表达式中包含算术运算符和算术量（常量、变量、函数等），而运算符之间存在着优先级，编译程序在求值时，不能简单地从左到右进行运算，必须先运算优先级高的，再运算优先级低的，同一级运算从左到右。四则运算的规则如下。

（1）先乘除，后加减。

（2）先括号内，后括号外。

（3）优先级相同时先左后右。

例如，3+4×(5+6)，我们要先计算括号中的 5+6，然后将得到的结果与 4 相乘，最后再和 3 相加。不同的运算符的优先级不一样，从低到高排列为：+、−、×、÷。

我们把运算符和界限符统称为算符。根据上述 3 条运算规则，在任意相继出现的算符 θ_1 和 θ_2 之间至多是下面 3 种关系之一。

（1）$\theta_1<\theta_2$，表示 θ_1 的优先级低于 θ_2。

（2）$\theta_1=\theta_2$，表示 θ_1 的优先级与 θ_2 的相同。

（3）$\theta_1>\theta_2$，表示 θ_1 的优先级高于 θ_2。

表 3.2 所示为算符之间的优先级关系，为了简化算法，在表达式的最左边和最右边虚设一个#构成整个表达式的一对括号。

表 3.2 算符之间的优先级关系

θ_1	θ_2						
	+	−	×	÷	(	)	#
+	>	>	<	<	<	>	>
−	>	>	<	<	<	>	>
×	>	>	>	>	<	>	>
÷	>	>	>	>	<	>	>
(	<	<	<	<	<	=	—
)	>	>	>	>	—	>	>
#	<	<	<	<	<	—	=

由表 3.2 可知以下内容。

（1）#的优先级最低，当#=#时，表示整个表达式结束。

（2）同级别的算符相遇时，左边算符的优先级高于右边算符的优先级，如+与+、−与−、+与−等。

（3）(在左边出现时，其优先级低于右边出现的算符，如+、−、×等；(=)表示括号内运算结束；(在右边出现时，其优先级高于左边出现的算符，如+、−、×等。

（4）)在左边出现时，其优先级高于右边出现的算符，如+、−、×等；)在右边出现时，其优先级低于左边出现的算符，如+、−、×等。

（5）)与(、#与)、(与#之间无优先级关系，在表达式中不允许相继出现，如果出现会被认为存在语法错误。

实现算符优先算法时可创建两个工作栈：一个为 OPTR，用于存放算符；另一个为 OPND，用于存放操作数或运算的中间结果。算法的基本过程如下。

（1）初始化操作数栈 OPND 和运算符栈 OPTR，并将表达式起始符#压入运算符栈。

（2）依次读入表达式中的每个字符，若是操作数，则直接进入操作数栈 OPND；若是运算符，则与运算符栈 OPTR 的栈顶运算符进行优先级比较，并做如下处理。

① 若栈顶运算符的优先级低于刚读入的运算符，则让刚读入的运算符进 OPTR。

② 若栈顶运算符的优先级高于刚读入的运算符，则将栈顶运算符退栈并送入 θ，同时将操作数栈 OPND 退栈两次，得到两个操作数 a、b，对 a、b 进行 θ 运算后，将运算结果作为中间结果推入 OPND。注意先出栈的元素 a 为第二操作数，后出栈的元素 b 为第一操作数。

③ 若栈顶运算符的优先级与刚读入的运算符的优先级相同，说明左括号、右括号"相遇"，将栈顶运算符（左括号）退栈即可。

当 OPTR 的栈顶元素和当前读入的字符均为#时，说明表达式起始符#与表达式结束符#"相遇"，整个表达式求值完毕。

例如，用栈求 3×4+(8−10÷5)×2 的值。表达式求值时栈状态的变化如表 3.3 所示。

表 3.3　表达式求值时栈状态的变化

步骤	操作数栈 OPND	运算符栈 OPTR	说明
1		#	开始时，两栈为空，压入#到 OPTR
2	3	#	读入 3，是操作数，进入 OPND
3	3	#×	读入×，优先级高于#，进入 OPTR
4	3、4	#×	读入 4，是操作数，进入 OPND
5	12	#	读入+，优先级低于×，×出栈，3×4=12，将结果压入 OPND
6	12	#+	读入+，优先级高于#，进入 OPTR
7	12	#+(	读入(，优先级高于+，进入 OPTR
8	12、8	#+(	读入 8，是操作数，进入 OPND
9	12、8	#+(−	读入−，优先级高于(，进入 OPTR
10	12、8、10	#+(−	读入 10，是操作数，进入 OPND
11	12、8、10	#+(−÷	读入/，优先级高于−，进入 OPTR
12	12、8、10、5	#+(−÷	读入 5，是操作数，进入 OPND
13	12、8、2	#+(−	读入)，优先级低于÷，÷出栈，10÷5=2，将结果压入 OPND
14	12、6	#+(	读入)，优先级低于−，−出栈，8−2=6，将结果压入 OPND
15	12、6	#+	读入)，左右括号"相遇"，优先级相同，"脱括号"，继续读取下一个元素
16	12、6	#+×	读入×，优先级高于+，进入 OPTR
17	12、6、2	#+×	读入 2，是操作数，进入 OPND
18	12、12	#+	读入#，优先级低于×，×出栈，6×2=12，将结果压入 OPND
19	24	#	读入#，优先级低于+，+出栈，12+12=24，将结果压入 OPND
20	24	#	读入#，OPTR 也是#，表达式求值结束，OPND 中栈顶元素为计算结果

实现上述计算过程的完整程序如下。

```
import java.io.*;
public class Test3_3 {
    // 【算法 3-27：用于判断字符 c 是否为运算符】
    public static boolean isOperator(char c) {
        switch (c) {
        case '#':
        case '+':
        case '-':
        case '*':
        case '/':
        case '(':
        case ')':
            return true;
        default:
            return false;
        }
    }

    // 【算法 3-28：把运算符转换为操作符 ID】
    public static int getOperatorID(char Operator) {
        int retCode;
        retCode = -1;
```

```
        switch (Operator) {
        case '+':
            retCode = 0;
            break;
        case '-':
            retCode = 1;
            break;
        case '*':
            retCode = 2;
            break;
        case '/':
            retCode = 3;
            break;
        case '(':
            retCode = 4;
            break;
        case ')':
            retCode = 5;
            break;
        case '#':
            retCode = 6;
            break;
        }
        return (retCode);
}


// 【算法 3-29：返回两个操作数的计算结果】
// op1 和 op2 为两个操作数，theta 为运算符
public static double operate(double op1, char theta, double op2) {
        switch (theta) {
        case '+':
            return op1 + op2;
        case '-':
            return op1 − op2;
        case '*':
            return op1 * op2;
        case '/':
            return op1 / op2;
        default:
            return 0;
        }
}
//根据表 3-1，描述任意两个操作符之间的优先级关系
static char OP[][] = {
            { '>', '>', '<', '<', '<', '>', '>' },
            { '>', '>', '<', '<', '<', '>', '>' },
            { '>', '>', '>', '>', '<', '>', '>' },
            { '>', '>', '>', '>', '<', '>', '>' },
            { '<', '<', '<', '<', '<', '=', 'E' },
            { '>', '>', '>', '>', 'E', '>', '>' },
            { '<', '<', '<', '<', '<', 'E', '=' } };

/* 【算法 3-30：判断两个操作符的优先级】 */
/* 返回结果：为'<'、'>'或者'=' */
public static char precede(char Op1, char Op2) {
        int OpID1, OpID2;
        OpID1 = getOperatorID(Op1);
        OpID2 = getOperatorID(Op2);
        if (OpID1 < 0 || OpID1 > 6 || OpID2 < 0 || OpID2 > 6)
            return ('E');
        return (OP[OpID1][OpID2]);
}

// 【算法 3-31：返回整个表达式的计算结果】
public static double getEvaluation(char[] exp) {
        char theta;
```

```
                int i = 0;
                double b, a, val;
                //创建运算符栈和操作数栈
                SequenceStack<Character> OPTR = new SequenceStack<Character>();
                SequenceStack<Double> OPND = new SequenceStack<Double>();
                OPTR.push('#');
                while (exp[i] != '#' || OPTR.getHead() != '#'){
                        if (!isOperator(exp[i]))/* 不是运算符，入栈 */ {
                                double temp;
                                temp = exp[i] – '0';        /* 把当前数字字符转换为十进制数 */
                                i++;
                                /* 读入后续的数字字符并转换为十进制数的操作数 */
                                while (!isOperator(exp[i]) && i < exp.length){
                                        temp = temp * 10 + exp[i] – '0';
                                        i++;
                                }
                                OPND.push(temp); //操作数入栈
                        } else {
                                /* 判断栈顶元素和表达式当前元素的优先级 */
                                switch (precede(OPTR.getHead(), exp[i])){
                                case '<': /* 栈顶元素优先级低,入栈 */
                                        OPTR.push(exp[i]);
                                        i++;
                                        break;
                                case '=': /* 优先级相同，"脱括号"并接收下一个字符 */
                                        OPTR.pop();
                                        i++;
                                        break;
                                case '>': /* 栈顶元素优先级高，出栈并将运算结果入栈 */
                                        theta = OPTR.pop();
                                        b = OPND.pop();
                                        a = OPND.pop();
                                        OPND.push(operate(a, theta, b));
                                        break;
                                }
                        }
                }
                val = OPND.getHead();
                return (val);
        }

        public static void main(String[] args) {
                BufferedReader br;
                String s;
                try {
                        br = new BufferedReader(new InputStreamReader(System.in));
                        System.out.print("输入一个以#结束的表达式：");
                        s = br.readLine();
                        char[] us = s.toCharArray();
                        System.out.println("表达式值为：" + getEvaluation(us));
                        br.close();
                } catch (IOException e) {
                        e.printStackTrace();
                }
        }
}
```

本程序的运行结果如下。

输入一个以#结束的表达式：(5*2–6/2)*4+7#
表达式值为：35.0

3.3.4　队列应用之一：模拟服务台前的排队现象问题

在日常生活中，我们经常会遇到许多为了维护社会正常秩序而需要排队的情景。编写这类情景的模拟程序通常需要用到队列和线性表之类的数据结构，因此是队列的典型应用之一。这里，我们介绍一个银行业务的模拟程序。

　　某银行有一个客户办理业务站，在单位时间内随机地有客户到达，设每位客户的业务办理时间是某个范围内的随机值。设只有一个窗口，一位业务人员，要求程序模拟统计在指定时间内，业务人员的总空闲时间和客户的平均等待时间。假定模拟程序的数据已按客户到达的先后顺序依次存于某个数据文件中。对应每位客户有两个数据，即到达时间和办理业务所需时间。

　　客户信息存储结构描述如下。

```
public class QNode {
    public int arrive;        //到达时间
    public int treat;         //办理业务所需时间
    public QNode(int a,int t){
        arrive=a;
        treat=t;
    }
}
```

统计银行业务员的总空闲时间和客户的平均等待时间的算法描述如下。

```
算法开始
S1：设置统计初值。
S2：设置当前时钟为 0。
S3：打开数据文件，读入第一位客户信息于暂存变量中。
S4：重复执行 S4-1 至 S4-7 的步骤，直到处理完每一位客户办理的业务。
    S4-1：如果等待队列为空并且还有客户，则执行 S4-1-1 至 S4-1-4 的操作。
        S4-1-1：累计业务员等待时间。
        S4-1-2：时钟推进到暂存变量中客户的到达时间。
        S4-1-3：暂存变量中的客户信息入队。
        S4-1-4：读取下一位客户信息于暂存变量中。
    S4-2：累计客户人数。
    S4-3：从等待队列出队一位客户。
    S4-4：将该客户的等待时间累计到客户的总等待时间。
    S4-5：设定当前客户的业务办理结束时间。
    S4-6：若后续客户在当前客户业务办理结束之前到达，则重复执行 S4-6-1 和 S4-6-2。
        S4-6-1：暂存变量中的客户信息入队。
        S4-6-2：读取下一位客户信息于暂存变量中。
    S4-7：时钟推进到当前客户办理结束时间。
S5：计算统计结果，并输出。
算法结束。
```

上述算法对应的完整程序如下。

```
import java.io.*
import java.util.StringTokenizer;
public class Test3_4 {
    // 【算法 3-32：把一行客户信息转换为一个节点】
    public static QNodeconvertToNode(String s) {
        QNode temp = null;
        if (s != null) {
            StringTokenizer r = new StringTokenizer(s);
            int arr = Integer.parseInt(r.nextToken());
            int tre = Integer.parseInt(r.nextToken());
            temp = new QNode(arr, tre);
        }
        return temp;
    }

    public static void main(String[] args) {
        int dwait = 0, clock = 0, wait = 0, count = 0, finish;
        BufferedReader br;
        QNode curr, temp;
```

```
//创建一个顺序队列
SequenceQueue<QNode> wa = new SequenceQueue<QNode>();
try {
        br = new BufferedReader(new FileReader("customer.txt"));
        String s;
        s = br.readLine();
        temp = convertToNode(s); // 读取第一个客户信息作为待办理业务客户
        while (wa.size() != 0 || temp != null){
                if (wa.size() == 0 && temp != null){ // 等待队列为空，但还有客户
                        dwait += temp.arrive - clock; // 累计业务员等待时间
                        clock = temp.arrive; // 时钟推进到待办理业务客户的到达时间
                        wa.EnQueue(temp); // 把客户信息存入队列
                        s = br.readLine();
                        temp = convertToNode(s); // 再次读取一个客户信息
                }
                count++; /* 累计客户人数 */
                curr = wa.DeQueue(); /* 出队一位客户信息 */
                wait += clock - curr.arrive; /* 汇总客户等待时间 */
                finish = clock + curr.treat; /* 计算当前客户办理业务结束时间 */

                /*
                 * 如果后续客户的到达时间在当前客户办理业务结束之前，则将这些客户全部入队
                 */
                while (s != null && temp.arrive <= finish) {
                        wa.EnQueue(temp);
                        s = br.readLine();
                        temp = convertToNode(s);
                }
                clock = finish; /* 时钟推进到当前客户办理业务结束时间 */
        }
        br.close();
} catch (IOException e) {
        System.out.println("文件访问异常！+e");
        e.printStackTrace();
}
System.out.println("业务员空闲时间\t 客户平均等待时间");
System.out.println(dwait + " \t" + (double) wait / count);
System.out.println("模拟总时间\t 客户人数 \t 总等待时间 ");
System.out.println(clock + "\t" + count + "\t" + wait);
}
}
```

假定在 customer.txt 文件中，5 位客户的到达时间和办理业务所需时间分别如下所示。

0	2
1	1
4	1
6	2
7	1

则上述程序代码的运行结果如下所示。

业务员空闲时间	客户平均等待时间	
2	0.4	
模拟总时间	客户人数	总等待时间
9	5	2

3.3.5　队列应用之二：消息队列

什么是消息？消息就是系统内部的两个不同对象之间的交互信息，消息既可以被限制在同一台计算机之内传递，也可以跨越计算机，甚至跨越互联网传递。从程序的角度来看，消息的本质

是程序函数之间的相互调用。当程序调用发生在同一台计算机的系统内部时，调用方发送的消息主要是被调函数的签名，包括函数名和实参列表，而被调用方返回的消息主要是函数执行后的返回值。

当程序调用发生在不同计算机的系统之间时，调用方被称为客户端（Client），被调用方被称为服务提供者，即服务器（Server），客户端发送的消息包含服务器的访问入口 URL 和被调函数的签名等信息，而被调用方返回的消息包含客户端的 URL 和函数执行后的返回值。为了解决服务器与客户端之间的一对多或者多对多的通信问题，需要引入消息队列来缓存双方交互的每一个消息，以便有足够的时间来逐个处理它们。这一点特别是在互联网环境中尤为重要，因为每一个服务器都有可能在某一个尖峰时刻接收到海量的客户端的访问请求。

消息队列不仅在云计算系统、大数据系统、分布式网站等系统中起基础作用，还在应用软件系统开发中发挥重要作用，包括实现分布式计算、持久化存储、应用解耦、流量削峰、日志处理、消息通信、系统/数据镜像等。例如，图 3.11 所示为消息队列在电子商务系统中的应用，各子系统作为消息的发送方时把需要的消息写入消息队列，作为接收方时可以采用订阅方式从消息队列获取消息，从而实现电子商务各子系统的解耦。

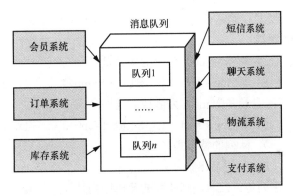

图 3.11　消息队列在电子商务系统中的应用

在互联网场景下实现消息队列服务比较复杂，通常借助第三方技术来加快应用开发速度，常见的开源消息队列产品主要有：ZeroMQ、RabbitMQ、ActiveMQ、Kafka、RocketMQ 等。其中，ZeroMQ 是基于 C 语言开发的，几乎可以在任何平台通过任何代码连接，其通过传输控制协议（Transmission Control Protocol，TCP）传送消息，支持发布-订阅、推-拉、共享队列等模式，高速异步 I/O 引擎。根据官方资料，ZeroMQ 更像一个底层网络通信函数库。RabbitMQ是一个在高级消息队列协议（Advanced Message Queuing Protocol，AMQP）基础上开发的，是可复用的企业消息系统，是当今最主流的消息中间件之一，它具有高可靠、高可用、灵活、多语言支持等特点，提供消息集群服务和跟踪机制。ActiveMQ 介于 ZeroMQ 和 RabbitMQ 之间，支持 AMQP、REST、AJAX 等多种协议，支持 J2EE 规范，提供事务处理和持久化服务。Kafka是一个分布式消息发布订阅系统。它最初是由 LinkedIn 公司设计的一个分布式的日志系统，之后成为 Apache 项目的一部分。Kafka 支持快速持久化、高吞吐、负载均衡、可扩展性和容错性等。RocketMQ 是阿里巴巴集团在 2012 年开源的消息队列产品，用 Java 语言实现，在设计时参考了 Kafka 并做了一些改进，现在是 Apache 的顶级项目，它被广泛应用在订单、交易、充值、流计算、消息推送、日志流式处理等场景，并经历过多次考验，它的性能、稳定性和可靠性都是值得信赖的。

3.4　习题

一、单项选择题

1. 一个栈的输入序列为 a,b,c,d,e，则栈的不可能的输出序列是（　　）。

A. $edcba$　　　　　B. $decba$　　　　　C. $dceab$　　　　　D. $abcde$

2. 若栈采用顺序存储结构存储，现两栈共享 m 个存储空间，即 $v[1..m]$，$top[i]$ 代表第 i 个栈（$i=1,2$）栈顶，栈 1 的底在 $v[1]$，栈 2 的底在 $v[m]$，则栈满的条件是（　　）。

A. $top[2]-top[1]!=0$　　　　　　　B. $top[1]+1=top[2]$

C. $top[1]+top[2]=m$　　　　　　　D. $top[1]=top[2]$

3. 若已知一个栈的输入序列是 $1, 2, 3, \cdots, n$，输出序列为 $p_1, p_2, p_3, \cdots, p_n$，若 $p_1=n$，则 p_i 为（　　）。

A. i　　　　　　　B. $n=i$　　　　　　C. $n-i+1$　　　　　D. 不确定

4. 栈结构通常采用的两种存储结构是（　　）。

A. 顺序存储结构和链式存储结构　　　B. 散列方式和索引方式

C. 链表存储结构和数组　　　　　　　D. 线性存储结构和非线性存储结构

5. 判定一个栈 ST（元素最多为 m0）为空的条件是（　　）。

A. ST.top !=−1　　B. ST.top ==−1　　C. ST.top !=m0−1　　D. ST.top ==m0−1

6. 判定一个栈 ST（元素最多为 m0）为满栈的条件是（　　）。

A. ST.top !=−1　　B. ST.top ==−1　　C. ST.top !=m0−1　　D. ST.top ==m0−1

7. 栈的特点是（　　），队列的特点是（　　）。

A. 先进先出　　　　B. 先进后出

8. 一个队列的入队序列是 1,2,3,4，则队列的输出序列是（　　）。

A. 4,3,2,1　　　　　B. 1,2,3,4　　　　　C. 1,4,3,2　　　　　D. 3,2,4,1

9. 判定一个循环队列 QU（元素最多为 m0）为空的条件是（　　）。

A. front==rear　　　　　　　　　B. front!=rear

C. front==（rear+1）%m0　　　　D. front!=（rear+1）%m0

10. 判定一个循环队列 QU（元素最多为 m0）为满队列的条件是（　　）。

A. front==rear　　　　　　　　　B. front!=rear

C. front==（rear+1）%m0　　　　D. front!=（rear+1）%m0

11. 循环队列用数组 $A[0..m-1]$ 存放其元素值,已知其队头指针和队尾指针分别是 front 和 rear,则当前队列中的元素个数是（　　）。

A. (rear−front+m)%m　　　　　B. rear−front+1

C. rear−front−1　　　　　　　　　D. rear−front

12. 栈和队列的共同点是（　　）。

A. 都是先进后出　　　　　　　　　B. 都是先进先出

C. 只允许在端点处插入或删除元素　D. 没有共同点

13. 向一个栈顶指针为 HS 的链栈中插入一个 s 所指节点时，则执行（　　）。（不为空的头节点。）

A．HS.next=s;　　　　　　　　B．s.next= HS.next; HS.next=s;

C．s.next= HS; HS=s;　　　　　D．s.next= HS; HS= HS.next;

14．从一个栈顶指针为 HS 的链栈中删除一个节点时，用 x 保存被删节点的值，则执行（　　　）。（不为空的头节点。）

A．x=HS; HS= HS.next;　　　　B．x=HS.data;

C．HS= HS.next; x=HS.data;　　D．x=HS.data; HS= HS.next;

二、填空题

1．向栈中压入元素的操作是____。

2．对栈进行出栈的操作是____。

3．在一个循环队列中，队头指针指向队头元素的____。

4．从循环队列中删除一个元素时，其操作是____。

5．在具有 n 个单元的循环队列中，队满时共有____个元素。

6．一个栈的输入序列是 12345，则栈的输出序列 43512 是____。

7．一个栈的输入序列是 12345，则栈的输出序列 12345 是____。

8．在栈顶指针为 HS 的链栈中，判定栈空的条件是____。

三、算法设计题

1．设栈 va 中的数据元素递增有序。试写一算法，将 x 插入到栈的适当位置上，以保持该栈的有序性。

2．试编写一个遍历及显示队列中元素的算法。

3．设一循环队列 Queue，只有队头指针 front，不设队尾指针，另设一个内含元素个数的计数器，试写出相应的入队、出队算法。

4．设计一算法判断一个算术表达式中的圆括号配对是否正确。提示：对表达式进行扫描，凡遇到"（"就进栈，遇到"）"就退出栈顶的"（"，表达式扫描完毕时栈若为空则圆括号配对正确。

3.5　实训

一、实训目的

1．了解栈和队列的存储结构。

2．掌握栈和队列的相关操作，并能用 Java 语言实现。

二、实训内容

编写 Java 语言程序，完成以下任务。

1．实现两栈共享空间的算法。

在一个程序中如果需要同时使用具有相同数据类型的两个栈时，除了可以为每个栈"开辟"一个数组空间，还可以使用一个数组来存储两个栈，让一个栈的栈底为该数组的始端，另一个栈的栈底为该数组的末端，每个栈从各自的端点向中间延伸，如图 3.12 所示。

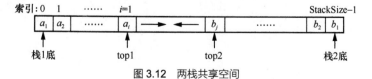

图 3.12　两栈共享空间

其中，top1 和 top2 分别为栈 1 和栈 2 的栈顶指针，StackSize 为整个数组空间的大小，栈 1 的底固定在索引为 0 的一端，栈 2 的底固定在索引为 StackSize-1 的一端。

要求实现两栈共享存储空间的相关算法：初始化、入栈、出栈、取栈顶元素、置栈空、判断栈是否为空。

2．利用本章提供的有关算法，编写 Java 语言程序，完成以下任务。

假设在周末舞会上，男士和女士进入舞厅时，各自排成一队。跳舞开始时，依次从男队和女队的队头选出一人配成一组。若两队初始人数不相同，则较长的那一队中未配对者等待下一轮舞。现要求写一算法模拟上述舞伴配对问题。

3．设某个客户结束办理业务的时间（即完成时间）减去其到达时间为周转时间，请修改 3.3.4 节中的算法，增加所有客户的平均周转时间的统计。

第 **4** 章

串、矩阵和广义表

建议学时：4 学时

总体要求

- 掌握串的特点、表示和实现
- 熟悉串的类型和作用
- 掌握稀疏矩阵
- 了解广义表的概念和相关操作

相关知识点

- 相关概念：串
- 串的类型：子串、空串
- 稀疏矩阵
- 广义表的表头、表尾

学习重点

- 串的逻辑结构、存储结构及相关算法
- 串的操作应用
- 对广义表的操作

学习难点

- 串的基本操作实现

    计算机中的非数值处理的对象大多数是字符串数据。在较早的程序设计中，字符串是作为输入和输出常量出现的。随着语言加工程序的发展，产生了字符串处理，这样，字符串也就作为一种变量类型出现在越来越多的程序设计语言中，同时产生了一系列与字符串相关的操作。字符串一般简称为串。在计算机语言的编译程序中，源程序和目标程序都是字符串数据。在事务处理程序中，顾客的姓名和地址，以及货物的名称、产地和规格等一般也是作为字符串处理的。又如信息检索系统、文字编辑程序、问答系统、自然语言翻译系统以及音乐分析程序等，都是以字符串数据作为处理对象的。

4.1　串及其运算

4.1.1　串的基本概念

字符串（简称串），是由 0 个或多个字符组成的有限序列。一般记为：

$$s='a_1a_2\cdots a_n' \ (n\geq0)$$

其中，s 是串的**名字**，用单引号括注的字符序列是串的**值**，串中字符的个数 n 称为串的**长度**。0 个字符的串称为**空串**，它的长度为 0。

串中由任意连续的字符组成的子序列称为该串的**子串**。包含子串的串相应地称为**主串**。通常称字符在序列中的序号为**字符位置**。子串在主串中的位置则以子串的第一个字符在主串中的位置来表示，称为**子串位置**。例如：

$$a='cheng', \quad b='du', \quad c='chengdu', \quad d='cheng\ du'$$

串长分别为 5、2、7、8，且 a、b 都是 c、d 的子串。a 在 c 和 d 中的位置都是 1，而 b 在 c 中的位置是 6，在 d 中的位置则是 7。

当且仅当两个串的值相等，即只有当两个串的长度相等，并且各个对应位置的字符都相等时，才称这两个**串是相等**的。

在我们描述串时，要求串的值必须用一对单引号括注，但单引号本身不属于串，它的作用只是为了避免与变量名或常量混淆而已。

4.1.2　串的基本操作

串的逻辑结构和线性表的很相似，区别仅在于串的数据对象被约束为字符集，而线性表的数据对象不限。但是，串的基本操作和线性表的有很多差别。在线性表的基本操作中，大多数以"单个元素"作为操作对象，例如在线性表中删除一个元素，在指定位置插入一个元素，或查找表中的某个元素等。而在串的基本操作中，通常针对某个子串进行操作，例如查找某个子串，在串的某个位置插入一个子串或删除一个子串等。

串的基本操作如下。

（1）串复制——将某个串复制给当前串。

（2）判空——判断当前串是否为空，若当前串为空串，则返回 true，否则返回 false。

（3）串比较——比较当前串与指定串。若相等，返回 0；当当前串<指定串，返回-1；若当前串>指定串，返回 1。

（4）求串长——返回当前串的字符个数。

（5）串连接——将串 S_1 和 S_2 连接成一个新串，并赋值给串 T。

（6）求子串——返回当前串的第 i 个字符开始的长度为 k 的子串。

（7）子串定位——输出子串在当前串中首次出现的位置。

（8）串替换——用子串 x 替换当前串中的子串 y。

（9）插入子串——将子串插入到当前串中的某个位置。

（10）删除子串——从当前串中删除指定子串。

（11）大写转小写——将当前串中的所有大写字母全部转化为对应小写字母。

（12）小写转大写——将当前串中的所有小写字母全部转化为对应大写字母。

（13）串压缩——将当前串中首部和尾部的所有空格删除。

4.2 串的顺序存储与实现

串的逻辑结构与线性表的很相似，在存储时可以采用顺序存储结构，也可以采用链式存储结构。不过，在多数情况下，串的存储都采用顺序存储结构。因此我们只讨论这种存储方式下串的操作及实现。

4.2.1 顺序存储结构

类似于线性表的顺序存储结构，串的顺序存储结构用数组来存储串中的字符序列。在串的顺序存储中，一般有 3 种方法表示串的长度。

（1）用一个变量来表示串的长度，如图 4.1 所示。

0	1	2	3	4	5	6	7	8	……	MaxSize-1
a	*b*	*c*	*d*	*e*	*f*	*g*	*h*	*i*	……	9

图 4.1 串的顺序存储方式 1

（2）在串尾存储一个不会在串中出现的特殊字符作为串的终结符，如图 4.2 所示。

0	1	2	3	4	5	6	7	8	9	……
a	*b*	*c*	*d*	*e*	*f*	*g*	*h*	*i*	\0	空闲

图 4.2 串的顺序存储方式 2

（3）用数组的 0 号单元存放串的长度，串值从 1 号单元开始存放，如图 4.3 所示。

0	1	2	3	4	5	6	7	8	9	……
9	*a*	*b*	*c*	*d*	*e*	*f*	*g*	*h*	*i*	空闲

图 4.3 串的顺序存储方式 3

4.2.2 串的实现

对于采用顺序存储结构的串，可以用字符数组来存储字符数据。

```
public class string{
    int maxSize=10;              //串中字符数组的初始长度
    private char[] chars;        //存储元素的数组对象
    private int length;          //保存串的当前长度
    public string ( ) {    }             //构造一个空串
    public string (int n ) {    }        //构造一个能保存 n 个字符的串
    public void copy(string t ) {    }   //将串 t 复制给当前串
    public boolean isEmpty(   ) {    }   //判断当前串是否为空
    public int compare(string t) {    } //将当前串与串 t 进行比较
    public int getLength() {    }        //求当前串的长度
    public boolean clear() {    }        //清空当前串
    public void concat(string t){    }  //将指定串 t 连接到当前串中
    //从当前串中的第 pos 个字符开始连续提取 len 个字符而得到一个子串
```

```
    public string subString(int pos, int len) {      }
    //从当前串中的第 pos 个字符开始直到最后一个字符被全部提取出来，得到一个子串
    public string subString(int pos) {      }
    //返回字符串 t 在当前串中首次出现的位置，若不存在 t，返回-1
    public int index(string t) {      }
    //返回字符串 t 在当前串中最后一次出现的位置，若不存在 t，返回-1
    public int lastIndex(string t){      }
    //在当前串中用串 v 替换所有与串 t 相等的子串，并返回替换的次数
    public int replace(string t, string v) {      }
    //将串 t 插入到当前串的第 pos 个位置上
    public boolean insert(string t,int pos) {      }
    //删除当前串从第 pos 个字符开始的连续 len 个字符
    public boolean delete(int pos,int n) {      }
    //在当前串中删除所有与串 t 相等的子串，并返回删除的次数
    public boolean remove(string t) {      }
    //将当前串的所有字母全部转换为大写字母
    public void toUpperCase(){      }
    //将当前串的所有字母全部转换为小写字母
    public void toLowerCase (){      }
}
```

串的基本操作的算法如算法 4-1~算法 4-5 所示。

【算法 4-1：串初始化】

```
public string(int n) {  // 构造一个能保存 n 个字符的串
    this.maxSize =n;
    this.chars = new char[n];
    this.length = 0;
}
```

【算法 4-2：串比较】

```
public int compare(string t) // 将当前串与串 t 进行比较
//若当前串等于串 t，则返回值=0；若当前串>串 t，则返回值=1；若当前串<串 t，则返回值=-1
{
    int i=0;
    while(this.chars[i]==t.chars[i] &&      i<this.length &&i<t.getLength())
    {
        i++;
    }
    if(i==this.length && i==t.length)
        return 0;
    else if(i==t.getLength() && i<this.length)
        return 1;
    else
        return -1;
}
```

【算法 4-3：串连接】

```
public void concat(string t) // 将指定串 t 连接到当前串中
{
    if(this.maxSize< this.length+ t.getLength())
    //若当前串无法容纳串 t 的内容，则先扩充当前串的长度
    {
        //将当前串中的内容暂存到数组 a 中
        char[] a = new char[this.length];
        for(int i=0;i<this.length;i++)
        {
            a[i]=this.chars[i];
        }

        //扩充当前串的长度
        this.maxSize = this.length + t.getLength();
        this.chars = new char[this.maxSize];
```

```
            //恢复当前串的原始状态
            for(int i=0; i<a.length;i++)
            {
                    this.chars[i]=a[i];
            }
    }
    //将串 t 的内容添加到当前串的尾部，实现连接操作
    for(int i= 0;i<t.getLength();i++)
    {
            this.chars[this.length]=t.chars[i];
            this.length++;
    }
}
```

【算法 4-4：求子串】

```
public string subString(int pos, int len)
// 从当前串中的第 pos 个字符开始连续提取 len 个字符而得到一个子串
{
    //若提取的子串的起始位置与提取的子串的长度之和超过了当前串的长度，则操作异常并返回空串对象
    if(pos+len>=this.length)
            return null;

    //获取子串并返回
    string a = new string(len);
    for(int i=0; i<len; i++)
    {
            a.chars[i] = this.chars[pos+i];
            a.length ++;
    }
    return a;
}
```

【算法 4-5：复制串】

```
public void copy(string t)   // 将串 t 复制给当前串
{       if(this.maxSize<t.maxSize)
        //若当前串无法容纳串 t 的内容，将扩充当前串的长度
        {
                this.maxSize = t.maxSize;
                this.chars = new char[this.maxSize];
        }
        this.length=0;   //初始化当前串的长度
        for(int i=0; i<t.getLength();i++)
        {
                this.chars[i]=t.chars[i];
                this.length++;
        }
}
```

注意，请读者自己实现串的其他操作。

4.2.3 模式匹配

在当前串中寻找某个子串的过程称为**模式匹配**，其中，该子串称为**模式串**。如果匹配成功，返回子串在当前串中首次出现的存储位置（或序号），否则匹配失败。

串的模式匹配算法应用非常广泛，例如，在文本编辑程序中，常常需要查找某一特定单词在文本中出现的位置。

串的模式匹配算法有多种，最简单的是朴素的模式匹配算法。

朴素的模式匹配算法的基本思想是：首先将当前串的第 1 个字符与子串的第 1 个字符进行比较，若不同，就将当前串的第 2 个字符与子串的第 1 个字符进行比较……直到当前串的第 i 个字

符和子串的第 1 个字符相同，再将它们之后的字符进行比较，若也相同，则继续向后进行比较，若当前串的第 $i+j$ 个字符与子串的第 j 个字符不同，则返回到本趟开始字符的下一个字符，继续开始下一趟的比较，重复上述过程。若子串中的字符全部比较完毕，则说明本趟匹配成功，本趟的起始位置是 i，否则，匹配失败。

例如，当前串 S = "ababcabcacbab"，子串 T = "abcac"，则串的朴素模式匹配操作如图 4.4 所示。第 1 趟将 T 的第 1 个字符与 S 的第 1 个字符比较，前两对字符均匹配，但第 3 对字符为 a 与 c，不匹配；第 2 趟将 T 的第 1 个字符与 S 的第 2 个字符比较，可以发现 a 与 b 不匹配；第 3 趟再将 T 的第 1 个字符与 S 的第 3 个字符比较，前 4 对字符都匹配，第 5 对不匹配；这样继续下去，直至进行到第 6 趟时才达到完全匹配，故返回子串在 S 中的起始位置为 6。

设串 S 长度为 n，串 T 长度为 m，在匹配成功的情况下，考虑两种极端情况。

（1）在最好情况下，每趟不成功的匹配都发生在串 T 的第 1 个字符。

平均的比较次数是：$n+m$。即最好情况下的时间复杂度是 $O(n+m)$。

（2）在最坏情况下，每趟不成功的匹配都发生在串 T 的最后一个字符。

平均比较的次数是：$m \times (n-m+1)$。

一般情况下，$m \ll n$，因此此最坏情况下的时间复杂度是 $O(n \times m)$。

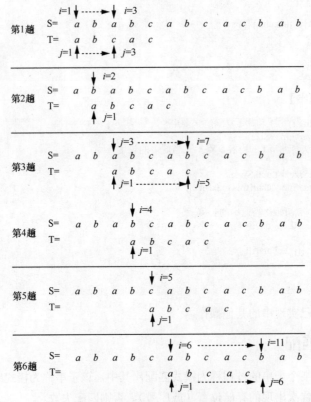

图 4.4 串的朴素模式匹配操作

串的模式匹配算法如算法 4-6 所示。

【算法 4-6：串的模式匹配算法】

```
public int index(string t)
// 返回串 t 在当前串中首次出现的位置，若不存在串 t，返回-1
{
```

```
                //若串 t 的长度大于当前串的长度，则直接返回−1，表示不存在
                if(this.length < t.getLength())
                        return −1;

                int a=−1;    //设置标志变量 a，其默认值表示不存在串 t
                for(int i=0; i< this.length;i++) //从左往右查找串 t
                {
                        int j=0;
                        while(j<t.getLength() && this.chars[i+j] == t.chars[j])
                        {
                                if(this.chars[i+j] != t.chars[j]) break;
                                j++;
                        }
                        if(j==t.getLength())   //如果找到了串 t，则记录它在当前串中的起始位置
                        {
                                a=i;
                                break;
                        }
                }
                return a;
}
```

4.3　矩阵

　　矩阵是很多领域中研究的数学对象，我们在此讨论的是如何存储矩阵中的元素，从而使矩阵的各种运算能有效进行。

　　一般在高级程序设计语言中，我们使用二维数组来存储矩阵，有的程序设计语言还专门提供了各种矩阵运算方法，方便用户使用。

　　但是，在数值分析中经常出现一些阶数很高的矩阵，同时在矩阵中有很多值相同的元素或者 0 元素。有时候为了节省存储空间，可以对这类矩阵进行压缩存储。所谓压缩存储是指：为多个值相同的元素分配一个存储空间，对 0 元素不分配存储空间。我们针对下面两类矩阵讨论它们的压缩存储。

　　特殊矩阵：矩阵中有很多值相同的元素并且它们的分布有一定的规律。

　　稀疏矩阵：矩阵中有很多 0 元素。

4.3.1　特殊矩阵

1．对称矩阵

　　若 n 阶矩阵 A 中的元素满足下述性质：$a_{ij} = a_{ji}$，$1 \leqslant i, j \leqslant n$，则称其为 **n 阶对称矩阵**。

图 4.5 所示是一个 5×5 对称矩阵，其两个虚线部分是对称相等的。

　　对于对称矩阵，我们可以为每一对对称元素分配一个存储空间，即可将 n^2 个元素压缩存储到有 $n \times (n+1)/2$ 个元素的空间中。对称矩阵关于主对角线对称，只需存储下三角（或上三角）部分，通常按行优先存储其下三角（包括对角线）中的元素。例如，把图 4.5 所示的对称矩阵的下三角按行优先存储到数组 SA[k]中，结果如图 4.6 所示。

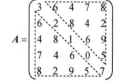

图 4.5　一个 5×5 对称矩阵

图 4.6　对称矩阵的压缩存储

此时，a_{11} 存入 SA_0，a_{21} 存入 SA_1，a_{22} 存入 SA_2……a_{ij} 存入 SA_k。k 与 i、j 的对应关系为：

$$k = \begin{cases} \dfrac{i \times (i-1)}{2} + j - 1 & i \geqslant j \\[2mm] \dfrac{j \times (j-1)}{2} + i - 1 & i < j \end{cases} \tag{4-1}$$

2．三角矩阵

形如图 4.7 所示的矩阵称为三角矩阵。其中，图 4.7（a）为下三角矩阵，主对角线以上均为常数 c；图 4.7（b）为上三角矩阵，主对角线以下均为常数 c。

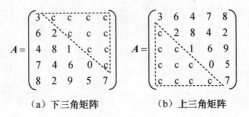

（a）下三角矩阵　　　　（b）上三角矩阵

图 4.7　三角矩阵

下三角矩阵的压缩存储除了存储下三角中的元素，还要存储对角线上方的常数，共需存储 $n \times (n+1)/2 + 1$ 个元素到数组 SA 中。

下三角矩阵的压缩存储与对称矩阵的类似，不同之处在于存完下三角中的元素之后，紧接着存储对角线上方的常量，因为是同一个常数，所以存储一个即可，如图 4.8 所示。这样一共存储了 $n \times (n+1)/2 + 1$ 个元素，这种存储方式可节约 $n \times (n-1)/2$ 个存储单元。

0	1	2	3	4	5	6	7	8	9	10	11	12	13	14	15
SA= 3	6	2	4	8	1	7	4	6	0	8	2	9	5	7	c

图 4.8　下三角矩阵的压缩存储

下三角矩阵中任一元素 a_{ij} 在 SA 中的索引 k 与 i、j 的对应关系为：

$$k = \begin{cases} \dfrac{i \times (i+1)}{2} + j & i \geqslant j \\[2mm] \dfrac{n \times (n+1)}{2} & i < j \end{cases} \tag{4-2}$$

上三角矩阵的存储思想与下三角矩阵的类似，以行为主序顺序存储上三角部分，最后存储对角线下方的常量，如图 4.9 所示。

0	1	2	3	4	5	6	7	8	9	10	11	12	13	14	15
SA= 3	6	4	7	8	2	8	4	2	1	6	9	0	5	7	c

图 4.9　上三角矩阵的压缩存储

上三角矩阵中任一元素 a_{ij} 在 SA 中的索引 k 与 i、j 的对应关系为：

$$k = \begin{cases} \dfrac{(2n-i+1) \times i}{2} + j - 1 & i \leqslant j \\[2mm] \dfrac{n \times (n+1)}{2} & i > j \end{cases} \tag{4-3}$$

4.3.2 稀疏矩阵

在实际应用中经常遇到一些含有大量 0 元素，非 0 元素很少，且 0 元素分布没有规律的矩阵，假设 m 行 n 列的矩阵含 t 个非 0 元素，则非 0 元素的比例 $\delta = \dfrac{t}{m \times n}$ 称为稀疏因子，通常认为 $\delta \leqslant 0.05$ 的矩阵为**稀疏矩阵**。

如果以二维数组表示高阶的稀疏矩阵，将产生以下几个问题。

（1）0 元素占了很大空间。

（2）计算中进行了很多和 0 有关的运算，遇到除法，还需要判别除数是否为 0。

一般来讲，在进行存储时，要尽量遵循以下原则。

（1）尽可能少存或不存 0 元素。

（2）尽可能减少没有实际意义的运算。

（3）操作方便，即能尽可能快地找到与索引值(i,j)对应的元素，能尽可能快地找到同一行或同一列的非 0 元素。

为此，不仅要保存每个非 0 元素的值，还必须保存其所在的行号和列号，以便准确反映该元素所在位置。这样，每个非 0 元素就可以表示为一个三元组(i, j, a_{ij})，将三元组按行优先或列优先的顺序排列，如按行优先，将同一行中列号以从小到大的规律排列成一个线性表，称为三元组表，则每个稀疏矩阵可用一个三元组表来表示，称为稀疏矩阵的顺序存储结构表示。

图 4.10（a）给出了一个稀疏矩阵，图 4.10（b）为它所对应的三元组表。在三元组表中，为了更可靠地描述，通常再加一行"总体"信息，即总行数、总列数、非 0 元素总个数，如图 4.10（b）第 0 行所示。

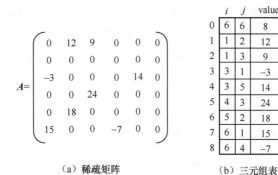

（a）稀疏矩阵　　　　（b）三元组表

图 4.10 稀疏矩阵的压缩存储

采用三元组表结构的稀疏矩阵使用 Java 语言描述如下。

```java
class Triple      //定义三元组
{
    public int x;
    public int y;
    private double value;
    public Triple(int x, int y, double data)   //构造三元组
    {
        this.x = x;        this.y = y;
        this.value = data;
    }
    public double getData()
    {
```

```
                return data;
        }
}
class SparseMatrix    //定义稀疏矩阵
{
        public Triple[] datas;    //三元组表

        //构造三元组表结构的稀疏矩阵
        //参数 rows、cols 表示稀疏的总行数和总列数，length 表示矩阵中非 0 元素的个数
        public SparseMatrix(int rows,int cols, int length)
        {
                if(length<1)
                {
                        datas = new Triple[1];               //创建空稀疏矩阵
                        datas[0] = new Triple(0,0,0);
                }
                else                                         //创建非空稀疏矩阵
                {
                        datas = new Triple[length+1];
                        datas[0] = new Triple(rows,cols,length);
                }
        }
}
```

4.4　广义表

4.4.1　广义表的逻辑结构

广义表是一种特殊的有限序列，其数据元素可以是单个数据（单元素，又称原子），也可以是一个广义表（子表）。当广义表非空时，第一个元素通常称为**表头**（Head），其余元素组成的子表则称为**表尾**（Tail）。广义表最外层包含元素个数称为**广义表的长度**。广义表所含括号的重数称为**广义表的深度**。注意："原子"的深度为 0，"空表"的深度为 1，广义表的名称用大写字母表示，数据元素用小写字母表示。

例如，以下为广义表说明。

$A=()$——A 是一个空表，它的长度为 0，深度为 1，无表头，也无表尾。

$B=(e)$——B 只有一个原子 e，B 的长度为 1，深度为 1。

$$\text{Head}(B)=e，\text{Tail}(B)=(\ )$$

$C=(a,(b,c,d))$——C 的长度为 2，包含两个元素，即原子 a 和子表 (b,c,d)，深度为 2。

$$\text{Head}(C)=a，\text{Tail}(C)=((b,c,d))$$

$D=(A,B,C)$——D 的长度为 3，由 3 个子表组成，将子表代入后可知 D 的深度为 3。$D=((),(e),(a,(b,c,d)))$。

$$\text{Head}(D)=A=(\ )，\text{Tail}(D)=(B,C)=((e),(a,(b,c,d)))$$

$E=(a,E)$——这是一个递归的广义表，它的长度为 2，深度为无穷值，E 相当于一个无限的列表，$E=(a,(a,(a,\cdots)))$。

$$\text{Head}(E)=a，\text{Tail}(E)=(E)$$

可见，广义表具有以下特性。

（1）广义表中元素是有次序性的。广义表中的元素位置不可以随意调换。通过取表头、表尾

两个操作我们可以看出，对于表中元素相同但位置不同的广义表，得到的结果是不同的，所以它们是两个不同的广义表。

（2）广义表是一种多层次的数据结构。广义表的元素可以是单元素，也可以是子表，子表的元素还可以是子表。

（3）广义表中元素可共享。如上面示例中，A、B、C 为 D 的子表，则在 D 中可以不列出子表的值，通过子表的名称来引用。

（4）广义表中元素可递归，即广义表可以是其本身的一个子表。如上面示例中的列表 E 就是一个递归的表。这时，广义表的深度是个无限值，长度是个有限值。

（5）任何一个非空广义表 LS=$(a_1,a_2,\cdots,a_n)$均可分解为取表头 Head(LS)=a_1 和取表尾 Tail(LS)=$(a_2,a_3,\cdots,a_n)$两部分。

需要注意的是，广义表的( )和(( ))不同，前者为空表，长度为 0；后者长度为 1，可分解得到表头和表尾均为空表( )。

广义表的上述特性对于它的使用价值和应用效果起了很大的作用。广义表可以看成线性表的推广，线性表是广义表的特例。广义表的结构相当灵活，在某种前提下，它可以兼容线性表、数组、树和有向图等各种常用的数据结构。

4.4.2　广义表的存储结构及实现

广义表中的数据元素可以是原子，也可以是广义表，因此很难用顺序存储结构来表示，通常采用链式存储结构，每个数据元素可用一个节点表示。对应的节点结构有两种：原子节点和表节点。

一个表节点由 3 个域构成：标志域、指示表头的指针域、指示表尾的指针域。一个原子节点由两个域组成：标志域和值域。节点结构如图 4.11 所示。

图 4.11（a）表示表节点，用以存储广义表；图 4.11（b）表示原子节点，用以存储单元素。每个域的意义如下。

| tag=1 | hp | tp |

（a）表节点

| tag=0 | data |

（b）原子节点

图 4.11　节点结构

tag：区分表节点和元素节点的标志，tag=0 表示原子节点，tag=1 表示表节点。

hp：指向表头节点的指针。

tp：指向表尾节点的指针。

data：存放单元素的数据域。

对于空表，LS=null。对于非空表 LS，如 LS = (a,(x,y),((z)))，其存储结构如图 4.12 所示。

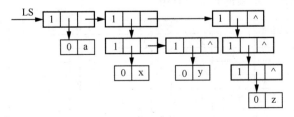

图 4.12　广义表的存储结构

这种存储结构有以下几种情况。

（1）除空表的表头指针为空外，对任何非空列表，其表头指针均指向一个表节点，且该表节点中的 hp 域指向列表表头（或者为原子节点，或者为表节点），tp 域指向列表表尾（除非表尾为空，则指针为空，否则为表节点）。

（2）容易分清广义表中子表所在层次。如图 4.12 中的广义表 LS，原子 x 和 y 在同一层次上，z 比 x 和 y 低一个层次。

（3）最高层的表节点的个数就是广义表的长度。

4.5　串的应用：文本编辑

文本编辑程序是一个面向用户的系统服务程序，广泛用于源程序的输入和修改、公文书信的起草和润色、报纸杂志的编辑排版，甚至互联网信息的发布以及大数据时代的日志分析等。文本编辑的实质是修改字符数据的形式或格式。虽然各种文本编辑程序的功能强弱不同，但是其基本操作是一致的，一般都包括分页、分段、断行，串的查找、复制、移动、插入、删除、修改、替换等基本操作。

为了编辑方便，用户可以利用换页符把文本划分为若干页，也可以利用换行符来表示一个自然段，每一段有若干行（当然，也可以不分页和分段，直接把文本划分成若干行）。我们可以把文本看成一个多达数万个字符的串，称为文本串，而页是文本串的子串，段又是页的子串，行则是段的子串。当然，在此基础之上，甚至还可以划分句子、短语或词组。

比如，有以下源程序。

```java
import java.util.Scanner;
public class Test {
        public static void main(String[] args) {
                int a=77;
                System.out.println(a%2);
        }
}
```

我们可以把该程序看成一个文本串。输入存储空间后如图 4.13 所示。图中的 "\n" 为换行符，每行前的数字代表该行第一个字符在文本串中的编号。

为了区别页、段和行，文本编辑具有两种文本管理方案。一是使用页标记、段标记和行标记来标识页、段和行的开始与结束（例如，遵守 SGML 规范和 XML 规范的 Word 软件就使用这种方案）；二是把页、段和行看作文本的子串并建立页表和段表来辅助各子串的操作，从而实现文本处理。页表和段表都用单链表来表示，页表的每一个节点表示一页，每增加一个节点表示新增加一页文本。同样，段表的每一个节点表示一个自然段，每增加一个节点表示新增加一个段文本。本书采用第二种方案展现文本编辑的实现方法。

0	i	m	p	o	r	t		j	a	v	a	.	u	t	i	l	.	S	c	a
20	n	n	e	r	;	\n	p	u	b	l	i	c		c	l	a	s	s		T
40	e	s	t	{	\n			p	u	b	l	i	c		s	t	a	t	i	c
60		v	o	i	d		m	a	i	n	(	S	t	r	i	n	g	[	]	
80	a	r	g	s	)	{	\n					i	n	t		a	=	7	7	;
100	\n					S	y	s	t	e	m	.	o	u	t	.	p	r	i	n
120	t	l	n	(	a	%	2	)	;	\n		}	\n	}	\n					

图 4.13　文本格式示例

为了表示页在文本串中的开始和结束，页节点应该包括 4 个字段域：页号 id、页首字符在串中的编号 start、页末字符在串中的编号 end 和指向下一页的指针 next。页节点的存储结构用 Java 语言描述如下。

```
class Page
{
    public int id;                    //页号
    public int start;                 //该页首字符在串中的编号
    public int end;                   //该页末字符在串中的编号
    public Page next;                 //指向下一页的指针
    public Page(int id, int start)
    {
        this.id = id;            this.start = start;
        this.end = start;        this.next = null;
    }
}
```

一个自然段可能属于一页，也可能跨越多页。为了表示段在文本串中的开始和结束，段节点应该包括 6 个字段域：段号 id、段所属页的编号 pageid、段首字符在串中的编号 start、段末字符在串中的编号 end 和指向下一段的指针 next。当一个自然段跨越多页时，pageid 只记录该段所属的起始页的编号，然后通过段长以及后续段落的相关信息可知该段结束于哪一页。段节点的存储结构用 Java 语言描述如下。

```
class Paragraph
{
    public int id;                    //自然段编号
    public int pageid;                //该自然段所属页的编号，若跨页则记录其起始页的编号
    public int start;                 //该段首字符在串中的编号
    public int end;                   //该段末字符在串中的编号
    public int length;                //本自然段的字符个数
    public Paragraph next;            //指向下一自然段的指针
    public Paragraph(int id,int page, int start)
    {
        this.id = id; this.pageid = page;
        this.start = start; this.end = start;
        this.length=0;
    }
}
```

为了实现文本串按页、段和行进行管理，文本串至少要提供以下字段域：文本内容 contents、文本总长度 length、文本总页数 pages、文本总自然段数 paras、页表 pageTable、段表 paraTable。其中，文本内容就是串的实例。为了区别纯粹的串，文本串被定义为 Text 类，在其构造函数中，指定 maxSize 参数的值（如 maxSize=65535）即可得到一个最多能容纳指定参数个字符的文本串。此外，为了方便文本编辑程序管理，文本串还必须设置页指针 currentPage、段指针 currentPara、字符指针 current，分别指示当前正在操作的页、段和字符。其中，页指针的值表示当前页是页表的第几个节点，段指针的值表示当前段是段表的第几个节点，字符指针表示当前字符在串的编号。为了方便文本未来能分页显示和打印，我们甚至还可以设置页面大小，即每页字符的总行数 rowsPerPage×每行字符的总个数 colsPerRow。完整的文本串的存储结构用 Java 语言描述如下。

```
class Text
{
    public string contents;                //由字符序列组成的串
    public int length;                     //文本的总长度
    public int pages;                      //页数
    public int paras;                      //自然段总数
    public Page pageTable;                 //页表，是一个单链表
    public Paragraph paraTable;            //自然段表，是一个单链表
```

93

```
        public int currentPage;                    //当前页的编号
        public int currentPara;                    //当前自然段的编号
        public int current;                        //当前字符在串中的编号
        public int rowsPerPage;                    //每页的字符行数
        public int colsPerRow;                     //每行的字符数
        public Text(int maxSize)                   //创建一个最多能保存 maxSize 个字符的空白文本
        {
                contents = new string(maxSize);
                length = contents.length;
                pages = 0;              paras =0;
                rowsPerPage = 45;      colsPerRow = 40; //设置默认页面大小为 45 行×40 列
                currentPage = 0;       currentPara = 0;
                current = 0;
                pageTable = new Page(0,0);    //在页表中增加第一个节点，表示第一页
                paraTable = new Paragraph(0,0,0); //在段表中增加第一个节点，表示第一段
        }
}
```

　　文本编辑的基本操作是文本查找、添加、替换、删除、复制、移动等。这些操作可直接调用串的操作来完成。但文本编辑不是简单的串操作，文本添加与删除往往会造成自然段的调整、页的调整。因此，文本编辑必须在串操作的基础之上增加以下操作。

　　（1）有关页的基本操作：分页、删除页。分页操作包括自动分页和人工强制分页。当添加的文本内容超过页面大小时，执行自动分页。当用户需要将某个自然段强行调整到下一页时，执行人工强制分页。分页操作的结果是页表 pageTable 中增加一个节点，页数 pages 加 1。在执行文本删除操作之后若需要减少页数，则必须删除部分页。删除页操作的结果是页表 pageTable 尾部节点减少 1 个或多个，同时页数 pages 减 1 或减 n。

　　（2）有关段的基本操作：添加段、删除段、分段、合并段、复制段、移动段等。当添加的新文字组成一个新自然段时需要添加段，添加段的操作结果是在段表末尾增加一个新节点，同时段数 paras 加 1。当用户选中删除一段文字或若干段文字时，需要执行删除段操作，其结果是将段表中对应的 1 个或多个段节点删除，同时段数 paras 减 1 或减 n。分段是对文本串中现有段落文字重新划分自然段，分段操作的结果是段表中增加一个节点，同时段数 paras 加 1。若对现有文本段落进行调整并将某些自然段合并，则执行合并段操作，其操作结果是段表中减少若干个节点，同时段数 paras 减 1 或减 n。复制段会造成文本内容增加，同时自然段段数增加，因此该操作是串插入和添加段的复合操作。移动段以段为单位调整子串的位置，对段表来说无节点增加和删除操作，只需对段和页的相关信息进行适度修改。

　　可见，文本编辑与串操作的关系是：首先，文本串是在串的基础之上增加有关页表和段表的相关信息；其次，文本编辑在串的基本操作之上附加大量的有关页表和段表的管理操作。

　　以上概述了文本编辑程序的相关数据结构和基本操作。其具体的算法，读者可在学习本章之后自行编写。建议读者先实现单行文本编辑操作，在具备有关串的基本编程能力之后实现多行文本编辑操作或分页和分段的文本编辑。

4.6　矩阵的应用：矩阵运算与实现

4.6.1　矩阵运算的意义

　　矩阵运算是现代信息处理技术中必不可少的基础，可广泛地应用于生活、企业经营、社会管

理之中。例如，在企业生产过程中，经常需要对数据进行统计、处理、分析，以此对生产过程进行了解和监控，进而对生产进行管理和调控，保证正常平稳的生产从而得到良好的经济收益。但是得到的原始数据往往纷繁复杂，这就需要用一些方法对数据进行处理，生成直接、明了的结果。在计算中引入矩阵可以对大量的数据进行处理，这种方法比较简单、快捷。

【例 4-1】 假设某企业生产 3 种产品 A、B、C。每种产品的原材料费用、员工工资费用、管理费及其他费用如表 4.1 所示，每种产品各季度产量如表 4.2 所示。

表 4.1   生产单位产品的成本   单位：元

成本	产品		
	A	B	C
原材料费用	10	20	15
员工工资费用	30	40	20
管理费及其他费用	10	15	10

表 4.2   每种产品各季度产量   单位：件

产品	季度			
	春季	夏季	秋季	冬季
A	2000	3000	2500	2000
B	2800	4800	3700	3000
C	2500	3500	4000	2000

表 4-1 和表 4-2 的数据都可以表示成一个矩阵，如下所示。

$$M = \begin{pmatrix} 10 & 20 & 15 \\ 30 & 40 & 20 \\ 10 & 15 & 10 \end{pmatrix}, N = \begin{pmatrix} 2000 & 3000 & 2500 & 2000 \\ 2800 & 4800 & 3700 & 3000 \\ 2500 & 3500 & 4000 & 2000 \end{pmatrix}$$

通过矩阵的乘法运算得到：

$$MN = \begin{pmatrix} 113500 & 178500 & 159000 & 110000 \\ 222000 & 352000 & 303000 & 220000 \\ 87000 & 110000 & 120500 & 85000 \end{pmatrix}$$

在矩阵 **MN** 中，第一行元素表示 4 个季度中每个季度的原材料总成本，第二行元素表示 4 个季度中每个季度的支付工资总成本，第三行元素表示 4 个季度中每个季度的管理及其他总成本。第一列表示春季生产 3 种产品的总成本，第二列表示夏季生产 3 种产品的总成本，第三列表示秋季生产 3 种产品的总成本，第四列表示冬季生产 3 种产品的总成本。

矩阵运算也广泛应用于密码学中的加密与解密计算以及图像识别、机器学习、数据挖掘中的推荐、分类、聚类处理等。例如，图 4.14 所示为人类左眼图像的矩阵编码，其中，每一位 0 或 1 是对图像每一个像素的最简化的表示。

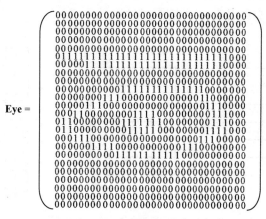

图 4.14   人类左眼图像的矩阵编码

4.6.2　矩阵的加法

如果 A、B 是两个同型矩阵，它们具有相同的行数和列数，那么 A 和 B 可以相加，且 $A+B$ 的元素为 A 和 B 对应元素的和，即 $A+B=(a_{ij}+b_{ij})$。

给定矩阵 $A=(a_{ij})$，我们定义其负矩阵 $-A$ 为：$-A=(-a_{ij})$。这样，我们可以定义同型矩阵 A、B 的减法为：$A-B=A+(-B)$。由于矩阵的加法运算归结为其元素的加法运算，容易验证，矩阵的加法满足下列运算律。

（1）交换律：$A+B=B+A$。

（2）结合律：$A+(B+C)=(A+B)+C$。

（3）存在 0 元：$A+0=0+A=A$。

（4）存在负元：$A+(-A)=(-A)+A=0$。

对稀疏矩阵来说，两个稀疏矩阵相加同样遵循上述运算律。但是，当稀疏矩阵采用三元组表的存储结构时，两个稀疏矩阵的加运算将变得比较复杂。处理方法有两种。一种方法是先将三元组表结构的稀疏矩阵还原为普通矩阵，再进行 $A+B=(a_{ij}+b_{ij})$ 的运算。另一种方法是对两个三元组表结构的稀疏矩阵直接进行加运算。

例如，普通矩阵的加运算如下。

$$\begin{pmatrix} 0 & 0 & 23 & 0 \\ 5 & 0 & 0 & 0 \\ 0 & 7 & 0 & 9 \\ 0 & 0 & 0 & 12 \end{pmatrix} + \begin{pmatrix} 0 & 12 & 0 & 0 \\ 0 & 0 & 0 & 8 \\ 0 & 15 & 0 & 0 \\ 6 & 0 & 0 & 3 \end{pmatrix} = \begin{pmatrix} 0 & 12 & 23 & 0 \\ 5 & 0 & 0 & 8 \\ 0 & 22 & 0 & 9 \\ 6 & 0 & 0 & 15 \end{pmatrix}$$

而对应的三元组表结构的矩阵相加运算如图 4.15 所示。

由图 4.15 可知，两个三元组表结构的稀疏矩阵相加的算法如下。

（1）分别从矩阵 A、B 中取 a[k] 和 b[k]，如果 a[k].i==b[k].i 且 a[k].j==b[k].j，则 a[k] 和 b[k] 在原矩阵中是相同位置的元素，执行 a[k].value+b[k].value 同时在新矩阵中增加 1 个新元素。

（2）否则，直接将 a[k] 和 b[k] 两个元素按顺序插入新矩阵，增加 2 个新元素。插入顺序是：若 a[k].i<b[k].i，则先插入 a[k]，否则先插入 b[k]。

（3）重复第（1）步和第（2）步，直到矩阵 A、B 的元素取完为止。

（4）新矩阵中新增加的元素总数就是稀疏矩阵 $A+B$ 之后的非 0 元素的个数。

请读者根据上述算法自己用 Java 语言进行描述。

	i	j	value
0	4	4	5
1	0	2	23
2	1	0	5
3	2	1	7
4	2	3	9
5	3	3	12

$+$

	i	j	value
0	4	4	5
1	0	1	12
2	1	3	8
3	2	1	75
4	3	0	6
5	3	3	3

$=$

	i	j	value
0	4	4	8
1	0	1	12
2	0	2	23
3	1	0	5
4	1	3	8
5	2	1	22
6	2	3	9
7	3	0	6
8	3	3	15

图 4.15　三元组表结构的矩阵相加运算

4.6.3　矩阵的乘法

两个矩阵相乘，只有当第一个矩阵的列数与第二个矩阵的行数相等时才有意义。在计算机中，矩阵实质就是二维数组，因此一个 m 行 n 列的矩阵 $A=a(m,n)$ 与一个 n 行 p 列的矩阵 $B=b(n,p)$ 可以相乘，得到的结果是一个 m 行 p 列的矩阵 $C=c(m,p)$，记作 $C=A \times B=AB$。其中，矩阵 C 的第 i 行第 j 列位置上的数为矩阵 A 第 i 行上的 n 个数与矩阵 B 第 j 列上的 n 个数对应相乘后所得的 n 个乘积之和。即

$$c_{ij}=a_{i1}b_{1j}+a_{i2}b_{2j}+\cdots+a_{in}b_{nj}=\sum_{k=1}^{n}a_{ik}b_{kj}。$$

例如，以下算式表示一个 2 行 2 列的矩阵乘 2 行 3 列的矩阵，其结果是一个 2 行 3 列的矩阵。

$$\begin{pmatrix} 1 & 1 \\ 2 & 0 \end{pmatrix}\begin{pmatrix} 0 & 2 & 3 \\ 1 & 1 & 2 \end{pmatrix}=\begin{pmatrix} 1 & 3 & 5 \\ 0 & 4 & 6 \end{pmatrix}$$

其中，结果矩阵的第二行第二列的数字 4=2（第一个矩阵第二行第一列）×2（第二个矩阵中第一行第二列）+0（第一个矩阵第二行第二列）×1（第二个矩阵中第二行第二列）

矩阵的乘法运算如算法 4-7 所示。

【算法 4-7：矩阵的乘法运算】

```java
class Matrix
{
    public double[][] datas;
    public int rows;    //矩阵的行数
    public int cols;    //矩阵的列数
    public Matrix(int r, int c)    //构造矩阵
    {
        datas = new double[r][c];
        rows = r;
        cols = c;
    }

    //将当前矩阵乘指定矩阵 X，得两个矩阵的乘积
    public Matrix product(Matrix X)
    {
        //如果当前矩阵的列数不等于矩阵 X 的行数，则不能执行矩阵相乘的操作
        if(this.cols != X.rows)
            return null;
        Matrix C = new Matrix(this.rows,X.cols);
        for(int i=0; i<this.rows;i++)
            for(int j=0;j<X.cols;j++)
                for(int k=0; k<X.rows;k++)
                    C.datas[i][j] += this.datas[i][k]*X.datas[k][j];
        return C;
    }
    public void display()        //显示输出矩阵
    {
        if(this==null) return;
        for(int i=0; i<this.rows;i++)
        {
            for(int j=0;j<this.cols;j++)
                System.out.print(this.datas[i][j]+"\t");
            System.out.println("");
        }
    }
}
```

矩阵的乘法满足下列运算律（假定下面的运算均有意义）。

（1）结合律：$(AB)C=A(BC)$。

（2）左分配律：$A(B+C)=AB+AC$。

（3）右分配律：$(A+B)C=AC+BC$。

（4）数与矩阵乘法的结合律：$(\lambda A)B=\lambda(AB)=A(\lambda B)$。

（5）单位元的存在性：$E_m A_{m\times n}=A_{m\times n}$，$A_{m\times n}E_n=A_{m\times n}$。

若 A 为 n 阶方阵，则对任意正整数 k，我们定义 $A^k=\underbrace{AA\cdots A}_{k}$，并规定 $A^0=E$，由于矩阵乘法满足结合律，我们有 $A^k A^l=A^{k+l}$，$(A^k)^l=A^{kl}$。

注意：矩阵的乘法与普通的乘法有很大区别，应该特别注意以下 3 点。

（1）矩阵乘法不满足交换律。一般来讲，即便 AB 有意义，BA 也未必有意义；倘使 AB、BA 都有意义，二者也未必相等（请读者自己举反例）。正是由于这个原因，一般来讲，$(A+B)^2\neq A^2+2AB+B^2$，$(AB)^k\neq A^k A^l$。

（2）两个非 0 矩阵的乘积可能是 0 矩阵，即 $AB=0$ 未必能推出 $A=0$ 或者 $B=0$（请读者自己举反例）。

（3）消去律不成立。即如果 $AB=AC$ 并且 $A\neq 0$，未必有 $B=C$。

4.6.4　矩阵的转置

假设 A 为 $m\times n$ 矩阵，我们定义 A 的转置为一个 $n\times m$ 矩阵，并用 A^T 表示 A 的转置，即：

$$A=\begin{pmatrix} a_{11} & a_{12} & \cdots & a_{1n} \\ a_{21} & a_{22} & \cdots & a_{2n} \\ \vdots & \vdots & & \vdots \\ a_{m1} & a_{m2} & \cdots & a_{mn} \end{pmatrix}, \quad A^T=\begin{pmatrix} a_{11} & a_{21} & \cdots & a_{m1} \\ a_{12} & a_{22} & \cdots & a_{m2} \\ \vdots & \vdots & & \vdots \\ a_{1n} & a_{2n} & \cdots & a_{mn} \end{pmatrix}$$

矩阵的转置满足下列运算律。

（1）$(A^T)^T=A$。

（2）$(A+B)^T=A^T+B^T$。

（3）$(\lambda A)^T=\lambda A^T$。

（4）$(AB)^T=B^T A^T$。

请读者根据上述运算律用 Java 语言描述矩阵转置运算。

4.6.5　矩阵的卷积

在数学分析中，卷积的定义如下。

假设函数 $g(x)$ 和 $\varphi(x)$ 是实数集 $\mathbf{R}$ 上的两个可积分函数，如果对于所有的实数 x，都存在如下积分：

$$f(x)=\int_{-\infty}^{\infty} g(t)\varphi(x-t)\mathrm{d}t$$

则由该积分所构成的新函数 $f(x)$，称为函数 $g(x)$ 和 $\varphi(x)$ 的卷积。

卷积在序列上的定义是两个序列在某范围内相乘后求和的结果，即对于序列 $x(n)$ 和 $w(n)$，它们的卷积 $y(n)$ 为：

$$y(n)=\sum_{i=-\infty}^{\infty} x(i)w(n-i)=x(n)*w(n)$$

其中，星号*表示卷积运算符。当时序 $n=0$ 时，序列 $w(n-i)$ 是 $w(i)$ 的时序 i 取反的结果；时序取反使得 $w(i)$ 以纵轴为中心翻转 180°，所以这种相乘后求和的计算方法称为卷积。n 是使 $w(-i)$ 位移的量，不同的 n 自然对应不同的卷积结果。

类似地，矩阵的卷积是两个矩阵在某范围内相乘后求和的结果，即对于矩阵 $x[n,m]$ 和 $w[n,m]$，它们的卷积 $y[n,m]$ 为：

$$y[n,m] = \sum\sum x[i,j]w[n-i,m-j] = x[n,m]*w[n,m]$$

在图像处理中，矩阵 x 代表输入图像。矩阵 w 一般称为卷积核，其尺寸一般比矩阵 x 的小，常见大小有 3×3，5×5，7×7 等。卷积运算可以用来对输入的图像进行去除噪声或者提取特征。

例如：

$$x = \begin{pmatrix} 12 & 7 & 9 & 11 & 5 \\ 23 & 0 & 13 & 3 & 8 \\ 4 & 6 & 27 & 20 & 12 \\ 19 & 7 & 1 & 2 & 8 \\ 12 & 16 & 17 & 19 & 10 \end{pmatrix}, w = \begin{pmatrix} 1 & 0 & -1 \\ -1 & 1 & 0 \\ 0 & -1 & 1 \end{pmatrix}$$

矩阵 x 和 w 的卷积为：

$$y = \begin{pmatrix} 1 & 2 & -14 \\ 6 & 19 & 4 \\ -34 & -18 & 7 \end{pmatrix}$$

矩阵的卷积运算如算法 4-8 所示。

【算法 4-8：矩阵的卷积运算】

```
//将 x 作为当前矩阵，计算 x*w, stride 为步长
public Matrix convolution(Matrix w,int stride) {
    int n = this.rows;
    int m = this.cols;
    int kn = w.rows;
    int km = w.cols;
    // 计算卷积的行数
    int kns = (n - kn)/stride + 1;
    // 计算卷积的列数
    final int kms = (m - km)/stride + 1;
    // 定义卷积矩阵
    Matrix y= new Matrix (kns,kms);

    for (int i = 0; i <kns; i++) {
        for (int j = 0; j < kms; j++) {
            double sum= 0.0;
            for (int ki = 0; ki < kn; ki++) {
                for (int kj = 0; kj < km; kj++)
                    sum += this.datas[i*stride
                        + ki][j*stride + kj] * w.datas[ki][kj];
            }
            y.datas [i][j] = sum;
        }
    }
    return y;
}
```

4.6.6　矩阵的池化

在图像处理中，卷积计算能够实现输入图像的特征提取。在此基础之上，进一步做特征整合、分类等处理，可以实现图像的识别。这种基于卷积计算的图像处理是当今机器视觉技术的主要手

段之一。理论上，所有经过卷积提取得到的特征都可以用来分类，但这样做会面临巨大的计算量，例如对于一个 256×256 的图像，经过卷积核大小为 3×3 的卷积运算之后，得到的特征矩阵大小是(256−3+1)×(256−3+1) =64516。显然，直接对这种大规模的数据进行分类是很困难的。为此，我们可以采用池化操作进行降维处理。

　　所谓池化，就是将矩阵内某个位置及其相邻区域的特征值进行统计汇总，并将统计汇总后的结果作为该位置的值，从而得到一个比原来矩阵尺寸更小的矩阵。其中，每次计算时所选取的相邻区域称为池化窗口。池化窗口的大小可以为 1×1，2×2，3×3 等。如果所采用的统计汇总方法适当，则池化的结果将仍然保留原有数据的特征。池化操作经常用于卷积运算的后期处理。

　　常见的池化操作有：最大池化（Max Pooling）、平均池化（Average Pooling）等。最大池化会计算该位置及其相邻矩阵区域内的最大值，并将这个最大值作为该位置的值；平均池化会计算该位置及其相邻矩阵区域内的平均值，并将这个平均值作为该位置的值。使用池化不会造成矩阵深度的改变，只会减小其高度或者宽度，达到降维的目的。

　　例如，对矩阵 $\begin{pmatrix} 1 & 2 & 3 & 4 \\ 5 & 6 & 7 & 8 \\ 4 & 7 & 5 & 1 \\ 2 & 3 & 4 & 0 \end{pmatrix}$，设池化窗口大小为 2×2，步长为 2，最大池化操作结果为

$\begin{pmatrix} 6 & 8 \\ 7 & 5 \end{pmatrix}$。

　　矩阵的池化运算如算法 4-9 所示。

【算法 4-9：矩阵的池化运算】

```java
//对当前矩阵进行最大池化操作
// (wx,wy)为池化窗口，stride 为步长
public Matrix maxPooling(int wx,int wy,int stride) {
    int n = this.rows;
    int m = this.cols;
    // 计算池化矩阵的行数
    int kns = n/wx;
    // 计算池化矩阵的列数
    final int kms = m/wy;
    // 定义池化矩阵
    Matrix y= new Matrix (kns,kms);

    for (int i = 0; i <kns; i++) {
        for (int j = 0; j < kms; j++) {
            double t = 0.0;
            //寻找池化窗口范围内的最大值
            for (int ki = 0; ki <kns; ki++) {
                for (int kj = 0; kj < kms; kj++)
                    if(this.datas[i*stride + ki] [j*stride + kj]>t)
                        t= this.datas[i*stride + ki] [j*stride + kj];
            }
            y.datas[i][j] = t;
        }
    }
    return y;
}
```

4.7 习题

一、单项选择题

1. 空串与空格串是相同的，这种说法（   ）。

A．正确   B．不正确

2. 串是一种特殊的线性表，其特殊性体现在（   ）。

A．可以顺序存储   B．数据元素是一个字符

C．可以链接存储   D．数据元素可以是多个字符

3. 设有两个串 p 和 q，求 q 在 p 中首次出现的位置的运算称作（   ）。

A．连接   B．模式匹配   C．求子串   D．求串长

4. 设串 s_1='*ABCDEFG*'，s_2='*PQRST*'，函数 con (x,y) 返回串 x 和串 y 的连接串，subs(s,i,j) 返回串 s 的从序号 i 的字符开始的 j 个字符组成的子串，len(s) 返回串 s 的长度，则 con (subs (s_1,2,len (s_2)), subs (s_1,len (s_2),2)) 的结果串是（   ）。

A．*BCDEF*   B．*BCDEFG*   C．*BCPQRST*   D．*BCDEFEF*

5. 常对数组进行的两种基本操作是（   ）。

A．建立与删除   B．索引和修改   C．查找和修改   D．查找与索引

6. 二维数组 M 的成员是 6 个字符（每个字符占一个存储单元，即一个字节）组成的串，行索引 i 的范围从 0 到 8，列索引 j 的范围从 1 到 10，则存放 M 至少需要（ ① ）个字节，M 的第 8 列和第 5 行共占（ ② ）个字节。

① A．90   B．180   C．240   D．540

② A．108   B．114   C．54   D．60

二、填空题

1. 串的两种最基本的存储方式是_____。

2. 两个串相等的充分必要条件是_____。

3. 空串是_____，其长度等于_____，空格串是_____，其长度等于_____。

4. 设 s='*I□AM□A□TEACHER*'，其长度是_____。（□表示空格）

三、算法设计题

1. 编写算法，实现 remove(string t)操作，即从当前串中删除所有和串 t 相同的子串。

2. 编写算法，实现 replace(string t, string v)操作，即从当前串中用串 v 替换所有与串 t 相等的子串，并返回串的替换的次数。

3. 设 A=((*a*,*b*),(*c*,*d*))，求下列操作结果。

```
Tail(Head(A))=?
Tail(Head(Tail(A)))=?
```

4.8 实训

一、实训目的

1. 掌握串的存储结构及其基本操作，并能用 Java 语言实现。

2．掌握矩阵的概念、存储结构以及矩阵运算律，并能用 Java 语言实现相关运算。

二、实训内容

利用本章提供的有关算法，编写 Java 语言程序，完成以下任务。

1．假设有一个网站日志文件，保存着每一个网站访问者的信息，格式如下：

```
00001,00010,10.8.106.2,2015-08-12 09:30:35,index.php
00002,00105,119.222.3.88,2015-08-12 10:00:59,news.php
00003,00010, 10.8.106.2,2015-08-12 12:30:35,mail.php
00004,00005,176.14.5.100, 2015-08-12 12:30:35,service.php
00005,00010,10.8.106.2,2015-08-12 21:06:20,news.php
……
```

日志文件的每一行为一条日志记录，每条记录以英文逗号间隔，日志记录从左到右分别表示记录编号、用户 ID 号、客户端的 IP 地址、访问时间、访问页面文件名。

请设计一个日志分析程序，实现以下功能。

（1）统计有多少用户访问过本网站。

（2）统计哪些用户访问网站的次数最多（前 100 名）。

（3）统计在哪个时段用户访问量最高（以小时为单位）。

（4）统计哪些页面用户访问频率最高（首页 index.php 除外）。

2．假设某个中小城市及郊区乡镇共有 40 万人从事农、工、商工作，且这个总人数在若干年内保持不变，而社会调查表明：

（1）在这 40 万就业人员中，最初约有 25 万人从事农业，10 万人从事工业，5 万人经商；

（2）在务农人员中，每年约有 10%改为务工，10%改为经商；

（3）在务工人员中，每年约有 10%改为务农，20%改为经商；

（4）在经商人员中，每年约有 10%改为务农，20%改为务工。

现欲预测一、二年后从事各工作的人数，以及经过多年之后，从事各业人员总数之发展趋势。请编写一个 Java 语言程序，利用矩阵运算自动完成上述任务的求解。

提示：一年后，从事农、工、商的人员总数应为：

$$\begin{cases} x_1 = 0.8x_0 + 0.1y_0 + 0.1z_0 \\ y_1 = 0.1x_0 + 0.7y_0 + 0.2z_0 \\ z_1 = 0.1x_0 + 0.2y_0 + 0.7z_0 \end{cases}$$

即：

$$\begin{pmatrix} x_1 \\ y_1 \\ z_1 \end{pmatrix} = \begin{pmatrix} 0.8 & 0.1 & 0.1 \\ 0.1 & 0.7 & 0.2 \\ 0.1 & 0.2 & 0.7 \end{pmatrix} \begin{pmatrix} x_0 \\ y_0 \\ z_0 \end{pmatrix} = A \begin{pmatrix} x_0 \\ y_0 \\ z_0 \end{pmatrix}$$

而 n 年后从事农、工、商的人员总数应为：

$$\begin{pmatrix} x_n \\ y_n \\ z_n \end{pmatrix} = A \begin{pmatrix} x_{n-1} \\ y_{n-1} \\ z_{n-1} \end{pmatrix} = A^n \begin{pmatrix} x_0 \\ y_0 \\ z_0 \end{pmatrix}$$

第 **5** 章

树和二叉树

建议学时：8 学时

总体要求

- 了解树的定义和基本术语
- 了解树及二叉树的存储结构
- 掌握二叉树的各种遍历算法
- 掌握树和二叉树之间的转换方法
- 了解最优树的特性
- 了解哈夫曼树、编码的实现及应用方法
- 了解二叉查找树及其应用与实现方法

相关知识点

- 树的常用概念：树、二叉树、完全二叉树、满二叉树、节点、节点的度、树的深度、有序树、无序树、哈夫曼树、二叉查找树等
- 树及二叉树的存储结构
- 二叉树的遍历
- 树和二叉树之间的转换方法
- 哈夫曼树
- 二叉查找树

学习重点

- 二叉树的存储结构
- 二叉树的遍历与线索化
- 哈夫曼树和二叉查找树

学习难点

- 二叉树的遍历与线索化、哈夫曼树的构造

前面几章里讨论的数据结构都属于线性结构，线性结构的特点是逻辑结构简单，易于进行查

找、插入和删除等操作，其主要用于对客观世界中具有单一的前驱和后继的数据关系进行描述，而现实中的许多事物的关系并非这样简单，如人类社会的族谱、各种社会组织机构以及城市交通、通信等，这些事物的联系都是非线性的，采用非线性结构进行描述会更明确和便利。

所谓非线性结构是指在该结构中至少存在一个数据元素，有两个或两个以上的直接前驱元素或者直接后继元素。树形结构和图形结构就是其中十分重要的非线性结构，可以用来描述客观世界中广泛存在的层次结构和网状结构的关系，如前面提到的族谱、城市交通等。树形结构中树和二叉树最为常用，本章将重点讨论树及二叉树的有关概念、存储结构，以及在各种存储结构上实施的一些运算以及有关的应用实例。

5.1　树的定义和基本术语

5.1.1　树的定义

树（Tree）是由若干个节点组成的有限集合，其中必须有一个节点是**根节点**，其余节点划分为若干个互不相交的集合，每一个集合还是一棵树，但被称为根的子树。注意，当树的节点个数为 0 时，我们称这棵树为**空树**，记为 Φ。

例如，图 5.1（a）所示是一棵具有 9 个节点的树，即 $T=\{A,B,C,\cdots,H,I\}$，节点 A 为树 T 的根节点，除根节点 A 之外的其余节点分为两个不相交的集合：$T_1=\{B,D,E,F,H,I\}$ 和 $T_2=\{C,G\}$。T_1 和 T_2 构成了节点 A 的两棵子树，T_1 和 T_2 本身也分别是一棵树。例如，子树 T_1 的根节点为 B，其余节点又分为 3 个不相交的集合：$T_{11}=\{D\}$，$T_{12}=\{E,H,I\}$ 和 $T_{13}=\{F\}$。T_{11}、T_{12} 和 T_{13} 构成了子树 T_1 的根节点 B 的 3 棵子树。如此可继续向下分更小的子树，直到每棵子树只有一个根节点为止。

从树的定义和图 5.1（a）的示例可以看出，树具有以下特点。

（1）树的根节点没有前驱节点，除根节点之外的所有节点有且只有一个前驱节点。

（2）树中所有节点可以有 0 个或多个后继节点。

根据树的这两个特点可知，图 5.1（b）～图 5.1（d）所示的都不是树结构。

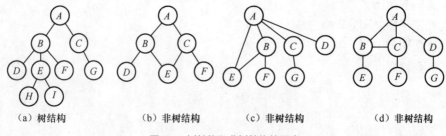

（a）树结构　　　　（b）非树结构　　　（c）非树结构　　　（d）非树结构

图 5.1　树结构和非树结构的示意

5.1.2　树的表示方法

树的表示方法有以下 4 种，用于达到不同的目的。

1．直观表示法

树的直观表示法就是以倒着的分支树的形式表示，图 5.1（a）所示为一棵树的直观表示。其特点是对树的逻辑结构的描述非常直观，是数据结构中最常用的描述树的方法。

2．嵌套集合表示法

所谓嵌套集合是指一些集合的集体，对于其中任意两个集合，或者不相交，或者一个包含另一个。用嵌套集合的形式表示树，就是将根节点视为一个大的集合，其若干棵子树构成这个大集合中若干个互不相交的子集，如此嵌套下去，即构成一棵树的嵌套集合表示。图 5.2（a）所示为一棵树的嵌套集合表示。

3．广义表表示法

树用广义表表示，就是将根作为由子树森林组成的表的名字，写在表的左边，这样依次将树表示出来。图 5.2（b）所示为一棵树的广义表表示。

4．凹入表示法

树的凹入表示法如图 5.2（c）所示。树的凹入表示法主要用于树的屏幕显示或打印输出。

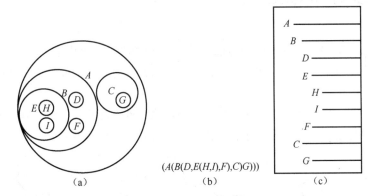

$(A(B(D,E(H,I),F),C)G))$

图 5.2　对图 5.1（a）所示树的其他 3 种表示法示意

5.1.3　树的术语

与树有关的术语如下。

（1）树的节点：表示树中的数据元素，包括数据项及若干指向其子树的分支。

（2）节点的度：节点所拥有的子树的个数称为该节点的度。

（3）叶子节点：度为 0 的节点称为叶子节点，又称为终端节点。

（4）分支节点：度不为 0 的节点称为分支节点，又称为非终端节点。除了根节点，分支节点也称为内部节点。

（5）"孩子""双亲""兄弟"：若树中一个节点 A 的子树的根节点是 B，则称 B 为 A 的孩子（也称子节点），称 A 为 B 的双亲（也称父节点），具有相同双亲的子节点互称兄弟。

（6）路径、路径长度：如果一棵树的一串节点 $n_1,n_2,\cdots,n_k$ 有如下关系，即节点 n_i 是 n_{i+1} 的父节点（$1 \leqslant i < k$），就把 $n_1,n_2,\cdots,n_k$ 称为一条由 n_1 至 n_k 的路径。这条路径的长度是 $k-1$。

（7）"祖先""子孙"：在树中，如果有一条路径从节点 M 到节点 N，那么 M 称为 N 的祖先，N 称为 M 的子孙。

（8）节点的层数：规定树的根节点的层数为 1，其余节点的层数等于它的双亲节点的层数加 1。

（9）树的深度：树中所有节点的最大层数称为树的深度。

（10）树的度：树中各节点的度的最大值称为该树的度。

（11）有序树和无序树：一棵树中节点的各子树从左到右是有次序的，若交换了某节点各子树的相对位置，则构成不同的树，称这棵树为有序树；反之，则称为无序树。

（12）森林：0 棵或有限棵不相交的树的集合称为森林。自然界中树和森林是不同的概念，但在数据结构中，树和森林只有很小的差别。任何一棵树，删去根节点就变成了森林。

【思考】 根据图 5.1（a）所示的树，指出以下术语的值：叶子节点，树的深度，树的度，节点 A 到节点 I 的路径长度，节点 B 的度，节点 F 的层数。

5.2 二叉树

本节对树形结构中最简单、应用十分广泛的二叉树进行讨论。

5.2.1 二叉树基本概念

1．二叉树

二叉树（Binary Tree）是一种每个节点最多拥有 2 个子树的树，其中第 1 个子树被称为左子树，第 2 个子树被称为右子树。注意，当二叉树的节点个数为 0 时，我们称这个二叉树为**空二叉树**，记为 Φ。

二叉树是有序的，若将其左、右子树颠倒，就成为一棵不同的二叉树。即使树中节点只有一棵子树，也要区分它是左子树还是右子树。因此二叉树具有 5 种基本形态，如图 5.3 所示。

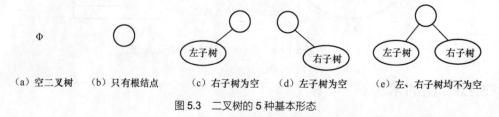

（a）空二叉树　（b）只有根结点　（c）右子树为空　（d）左子树为空　（e）左、右子树均不为空

图 5.3 二叉树的 5 种基本形态

2．相关术语

在树中介绍的有关概念在二叉树中仍然适用。除此之外，再介绍两个关于二叉树的术语。

（1）满二叉树

在一棵二叉树中，如果所有分支节点都存在左子树和右子树，并且所有叶子节点都在同一层上，这样的一棵二叉树称作**满二叉树**。图 5.4（a）所示是一棵满二叉树，图 5.4（b）所示则不是满二叉树，因为该二叉树的 D,F,G,H,I 叶子节点未在同一层上。

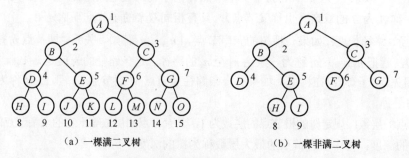

（a）一棵满二叉树　　　　　（b）一棵非满二叉树

图 5.4 满二叉树和非满二叉树示意

（2）完全二叉树

完全二叉树是一种叶子节点只能出现在最下层和次下层，且最下层的叶子节点集中在树的左边的

特殊二叉树。图 5.5（a）所示为一棵完全二叉树，图 5.4（b）和图 5.5（b）所示都不是完全二叉树。

对比图 5.4（a）和图 5.5（a）可以发现，满二叉树与完全二叉树存在如下关系：当树的深度相同时，若对树的节点按从上至下、从左到右的顺序进行编号，则在两种树同一个位置上的节点的编号相同。显然，一棵满二叉树必定是一棵完全二叉树，而完全二叉树未必是满二叉树。

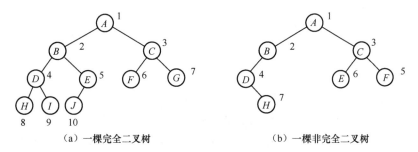

（a）一棵完全二叉树　　　　　　　　　　　　　　　（b）一棵非完全二叉树

图 5.5　完全二叉树和非完全二叉树

5.2.2　二叉树的性质

性质 1　一棵非空二叉树的第 i 层上最多有 2^{i-1} 个节点（$i \geqslant 1$）。

例如，在图 5.4（a）中，第 4 层上的节点正好为 $2^{4-1}=8$ 个。

性质 2　一棵深度为 k 的二叉树中，最多具有 $2^{k}-1$ 个节点。

例如，在图 5.4（a）中，二叉树的深度为 4，正好拥有 $2^{4}-1=15$ 个节点。

性质 3　对于一棵非空二叉树，如果叶子节点数为 n_0，度为 2 的节点数为 n_2，则有：

$$n_0=n_2+1$$

例如，在图 5.4（a）中，二叉树的叶子节点包括 H,I,J,K,L,M,N,O，共 8 个节点；而度为 2 的节点包括 A,B,C,D,E,F,G，共 7 个节点。

性质 4　具有 n 个节点的完全二叉树的深度 k 为 $\lfloor \log_2 n \rfloor +1$。

例如，在图 5.5（a）中，共 10 个节点，其深度正好为 $\lfloor \log_2 10 \rfloor +1=4$。

性质 5　对于具有 n 个节点的完全二叉树，如果按照从上至下和从左到右的顺序对二叉树中的所有节点从 1 开始按顺序编号，则对于任意的序号为 i 的节点，有如下关系。

（1）如果 $i>1$，则序号为 i 的节点的父节点的序号为 $\lfloor i/2 \rfloor$；如果 $i=1$，则该节点是根节点，无父节点。

（2）如果 $2i \leqslant n$，则序号为 i 的节点的左子节点的序号为 $2i$；如果 $2i>n$，则序号为 i 的节点无左子节点。

（3）如果 $2i+1 \leqslant n$，则序号为 i 的节点的右子节点的序号为 $2i+1$；如果 $2i+1>n$，则序号为 i 的节点无右子节点。

对于该性质，请读者对照图 5.5（a）进行理解。

5.2.3　二叉树的存储结构

1．顺序存储结构

所谓二叉树的顺序存储，就是用一组连续的存储单元存放二叉树中的节点。一般是按照二叉树节点从上至下、从左到右的顺序存储。这样节点在存储位置上的前驱关系和后继关系并不一定就是它们在逻辑上的邻接关系，然而只有通过一些方法确定某节点在逻辑上的前驱节点和后继节点，这种存储方式才有意义。因此，根据二叉树的性质，完全二叉树和满二叉树采用顺序存储结构比较合适，树中节点的序号可以唯一地反映节点之间的逻辑关系，这样既能够最大可能地节省存储空间，又能利用数组元素的索引值确定节点在二叉树中的位置，以及节点之间的关系。图 5.6 所示为图 5.5（a）所示的完全二叉树的顺序存储示意。

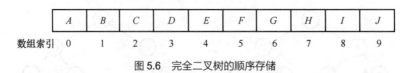

A	B	C	D	E	F	G	H	I	J

数组索引　0　　1　　2　　3　　4　　5　　6　　7　　8　　9

图 5.6　完全二叉树的顺序存储

对于一般二叉树，如果仍按从上至下和从左至右的顺序将树中的节点顺序存储在一维数组中，则数组元素索引之间的关系不能够反映二叉树中节点之间的逻辑关系，只有增添一些并不存在的空节点，使之具有完全二叉树的形式，然后用一维数组顺序存储才可以。图 5.7 所示为由一棵一般二叉树改造后的完全二叉树形态和其顺序存储状态。显然，这种存储对于需增加许多空节点才能将一棵二叉树改造成为一棵完全二叉树的情况，会造成大量的空间浪费，因此不宜用顺序存储结构。最坏的情况是右单支二叉树，如图 5.8 所示，一棵深度为 k 的右单支二叉树，只有 k 个节点，却需分配 2^k-1 个存储单元。

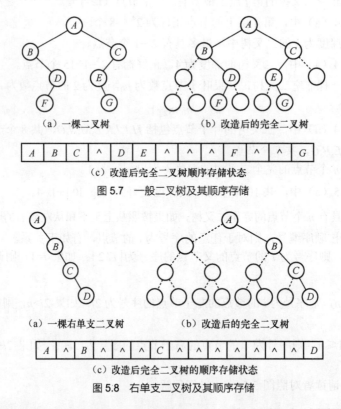

（a）一棵二叉树　　　　　（b）改造后的完全二叉树

A	B	C	^	D	E	^	^	^	F	^	^	G

（c）改造后完全二叉树顺序存储状态

图 5.7　一般二叉树及其顺序存储

（a）一棵右单支二叉树　　　　　（b）改造后的完全二叉树

A	^	B	^	^	^	C	^	^	^	^	^	^	^	D

（c）改造后完全二叉树的顺序存储状态

图 5.8　右单支二叉树及其顺序存储

完全二叉树的顺序存储表示可用以下代码描述。

```
class BinaryTree<T>
{
    private int maxSize;
    private T[] datas;          //各数据元素
    public int length;          //节点总数
    //……
}
```

2．链式存储结构

所谓二叉树的链式存储结构是指用链表来表示一棵二叉树，即用链来表示元素的逻辑关系。通常有下面两种形式。

（1）二叉链表存储

链表中每个节点由 3 个域组成，除了数据域，还有两个指针域，分别用来给出该节点左孩子和右孩子所在的链节点的存储地址。二叉链表存储中节点的存储结构如图 5.9 所示。

图 5.9　二叉链表存储中节点的存储结构

其中，data 域存放某节点的数据信息；lchild 与 rchild 分别存放指向左孩子和右孩子的指针，当左孩子或右孩子不存在时，相应指针域值为空（用符号∧或 null 表示）。

二叉树链式存储的每个节点可用以下代码描述。

```java
class Node<T>
{
    public Node<T> lChild;          //左孩子
    private T data;                 //数据域
    public Node<T> rChild;          //右孩子
    public Node()                   //构造函数，创建一个空节点
    {
        data = null;
        lChild = null;
        rChild = null;
    }
    public Node(T x)                //重载构造函数，创建一个数据值为 x 的节点
    {
        data = x;
        lChild = null;
        rChild = null;
    }
}
```

图 5.10（a）给出了图 5.5（b）所示的二叉树的二叉链表。

二叉链表也可以以带头节点的方式存放，如图 5.10（b）所示。

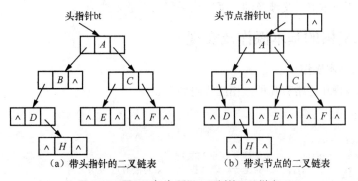

（a）带头指针的二叉链表　　　（b）带头节点的二叉链表

图 5.10　图 5.5（b）所示二叉树的二叉链表

在 Java 语言程序中描述二叉链表的关键是确定二叉树的根，代码如下。

```java
class BinaryTree<T>
{
    public Node<T> root;   //根节点
```

```
    public BinaryTree()      //创建一棵空二叉树
    {
        this.root = new Node<T>();
    }
    public BinaryTree(T x)//创建一棵以数据元素 x 为根节点的二叉树
    {
        this.root = new Node<T>(x);
    }
    //……
}
```

（2）三叉链表存储

每个节点由 4 个域组成，具体结构如图 5.11 所示。

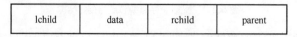

图 5.11　三叉链表存储中节点的存储结构

其中，data、lchild 以及 rchild 这 3 个域的意义同二叉链表结构，parent 域为指向该节点双亲节点的指针。这种存储结构既便于查找孩子节点，又便于查找双亲节点，但是，相对二叉链表存储结构而言，它增加了空间开销。

图 5.12 给出了图 5.5（b）所示的二叉树的三叉链表。

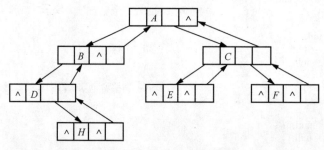

图 5.12　图 5.5（b）所示二叉树的三叉链表

尽管在二叉链表中无法由节点直接找到其双亲，但由于二叉链表结构灵活、操作方便，对于一般二叉树，甚至比顺序存储结构还省空间。因此，二叉链表是最常用的二叉树存储方式。注意，在不特别说明时本书后文涉及的二叉树均采用二叉链表结构。

5.2.4　二叉树的基本操作及实现

1．二叉树的基本操作

二叉树的基本操作通常有几种，相应代码如下。

```
class BinaryTree<T>
{
    private Node<T> root;
    public BinaryTree(){}         //创建一棵空二叉树
    public BinaryTree(T x){}      //创建一棵以数据元素 x 为根节点的二叉树
    /*在当前二叉树的 parent 节点中插入一个新的左子节点,
        若已存在左子树，则将该左子树变成新左子节点的左孩子树*/
    public boolean insertLeft(T x, Node<T> parent){ }
    /*在当前二叉树的 parent 节点中插入一个新的右孩子节点,
        若已存在右子树，则将该右子树变成新右孩子节点的左子树*/
    public boolean insertRight(Node<T> parent){ }
    //删除在当前二叉树的 parent 节点中的左子树
```

```
public boolean deleteLeft(Node<T> parent){ }
//删除在当前二叉树的 parent 节点中的右子树
public boolean deleteRight(Node<T> parent){ }
public boolean search(T x){ } //在当前二叉树中查找数据 x
public void traversal(int i){ }     //按某种方式遍历当前二叉树的全部节点
public int getHeight(Node<T> parent){ }      //求当前二叉树的深度
}
```

2．算法的实现

算法的实现依赖于具体的存储结构，当二叉树采用不同的存储结构时，上述各种操作的实现算法是不同的。算法 5-1～算法 5-4 所示为上述操作基于二叉链表存储结构的实现算法。

【算法 5-1：建立一棵空二叉树】

```
public BinaryTree()
{
        this.root = new Node<T>();   //创建根节点，该节点的数据域为空
}
```

【算法 5-2：生成一棵二叉树】

```
public BinaryTree(T x)      //创建一棵以数据元素 x 为根节点的二叉树
{
        this.root = new Node<T>(x);
}
```

【算法 5-3：向二叉树中插入一个左孩子节点】

```
//在当前二叉树的 parent 节点中插入一个新的左孩子节点，若已存在左子树，则将该左子树变成新左孩子节点的左子树
public boolean insertLeft(T x, Node<T> parent)
{
        if(parent==null)        return false;
        Node<T> p= new Node<T>(x);        //创建一个新节点
        if(parent.lChild==null)      //将新节点直接设置为父节点的左孩子节点
                parent.lChild = p;       //将新节点直接设置为父节点的左孩子节点
        else
        {
                //先将父节点原来的左子树设置为新节点的左子树
                p.lChild = parent.lChild;
                //再将新节点设置为父节点的左孩子节点
                parent.lChild = p;
        }
        return true;
}
//注意，若要执行本操作，则必须先确定插入位置，即 parent 节点
```

【课堂练习】　请读者自己实现 insertRight(T x, Node<T> parent)。

【算法 5-4：删除二叉树的左子树】

```
//删除当前二叉树的 parent 节点中的左子树
public boolean deleteLeft(Node<T> parent)
{
        if(parent==null)        return false;
        else
        {
                parent.lChild=null;
                return true;
        }
}
```

【课堂练习】　请读者自己实现 deleteRight(Node<T> parent)。

5.3　二叉树遍历

5.3.1　二叉树遍历基本概念

二叉树遍历

二叉树遍历是指按照某种顺序访问二叉树中的每个节点，使每个节点被访问一次且仅被访问一次。

遍历是二叉树中经常要用到的一种操作。因为在实际应用中，常常需要按一定顺序对二叉树中的每个节点逐个进行访问，查找具有某一特点的节点，然后对这些满足条件的节点进行处理。

通过一次完整的遍历，可使二叉树中节点信息由非线性序列变为某种意义上的线性序列。也就是说，遍历操作使非线性结构线性化。

由二叉树的定义可知，一棵二叉树由根节点、根节点的左子树和根节点的右子树 3 部分组成。因此，只要依次遍历这 3 部分，就可以遍历整个二叉树。若以 D、L、R 分别表示访问根节点、遍历根节点的左子树、遍历根节点的右子树，则二叉树的遍历方式有 6 种：DLR、LDR、LRD、DRL、RDL 和 RLD。如果限定先左后右，则只有前 3 种遍历方式，即 DLR（称为前序遍历）、LDR（称为中序遍历）和 LRD（称为后序遍历）。

1．前序遍历

前序遍历的递归过程为：若二叉树为空，遍历结束，否则进行如下操作。

（1）访问根节点。

（2）前序遍历根节点的左子树。

（3）前序遍历根节点的右子树。

图 5.13（a）所示的二叉树的前序遍历过程如图 5.13（b）所示。首先访问根节点 A，其次访问 A 的左子树的根 B，B 的左子树为空，再次访问其右子树的根 D，D 的左、右子树为空，最后访问 A 的右子树 C，C 的左、右子树为空，遍历结束，该树的前序遍历序列为 $ABDC$。

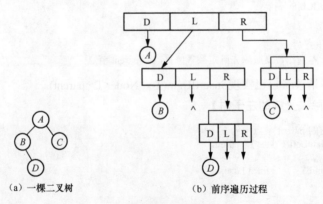

（a）一棵二叉树　　　　　　　　　（b）前序遍历过程

图 5.13　前序遍历过程

前序遍历二叉树的递归算法如算法 5-5 所示。

【算法 5-5：前序遍历二叉树】

```
public void preorder(Node<T> node)
```

```
{
    if(node==null) return;
    else
    {
        visit(node.getData());      //访问根节点
        preOrder(node.lChild);      //前序遍历左子树
        preOrder(node.rChild);      //前序遍历右子树
    }
}
```

注意，上述代码中的 visit 代表对某个节点进行访问，调试程序时要根据需要将它替换成相应的方法，例如替换成"System.out.println"，表示直接输出该节点的数据值。后文的 visit 类同，不赘述。

对于图 5.13（a）所示的二叉树，算法的执行过程如下。

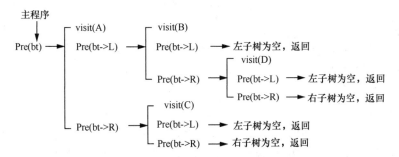

对于图 5.5（b）所示的二叉树，按前序遍历得到的节点序列为：

$$A\ B\ D\ H\ C\ E\ F$$

2．中序遍历

中序遍历的递归过程为：若二叉树为空，遍历结束，否则进行如下操作。

（1）中序遍历根节点的左子树。

（2）访问根节点。

（3）中序遍历根节点的右子树。

图 5.14（a）所示的二叉树的中序遍历过程如图 5.14（b）所示。先遍历根节点 A 的左子树 B，B 没有左子树，则访问根 B，然后遍历 B 的右子树，其右子树 D 的左子树为空，则访问根 D，D 的右子树为空，根节点 A 的左子树遍历结束；访问根节点 A；遍历 A 的右子树，其右子树 C 的左子树为空，访问根 C，C 的右子树为空，遍历结束。该树的中序遍历序列为 $BDAC$。

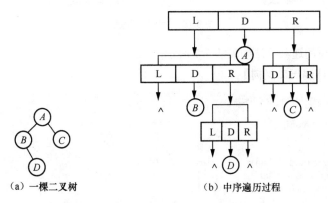

（a）一棵二叉树　　　　　　　　（b）中序遍历过程

图 5.14　中序遍历过程

中序遍历二叉树的递归算法如算法 5-6 所示。

【算法 5-6：中序遍历二叉树】

```
public void inorder(Node<T> node)
{
        if(node==null) return;
        else
        {
                inorder(node.lChild);    //中序遍历左子树
                visit(node.getData());   //访问根节点
                inorder(node.rChild);    //中序遍历右子树
        }
}
```

对于图 5.5（b）所示的二叉树，按中序遍历得到的节点序列为：

$$D\ H\ B\ A\ E\ C\ F$$

3．后序遍历

后序遍历的递归过程为：若二叉树为空，遍历结束，否则进行如下操作。

（1）后序遍历根节点的左子树。

（2）后序遍历根节点的右子树。

（3）访问根节点。

图 5.15（a）所示的二叉树的后序遍历过程如图 5.15（b）所示。先遍历根节点 A 的左子树 B，B 没有左子树，遍历其右子树 D，D 没有左、右子树，则访问根 D，然后访问 D 的根 B；接下来遍历 A 的右子树，其右子树 C 的左、右子树都为空，则访问根 C；最后访问根节点 A，遍历结束，该树的后序遍历序列为 DBCA。

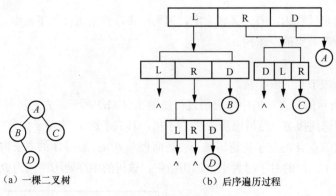

（a）一棵二叉树　　　　　　（b）后序遍历过程

图 5.15　后序遍历过程

后序遍历二叉树的递归算法如算法 5-7 所示。

【算法 5-7：后序遍历二叉树】

```
public void postorder(Node<T> node)
{
        if(node==null) return;
        else
        {
                postorder(node.lChild);    //后序遍历左子树
                postorder(node.rChild);    //后序遍历右子树
                visit(node.getData());     //访问根节点
        }
}
```

对于图 5.5（b）所示的二叉树，按后序遍历得到的节点序列为：

$$HDBEFCA$$

4．层次遍历

所谓二叉树的层次遍历，是指从二叉树的第一层（根节点）开始，从上至下逐层遍历，在同一层中，则按从左至右的顺序对节点逐个访问。对于图 5.5（b）所示的二叉树，按层次遍历得到的结果序列为：

$$ABCDEFH$$

下面讨论层次遍历的算法。

由层次遍历的定义可以推知，在进行层次遍历时，对一层节点访问完后，再按照它们的访问次序对各个节点的左孩子和右孩子顺序访问，一层一层地进行，先遇到的节点先访问。这与队列的操作原则比较吻合。因此，在进行层次遍历时，可设置一个队列结构，遍历从二叉树的根节点开始，首先将根节点入队，然后从队头取出一个元素，每取一个元素，执行下面两个操作。

（1）访问该元素所指节点。

（2）若该元素所指节点的左、右孩子节点非空，则将该元素所指节点的左孩子节点和右孩子节点按顺序入队。

此过程不断进行，当队列为空时，二叉树的层次遍历结束。

在算法 5-8 所示的层次遍历算法中，二叉树以二叉链表的形式存放，使用 Node 型的一维数组 queue 来表示队列，变量 front 和 rear 分别表示当前队首元素和队尾元素在数组中的位置。

【算法 5-8：逐层遍历二叉树】

```
public void levelOrder()
{
    Node<T>[] queue= new Node[this.maxNodes];//构造一个队列
    int front,rear;                //队首指针、队尾指针
    if (this.root==null) return;
    front=-1;          //队列暂时为空，队首指针不指向任何一个数组元素
    rear=0;            //队列暂时为空，队尾指针指向第一个数组元素
    queue[rear]=this.root;         //二叉树的根节点入队
    while(front!=rear)
    {
        front++;
        visit(queue[front].getData());       /*访问队首节点的数据域*/
        /*将队首节点的左孩子节点入队*/
        if (queue[front].lChild!=null)
        {
            rear++;
            queue[rear]=queue[front].lChild;
        }
        /*将队首节点的右孩子节点入队*/
        if (queue[front].rChild!=null)
        {
            rear++;
            queue[rear]=queue[front].rChild;
        }
    }
}
```

注意，在调试本例代码时，请务必在 BinaryTree 类中添加成员变量 maxNodes 的定义，例如以下代码。

```
private final int maxNodes=100;
```

按各种方式遍历二叉树算法如算法 5-9 所示。

【算法 5-9：遍历二叉树】

```
//按指定方式遍历二叉树
```

```
//i=0 表示前序遍历，i=1 表示中序遍历，i=2 表示后序遍历，i=3 表示层次遍历
public void traversal(int i)
{
    switch(i)
    {
        case 0: preorder(this.root);break;
        case 1: inorder(this.root);break;
        case 2: postorder(this.root);break;
        default: levelorder();
    }
}
```

【思考】　二叉树的遍历操作可以用来顺序访问树中的每个节点，也可以用来查询特定的数据元素。请使用前序遍历、中序遍历或后序遍历的思想实现二叉树的基本操作 search(T,x)，当查找到数据元素 x 时返回 true，否则返回 false。

5．求二叉树的深度

二叉树为空，则其高度为 0，否则其左、右子树高度的最大值加 1。显然，图 5.16 所示的二叉树的深度为 4。

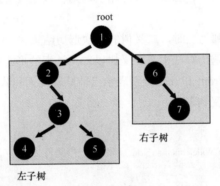

图 5.16　二叉树的深度

求二叉树的深度的算法如算法 5-10 所示。

【算法 5-10：求二叉树的深度】

```
//使用后序遍历法计算二叉树的深度
//当 parent 为 root 时，即可计算出当前二叉树的深度
public int getHeight(Node<T> parent)
{
    int lh, rh, max;
    if(parent != null)
    {
        lh = getHeight(parent.lChild);    //求左子树的深度
        rh = getHeight(parent.rChild);    //求右子树的深度
        max = lh>rh? lh : rh;
        return max+1;
    }
    else    return 0;
}
```

5.3.2　线索二叉树

1．线索二叉树的定义

按照某种遍历方式对二叉树进行遍历，可以把二叉树中所有节点排列为一个线性序列。在该序列中，除第一个节点外，每个节点有且仅有一个直接前驱节点；除最后一个节点外，每个节点有且仅有一个直接后继节点。但是，二叉树中每个节点在这个序列中的直接前驱节点和直接后继

节点是什么，在二叉树的存储结构中并没有反映出来，只能在二叉树遍历的动态过程中得到这些信息。为了保留节点在某种遍历序列中直接前驱和直接后继的位置信息，可以利用二叉树的二叉链表存储结构中的空指针域来指示。这些指向直接前驱节点和指向直接后继节点的指针被称为**线索**（Thread），加了线索的二叉树称为**线索二叉树**。

线索二叉树将为二叉树的遍历提供许多方便。

2．线索二叉树的结构

一个具有 n 个节点的二叉树若采用二叉链表存储结构，在 $2n$ 个指针域中只有 $n-1$ 个指针域用来存储孩子节点的引用，而另外 $n+1$ 个指针域存放的都是 null。为此，可以利用某节点空的左指针域（lchild）指出该节点在某种遍历序列中的直接前驱节点的存储位置，利用节点空的右指针域（rchild）指出该节点在某种遍历序列中的直接后继节点的存储位置。对于那些非空的指针域，则仍然存放指向该节点左、右孩子的指针。这样，就得到了一棵线索二叉树。

序列可以通过不同的遍历方法得到，因此，线索树有前序线索二叉树、中序线索二叉树和后序线索二叉树 3 种。把二叉树改造成线索二叉树的过程称为线索化。

那么，如何区别某节点的指针域内存放的是指针还是线索？一般通过为每个节点增设两个标志位域 ltag 和 rtag 来实现。

令：

$$ltag=\begin{cases}0, \text{lchild指向节点的左孩子}\\1, \text{lchild指向节点的直接前驱节点}\end{cases}$$

$$rtag=\begin{cases}0, \text{rchild指向节点的右孩子}\\1, \text{rchild指向节点的直接后继节点}\end{cases}$$

每个标志位令其只占一位，这样就只需增加很少的存储空间。这样节点的结构如图 5.17 所示。

图 5.17　线索二叉树中节点的结构

为了将二叉树中所有空指针域都利用上，以及操作便利的需要，在存储线索二叉树时往往增设一个头节点，其结构与其他线索二叉树的节点结构一样，只是其数据域不存放信息，其左指针域指向二叉树的根节点，右指针域指向自己。而原二叉树在某种遍历下的第一个节点的前驱线索和最后一个节点的后继线索都指向该头节点。

对图 5.5（b）所示的二叉树进行线索化，得到前序线索二叉树、中序线索二叉树和后序线索二叉树分别如图 5.18（a）~图 5.18（c）所示。图中实线表示指针，虚线表示线索。

5.3.3　线索二叉树的基本操作实现

在线索二叉树中，节点的结构可以定义为如下形式.

```
public class ClueNode<T> {
    private T data;
    public ClueNode<T> lChild;
    public ClueNode<T> rChild;
    public boolean ltag;
    public boolean rtag;
    //……　其他代码
}
```

在线索二叉树中，树的结构可以定义为如下形式。

```
class ClueBinaryTree<T>
{
    public ClueNode<T> head;

    public ClueBinaryTree()      //创建一棵含头节点的线索二叉树
    {
        this.head = new ClueNode<T>();
    }
    //……   其他代码
}
```

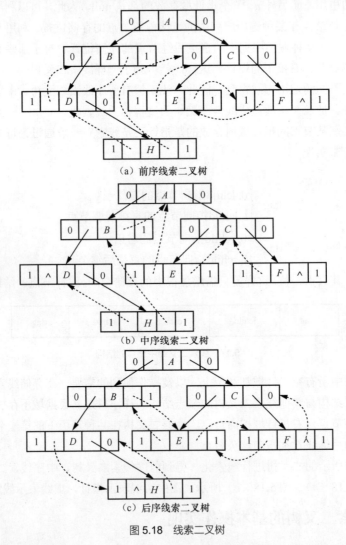

（a）前序线索二叉树

（b）中序线索二叉树

（c）后序线索二叉树

图 5.18　线索二叉树

下面以中序线索二叉树为例，讨论线索二叉树的建立、线索二叉树的遍历以及在线索二叉树上查找前驱节点、查找后继节点、插入节点和删除节点等操作的实现算法。

1．建立一棵中序线索二叉树

建立线索二叉树，或者说对二叉树线索化，实质上就是遍历一棵二叉树。在遍历过程中，访问节点的操作是检查当前节点的左、右指针域是否为空，如果为空，将它们改为指向前驱节点或后继节点的线索。为实现这一过程，设指针 pre 始终指向刚刚访问过的节点，即若指针 p 指向当前节点，则 pre 指向它的前驱节点，以便增设线索。

另外，在对一棵二叉树加线索时，必须首先分配一个头节点，建立头节点与二叉树的根节点的指向关系，将二叉树线索化后，还需建立最后一个节点与头节点之间的线索。

建立中序线索二叉树的递归算法如算法 5-11、算法 5-12 所示。

【算法 5-11：启动二叉树线索化】

```
/*通过中序遍历对本二叉树开始线索化*/
public boolean   startInThreading()
{
    if (head==null)   return false;
    //设置 head 节点为头节点，其左子节点指向根节点
    head.ltag = false ; head.rtag = true ;
    head.rChild= head;        //右指针回指
    if (head.lChild ==null)
        head.lChild = head;    /*若二叉树为空，则左指针回指*/
    else
    {
        pre = head;                 //设置默认的前驱节点
        inThreading(head);   //按中序遍历进行中序线索化
        pre.rChild = head;    pre.rtag= true;    /*最后一个节点线索化*/
    }
    return true;
}
```

【算法 5-12：通过中序遍历完成二叉树线索化】

```
public void inThreading(ClueNode<T> node)
{
    if(node==null) return;
    inThreading(node.lChild);    //左子树线索化
    if (node.lChild == null)    /*设置前驱线索*/
    {
        node.ltag = true;
        node.lChild = pre;
    }
    if (pre.rChild==null)       /*设置后继线索*/
    {
            pre.rtag=true;
            pre.rChild=node;
    }
    pre = node;                 //设置当前节点为前驱节点
    inThreading(node.rChild);    /*右子树线索化*/
}
```

注意，在调试上述代码时必须在线索二叉树 ClueBinaryTree 类中添加成员变量 pre 的定义，例如 private ClueNode<T> pre;。

2．在中序线索二叉树上查找任意节点的中序前驱节点

对于中序线索二叉树上的任一节点，寻找其中序的前驱节点，有以下两种情况。

（1）如果该节点的左标志为 1，那么其左指针域指向的节点便是它的前驱节点。

（2）如果该节点的左标志为 0，表明该节点有左孩子，根据中序遍历的定义，它的前驱节点是以该节点的左孩子为根节点的子树的最右节点，即沿着其左子树的右指针链向下查找，当某节点的右标志为 1 时，它就是要找的前驱节点。

在中序线索二叉树上寻找节点 node 的中序前驱节点的算法如算法 5-13 所示。

【算法 5-13：在中序线索二叉树上寻找中序前驱节点】

```
/*在中序线索二叉树上寻找节点 node 的中序前驱节点*/
public ClueNode<T> searchPreNode(ClueNode<T> node)
{
        ClueNode<T> q = node.lChild;
```

```
        if (!node.ltag)
            while (!q.rtag) q=q.rChild;
        return q;
    }
```

3．在中序线索二叉树上查找任意节点的中序后继节点

对于中序线索二叉树上的任一节点，寻找其中序的后继节点，有以下两种情况。

（1）如果该节点的右标志为 1，那么其右指针域指向的节点便是它的后继节点。

（2）如果该节点的右标志为 0，表明该节点有右孩子，根据中序遍历的定义，它的后继节点是以该节点的右孩子为根节点的子树的最左节点，即沿着其右子树的左指针链向下查找，当某节点的左标志为 1 时，它就是要找的后继节点。

在中序线索二叉树上寻找节点 node 的中序后继节点的算法如算法 5-14 所示，根据中序线索输出二叉树的算法如算法 5-15 所示。

【算法 5-14：在中序线索二叉树上寻找中序后继节点】

```
/*在中序线索二叉树上寻找节点 node 的中序后继节点*/
public ClueNode<T> searchPostNode(ClueNode<T> node)
{
    ClueNode<T> q = node.rChild;
    if (!node.rtag)
        while (!q.rtag) q=q.lChild;
    return q;
}
```

【算法 5-15：根据中序线索输出二叉树】

```
/*根据中序线索按中序序列逐个输出二叉树的数据元素*/
public void display()
{
    ClueNode<T> node = head.lChild;
    if(node == null) return;      //若二叉树为空，则终止输出
    while(!node.ltag)      //寻找中序序列的首节点
            node = node.lChild;
    do
    {
        if(node !=null)          output(node.getData());
        node = searchPostNode(node);    //查找后继节点
    }
    while(node.rChild!=head);
}
```

注意，调试以上代码时请根据需求替换 output 函数，例如替换成 System.out.print。

以上给出的仅是在中序线索二叉树中寻找某节点的前驱节点和后继节点的算法。在前序线索二叉树中寻找节点的后继节点以及在后序线索二叉树中寻找节点的前驱节点可以采用同样的方法分析和实现，在此就不再讨论了。

5.4　树和森林

5.4.1　树的存储方式

在计算机中，树的存储方式有多种，既可以采用顺序存储结构，也可以采用链式存储结构，但无论采用何种存储方式，都要求存储结构不但能存储各节点本身的信息，还要能唯一地反映树中各节点之间的逻辑关系。下面介绍几种基本的树的存储方式。

1．双亲表示法

由树的定义可知，树中的每个节点都有唯一的双亲节点，根据这一特性，可用一组连续的存储空间（一维数组）存储树中的各个节点，数组中的一个元素表示树中的一个节点，其中包括节点本身的信息以及节点的双亲节点在数组中的序号，树的这种存储方式称为**双亲表示法**。

图 5.1（a）所示树的双亲表示法如图 5.19 所示。图中用 parent 域的值为–1 表示该节点无双亲节点，即该节点是一个根节点。

树的双亲表示法对于实现 getParent(x)操作和 getRoot()操作很方便，但若求某节点的孩子节点，即实现 getChild(x)操作时，则需要查询整个数组。此外，这种存储方式不能反映各兄弟节点之间的关系，所以实现 getNextSibling(x)操作也比较困难。在实际中，如果需要实现这些操作，可在节点结构中增设存放第一个孩子的域和存放第一个右兄弟的域。

序号	data	parent
0	A	–1
1	B	0
2	C	0
3	D	1
4	E	1
5	F	1
6	G	2
7	H	4
8	I	4

图 5.19　图 5.1（a）所示树的双亲表示法

2．孩子链表表示法

孩子链表表示法是将树按图 5.20 所示的形式存储。其主体是一个与节点个数一样大小的一维数组，数组的每一个元素由两个域组成，一个用来存放节点信息，另一个用来存放该节点孩子组成的单链表的引用。单链表的结构也由两个域组成，一个用于存放孩子节点在一维数组中的序号，另一个是指针域，指向下一个孩子。

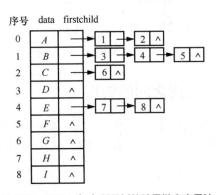

图 5.20　图 5.1（a）所示树的孩子链表表示法

在孩子链表表示法中查找双亲比较困难，查找孩子却十分方便，故适用于对孩子操作多的应用。

3．双亲孩子表示法

双亲孩子表示法是将双亲表示法和孩子链表表示法结合的结果。其仍将各节点的孩子节点分别组成单链表，同时用一维数组顺序存储树中的各节点。数组元素除了包括节点本身的信息和该节点的孩子节点链表的头指针之外，还包括一个域，存储该节点的双亲节点在数组中的序号。

图 5.21 为图 5.1（a）所示树采用这种表示法的存储示意。

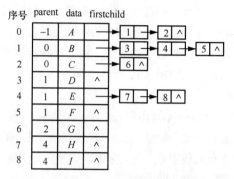

图 5.21 图 5.1（a）所示树的双亲孩子表示法

4．孩子兄弟表示法

这是一种常用的存储方式。其方法是这样的：在树中，每个节点除其信息域外，再增加两个分别指向该节点的第一个孩子节点和下一个兄弟节点的指针。在这种存储方式下，树中节点的存储表示可用以下代码描述。

```java
class TreeNode<T>
{
    private T data;
    TreeNode<T>  son;            //指向孩子节点
    TreeNode<T>  nextSibling;    //指向下一个兄弟节点
}
```

图 5.22 是图 5.1（a）所示的树采用孩子兄弟表示法时的示意。

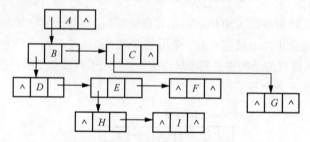

图 5.22 图 5.1（a）所示树的孩子兄弟表示法

5.4.2 树和森林与二叉树之间的转换

从树的孩子兄弟表示法中可以看到，如果设定一定规则，就可用二叉树结构表示树和森林，这样，对树的操作实现就可以借助二叉树，利用二叉树上的操作来实现。本节将讨论树和森林与二叉树之间的转换方法。

1．将树转换为二叉树

对于一棵无序树，树中节点的各孩子的顺序是无关紧要的，而二叉树中节点的左、右子节点是有区别的。为避免发生混淆，我们约定树中每一个节点的子节点按从左到右的顺序编号。图 5.23 所示的一棵树，根节点 A 有 B、C、D 这 3 个孩子，可以认为节点 B 为 A 的第一个孩子节点，节点 C 为 A 的第二个孩子节点，节点 D 为 A 的第三个孩子节点。

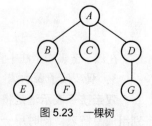

图 5.23 一棵树

将一棵树转换为二叉树的方法如下。

（1）树中所有相邻兄弟之间加连线。

（2）对树中的每个节点，只保留它与第一个孩子节点之间的连线，删去它与其他孩子节点之间的连线。

（3）以树的根节点为轴心，将整棵树顺时针转动一定的角度，使之结构层次分明。

可以证明，树做这样的转换构成的二叉树是唯一的。图 5.24 给出了图 5.23 所示树转换为二叉树的过程。

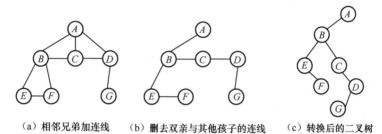

（a）相邻兄弟加连线　　（b）删去双亲与其他孩子的连线　　（c）转换后的二叉树

图 5.24　图 5.23 所示树转换为二叉树的过程

由上面的转换可以看出，在二叉树中，左分支上的各节点在原来的树中是父子关系，而右分支上的各节点在原来的树中是兄弟关系。由于树的根节点没有兄弟，所以转换后的二叉树的根节点的右孩子必为空。

事实上，一棵树采用孩子兄弟表示法建立的存储结构与它对应的二叉树的二叉链表存储结构是完全相同的。

2．将森林转换为二叉树

由森林的概念可知，森林是若干棵树的集合，只要将森林中各棵树的根视为兄弟，每棵树又可以用二叉树表示，这样，森林同样可以用二叉树表示。

将森林转换为二叉树的方法如下。

（1）将森林中的每棵树转换成相应的二叉树。

（2）第一棵二叉树不动，从第二棵二叉树开始，依次把后一棵二叉树的根节点作为前一棵二叉树根节点的右孩子，当所有二叉树连起来后，此时得到的二叉树就是由森林转换得到的二叉树。

图 5.25 给出了森林及其转换为二叉树的过程。

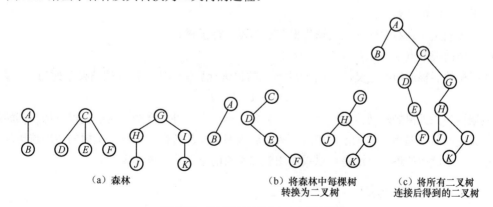

（a）森林　　　　　　　（b）将森林中每棵树　　　（c）将所有二叉树
　　　　　　　　　　　转换为二叉树　　　　　　连接后得到的二叉树

图 5.25　森林及其转换为二叉树的过程

3．将二叉树转换为树和森林

树和森林都可以转换为二叉树，二者不同的是由树转换成的二叉树，其根节点无右分支，而由森林转换成的二叉树，其根节点有右分支。显然这一转换过程是可逆的，即可以根据二叉树的根节点有无右分支，将一棵二叉树还原为树或森林，具体方法如下。

（1）若某节点是其双亲的左孩子，则把该节点的右孩子、右孩子的右孩子……都与该节点的双亲节点用线连起来。

（2）删去原二叉树中所有的双亲节点与右孩子节点的连线。

（3）整理由（1）、（2）两步得到的树或森林，使之结构层次分明。

图 5.26 所示为一棵二叉树还原为森林的过程。

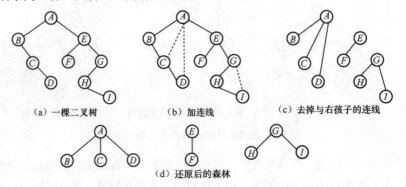

图 5.26　一棵二叉树还原为森林的过程

5.4.3　树的遍历

树的遍历通常有以下两种方式。

1．先根遍历

先根遍历的定义如下。

（1）访问根节点。

（2）按照从左到右的顺序先根遍历根节点的每一棵子树。

按照树的先根遍历的定义，对图 5.23 所示的树进行先根遍历，得到的结果序列为：

$$A\ B\ E\ F\ C\ D\ G$$

2．后根遍历

后根遍历的定义如下。

（1）按照从左到右的顺序后根遍历根节点的每一棵子树。

（2）访问根节点。

按照树的后根遍历的定义，对图 5.23 所示的树进行后根遍历，得到的结果序列为：

$$E\ F\ B\ C\ G\ D\ A$$

根据树与二叉树的转换关系以及树和二叉树的遍历定义可以推知，树的先根遍历与其转换的相应二叉树的前序遍历的结果序列相同，树的后根遍历与其转换的相应二叉树的中序遍历的结果序列相同。因此树的遍历算法是可以采用相应二叉树的遍历算法来实现的。

5.4.4　森林的遍历

森林的遍历有前序遍历和中序遍历两种方式。

1．前序遍历

前序遍历的定义如下。

（1）访问森林中第一棵树的根节点。

（2）前序遍历第一棵树的根节点的子树。

（3）前序遍历去掉第一棵树后的子森林。

对于图 5.25（a）所示的森林进行前序遍历，得到的结果序列为：

$$A B C D E F G H J I K$$

2．中序遍历

中序遍历的定义如下。

（1）中序遍历第一棵树的根节点的子树。

（2）访问森林中第一棵树的根节点。

（3）中序遍历去掉第一棵树后的子森林。

对于图 5.25（a）所示的森林进行中序遍历，得到的结果序列为：

$$B A D E F C J H K I G$$

根据森林与二叉树的转换关系以及森林和二叉树的遍历定义可以推知，森林的前序遍历和中序遍历与转换的二叉树的前序遍历和中序遍历的结果序列相同。

5.5　二叉树的应用：哈夫曼树与哈夫曼编码

5.5.1　哈夫曼树

哈夫曼（Huffman）树也称最优二叉树，是指对于一组带有确定权值的叶子节点，构造的具有最小带权路径长度的二叉树。

那么什么是二叉树的带权路径长度呢？

前面我们介绍过路径和节点的路径长度的概念，而二叉树的路径长度是指由根节点到所有叶子节点的路径长度之和。如果二叉树中的叶子节点都具有一定的权值，则可将这一概念推广。设二叉树具有 n 个带权值的叶子节点，那么从根节点到各个叶子节点的路径长度与相应节点权值的乘积之和叫作**二叉树的带权路径长度**，记为 $\mathrm{WPL} = \sum_{k=1}^{n} W_k \times L_k$。

其中，W_k 为第 k 个叶子节点的权值，L_k 为第 k 个叶子节点的路径长度。图 5.27 所示的带权二叉树，它的带权路径长度值 WPL=2×2+4×2+5×2+3×2=28。

图 5.27　一个带权二叉树

给定一组具有确定权值的叶子节点，可以构造出不同的带权二叉树。例如，给出 4 个叶子节点，设其权值分别为 1、3、5、7，我们可以构造出形状不同的多个二叉树。这些形状不同的二叉树的带权路径长度各不相同。图 5.28 给出了其中 5 棵不同形状的二叉树。

这 5 棵树的带权路径长度分别为：

（1）WPL=1×2+3×2+5×2+7×2=32；

（2）WPL=1×3+3×3+5×2+7×1=29；

（3）WPL=1×2+3×3+5×3+7×1=33；

（4）WPL=7×3+5×3+3×2+1×1=43；

（5）WPL=7×1+5×2+3×3+1×3=29。

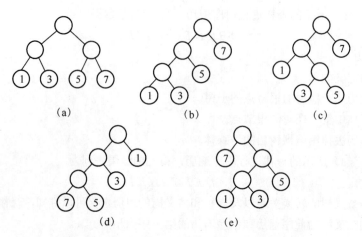

图 5.28　具有相同叶子节点和不同带权路径长度的二叉树

由此可见，由相同权值的一组叶子节点构成的二叉树有不同的形态和不同的带权路径长度，那么如何找到带权路径长度最小的二叉树即哈夫曼树呢？根据哈夫曼树的定义，一棵二叉树要使其 WPL 值最小，必须使权值大的叶子节点靠近根节点，而权值小的叶子节点远离根节点。哈夫曼根据这一特点提出了一种方法，被称为哈夫曼方法，其基本思想如下。

（1）把所有包含权值的数据元素全部看成离散的叶子节点，并组成节点集合。

（2）从集合中选取权值最小和次小的两个叶子节点作为左、右子树构造一棵新的二叉树，该二叉树的根节点的权值为其左、右子树根节点权值之和。

（3）从集合中剔除刚选取过的作为左、右子树的两个叶子节点，并将新构建的二叉树的根节点加入所有集合。

（4）重复（2）（3）两步，当集合中只剩下一个节点时，该节点就是要建立的哈夫曼树的根节点。

图 5.29 所示为前面提到的叶子节点权值集合为 $W=\{1,3,5,7\}$ 的哈夫曼树的构造过程。可以计算出其带权路径长度为 29，由此可见，对于同一组给定叶子节点构造的哈夫曼树，树的形状可能不同，但带权路径长度值是相同的，且一定是最小的。

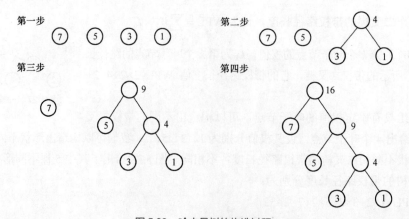

图 5.29　哈夫曼树的构造过程

5.5.2　哈夫曼树的构造算法

在构造哈夫曼树时，可以设置一个结构数组哈夫曼 Node 保存哈夫曼树中各节点的信息。根据二叉树的性质可知，具有 n 个叶子节点的哈夫曼树共有 $2n-1$ 个节点，所以数组哈夫曼 Node 的大小设置为 $2n-1$，数组元素的结构如图 5.30 所示。

data	weight	lchild	parent	rchild

图 5.30　数组元素的结构

其中，data 域保存数据元素，weight 域保存节点的权值，lchild 域和 rchild 域分别保存该节点的左、右孩子节点在哈夫曼 Node 数组中的序号，从而建立起节点之间的关系。为了判定一个节点是否已加入要建立的哈夫曼树，可使用 parent 域的值。初始 parent 的值为 0，当将节点加入树时，该节点 parent 的值为其双亲节点在数组哈夫曼 Node 中的序号，就不会是 0 了。

构造哈夫曼树时，首先将由 n 个数据形成的 n 个叶子节点存放到哈夫曼 Node 数组的前 n 个分量中，然后根据前面介绍的哈夫曼方法的基本思想，不断将两个较小的子树合并为一个较大的子树，每次构成的新子树的根节点按顺序放到哈夫曼 Node 数组中的前 n 个分量的后面。

哈夫曼树的构造算法如算法 5-16 所示。

【算法 5-16：哈夫曼树的构造】

```
//定义哈夫曼树的节点
class 哈夫曼 Node<T>
{
    private T data;              //数据元素
    public double weight;       //权重
    public int parent;
    public int lchild;
    public int rchild;
    //创建不带数据值的离散节点，即叶子节点，无左、右孩子并标记为-1
    public 哈夫曼 Node()          //构造函数
    {
        data = null; weight = 0.0;
        parent = 0; lchild = -1; rchild = -1;
    }
    //创建带数据值的离散节点，即叶子节点，无左、右孩子并标记为-1
    public 哈夫曼 Node(T x, double w)   //构造函数
    {
        data = x; weight = w;
        parent = 0; lchild = -1; rchild = -1;
    }
    public T getData()
    {
        return data;
    }
}
//定义哈夫曼树
class 哈夫曼 Tree<T>
{
    private final int maxSize = 100;
    public 哈夫曼 Node<T>[] nodes;    //哈夫曼树的各节点
    public int length;      //有效节点个数

    public 哈夫曼 Tree()    //初始化哈夫曼树
    {
        nodes = new 哈夫曼 Node[maxSize];
        length = 0;
    }

    //从所有离散的节点中选择权重最小的节点并返回其位置编号
    //如果该节点不存在，则返回-1
    private int selectMini()
```

```
            {
                    int    t= -1;

                    //寻找第一个离散的节点
                    for(int i=0;i< this.length; i++)
                    {
                            if(nodes[i].parent==0)
                            {
                                    t = i;
                                    break;
                            }
                    }
                    //寻找权重最小的离散节点
                    for(int i=0; i< this.length; i++)
                    {
                            if(nodes[i].parent==0 && nodes[t].weight > nodes[i].weight)
                            {
                                    t = i;
                            }
                    }
                    /*将权重最小的离散节点的双亲设置为-1，表示已选中该节点，
                        以避免选择权重次小的节点时重复选中该节点*/
                    if(t!=-1) nodes[t].parent = -1;
                    return t;
            }
            //创建哈夫曼树
            public void create()
            {
                    int first = -1;
                    int second = -1;
                    do{
                            first = selectMini();   //选取权重最小的节点
                            second = selectMini(); //选取权重次小的节点
                            //若存在两个权重最小的节点，则把这两个节点构造为二叉树
                            if(second !=-1)
                            {
                                    double wight = nodes[first].weight + nodes[second].weight;
                                    //构造新二叉树的根节点，其权重为左、右孩子节点权重之和
                                    哈夫曼 Node<T> node = new  哈夫曼 Node<T>(null,wight);
                                    node.lchild = first;    //权重最小的节点成为左孩子
                                    node.rchild = second;   //权重次小的节点成为右孩子
                                    nodes[length] = node;   //将新节点添加到哈夫曼树中
                                    nodes[first].parent = length;      //设置左子树的双亲
                                    nodes[second].parent = length;  //设置右子树的双亲
                                    length ++;
                            }
                    }while(second != -1);
            }
    }
```

【思考】　根据上述代码创建的哈夫曼树的根节点的 parent 值为多少？

5.5.3　哈夫曼编码

在数据通信中，经常需要将传送的字符转换成由二进制数 0、1 组成的二进制串，我们称之为编码。例如，假设要传送的电文为 ABACCDA，电文中只含有 A、B、C、D 这 4 种字符，若这 4 种字符采用表 5.1 的第 1 种编码方案，则电文的代码为 000010000100100111000，长度为 21。在传送电文时，我们总是希望传送时间尽可能短，这就要求电文代码尽可能短。显然，使用这种编码方案产生的电文代码不够短。如果用表 5.1 所示的第 2 种编码方案对上述电文进行编码，建立的代码为 00010010101100，长度为 14。在这种编码方案中，4 种字符的编码均为两位，是一种等长编码。如果在编码时考虑字符出现的频率，让出现频率高的字符采用尽可能短的编码，出现频

率低的字符采用稍长的编码，构造一种不等长编码，则电文的代码可能更短。如果字符 A、B、C、D 采用表 5.1 所示的第 3 种编码方案，上述电文的代码为 0110010101110，长度仅为 13。

哈夫曼树可用于构造使电文代码总长最短的编码方案。具体做法如下：先将需要编码的字符保存到哈夫曼 Node 的 data 数据域中，再将字符在电文中出现的次数或频率保存到 weight 权重域中，每个字符及其频率组成离散节点。需要编码的所有字符及频率首先组成哈夫曼 Tree 的节点数组 nodes，然后将所有节点看作二叉树的叶子节点，调用前文的 create()方法，即可根据权重值构造一棵哈夫曼树。最后，我们规定哈夫曼树中的左分支代表 0，右分支代表 1，这样从根节点到每个叶子节点经过的路径分支组成的 0 和 1 的序列便为该节点对应字符的编码，我们称之为哈夫曼编码。

在哈夫曼树中，树的带权路径长度的含义是各个字符的码长与其出现次数的乘积之和，也就是电文的代码总长，所以采用哈夫曼树构造的编码是一种能使电文代码总长最短的不等长编码。

在建立不等长编码时，必须使任何一个字符的编码都不是另一个字符编码的前缀，这样才能保证译码的唯一性。例如表 5.1 所示的第 4 种编码方案，字符 A 的编码 01 是字符 B 的编码 010 的前缀部分，这样代码串 0101001，既是 AAC（01 01 001）的代码，也是 ABA（01 010 01）和 BDA（010 10 01）的代码，因此，这样的编码不能保证译码的唯一性，我们称这种译码为具有二义性的译码。

表 5.1 字符的 4 种不同的编码方案

第 1 种编码方案		第 2 种编码方案		第 3 种编码方案		第 4 种编码方案	
字符	编码	字符	编码	字符	编码	字符	编码
A	000	A	00	A	0	A	01
B	010	B	01	B	110	B	010
C	100	C	10	C	10	C	001
D	111	D	11	D	111	D	10

然而，采用哈夫曼树进行编码不会产生上述二义性问题。因为在哈夫曼树中，每个字符节点都是叶子节点，它们不可能在根节点到其他字符节点的路径上，所以一个字符的哈夫曼编码不可能是另一个字符的哈夫曼编码的前缀，从而保证了译码的非二义性。

求哈夫曼编码，实质上就是根据字符的出现频率构造哈夫曼树，然后将树中节点引向其左孩子的分支标"0"，将引向其右孩子的分支标"1"，每个字符的编码即从根到每个叶子的路径上得到的 0、1 序列。

如要传输的字符序列为 {C,A,S,T,;}，相应的出现频率为{2,4,2,3,3}，则运行哈夫曼 Tree 的 create()方法，内存中生成的哈夫曼树如图 5.31 所示，即数组 nodes 的状态，对应的哈夫曼树和哈夫曼编码如图 5.32 所示。如要传送的电文是{CAS;CAT;SAT;AT}，则其对应的哈夫曼编码应为"1101011101110100001111000011000"。

nodes[]	0	1	2	3	4	5	6	7	8	……
data	C	A	S	T	;	null	null	null	null	
weight	2	4	2	3	3	4	6	8	14	
parent	5	7	5	6	6	7	8	8	–1	
lchild	–1	–1	–1	–1	–1	0	3	1	6	
rchild	–1	–1	–1	–1	–1	2	4	5	7	

图 5.31 内存中生成的哈夫曼树

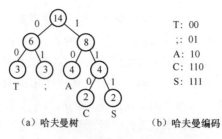

（a）哈夫曼树　　　　　（b）哈夫曼编码

图 5.32　哈夫曼树和哈夫曼编码

译码时，应从哈夫曼树的根开始，从待译码电文中逐位取码。若编码是"0"，则向左"走"；若编码是"1"，则向右"走"，一旦到达叶子节点，则译出一个字符；再重新从根出发，直到电文结束。如电文为"1101000"，则其译文只能是"CAT"。哈夫曼编码具体实现算法如算法 5-17 所示。

【算法 5-17：哈夫曼编码】

```
public void  哈夫曼 Coding()
{
        for(int i=0;i<this.length;i++)
        {
                int current=i;
                int father=this.nodes[i].parent;
                String t = "";
                while(father!=-1)
                {
                        //如果是哈夫曼树的左分支，则编码为 0，否则编码为 1
                        if(this.nodes[father].lchild ==current)
                                t += "0";
                        else
                                t += "1";
                        current=father;
                        father=this.nodes[father].parent ;
                }
                this.nodes[i].哈夫曼 Code = t;
        }
}
```

注意，在调试上面的代码时请在哈夫曼 Node 中添加字段域哈夫曼 Code，用于保存已生成的哈夫曼编码。

【思考】由上面代码生成的哈夫曼码编码与图 5.28 所示的编码是否完全相同？

5.6　二叉树的应用：二叉查找树与查找

5.6.1　二叉查找树

二叉查找树又称二叉排序树（Binary Sort Tree）。二叉查找树只要不是空二叉树，则具有如下特性。

（1）若它的左子树不空，则左子树上所有节点的值均小于根节点的值。

（2）若它的右子树不空，则右子树上所有节点的值均大于根节点的值。

（3）它的左、右子树也分别是二叉查找树。

图 5.33 所示就是两棵二叉查找树。

对二叉查找树进行中序遍历，便可得到一个有序序列，如对图 5.33（a）所示二叉树进行中序遍历可得到一个有序序列：10,42,45,55,58,63,67,70,83,90,98。

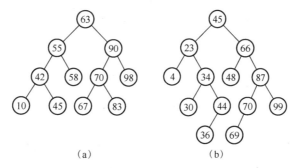

（a）　　　　　　　　（b）

图 5.33　二叉查找树

5.6.2　二叉查找树的查找

二叉查找树的数据元素可采用键值对（key-value）的形式存储，每个数据元素构成一个二叉查找树的节点。每个节点由键、值、左子节点和右子节点等组成，用 Java 语言描述如下。

```java
class BinaySortNode<V>{
    public int key;
    public V value;
    public BinaySortNode<V> lChild;
    public BinaySortNode<V> rChild;
    public BinaySortNode(){
        key = 0;            value=null;
        lChild = null;      rChild = null;
    }
    public BinaySortNode(int k, V v){
        key = k;            value = v;
        lChild = null;      rChild = null;
    }
    public boolean isLeaf() {     //是否为叶子节点
        if (lChild == null && rChild == null)
            return true;
        else
            return false;
    }
}
```

当若干个 BinaySortNode 节点组成一个二叉查找树时，我们就可以对它进行中序遍历，实现逐个数据元素查找操作。相应地，键查找算法描述如下。

（1）若二叉查找树为空，查找失败。

（2）若二叉查找树非空，将给定值 key 与二叉查找树的根节点关键字比较。

（3）若相等，查找成功，结束查找过程，否则：

① 当 key 小于根节点关键字时，查找将在以左孩子为根的子树上继续进行，转第（1）步；

② 当 key 大于根节点关键字时，查找将在以右孩子为根的子树上继续进行，转第（1）步。

如在图 5.33（b）中查找 key=70 数据时，先与根节点关键字 45 比较，因为 70 大于 45，则查找以节点 45 为根的右子树，此时右子树不空，且 key>66，则继续查找以节点 66 为根的右子树，此时右子树不空，且 key<87，则继续查找以节点 87 为根的左子树，由于 key 和 87 的左子树的根的关键字 70 相等，则查找成功，返回 key=70 的节点。

又如在图 5.33（b）中查找 key=28 的记录，和上述过程类似，在给定值 key 与关键字 45、23、34、30 相继比较后，继续查找以节点 30 为根的左子树，此时左子树为空，则说明该树中没有待查记录，故查找不成功，返回值为 null。由此可见，二叉查找树查找是一种递归的查找过程，其

Java 语言实现算法如算法 5-18 所示。

【算法 5-18：二叉查找树及其查找算法】

```
class BinarySortTree<V>
{
    public BinaySortNode<V> root;
    public BinarySortTree(int k, V v)
    {
        root = new BinaySortNode<V>(k,v);
    }

    /*在 root 所指二叉查找树中查找某关键字等于 key 的数据元素,
      若查找成功, 则返回该节点, 否则返回 null*/
    BinaySortNode<V>  search(BinaySortNode<V> node, int key)
    {
        if (node == null || key==node.key) return node;    /* 查找结束*/
        else if (key < node.key)
            return search(node.lChild,key);        //继续查找左子树
        else    return search(node.rChild, key);  //继续查找右子树
    }
}
```

注意，实际运行上述代码时要设置 search 操作的形参变量 node 的实参为 root 根节点。

5.6.3　寻找双亲节点

在二叉查找树中寻找节点的双亲算法如算法 5-19 所示。

【算法 5-19：在二叉查找树中寻找节点的双亲算法】

```
// 递归查找节点 p 的双亲节点
// 注意：递归调用开始 parent 应指向根节点
public void getParent(BinaySortNode<V> p, BinaySortNode<V> parent)
{
    if (parent == null)      return;          // parent 参数非法
    if (parent.isLeaf())                      // parent 不能是叶子节点
        p = null;
        return;
    }
    if (parent.lChild == p || parent.rChild == p)
        return; // 若已找到双亲节点, 则结束寻找
    else {
        getParent(p, parent.lChild);    // 搜索左子树
        getParent(p, parent.rChild);    // 搜索右子树
    }
}
```

需要特别说明，在 Java 语言程序中，对象名实质上代表对象实体的引用（即对象实体在内存中的起始地址），当方法的某个参数是对象名时，实参变量与形参变量指向同一个引用，在方法运行过程中如果形参变量的引用发生了改变，则对应的实参变量的引用也会被修改。本算法充分利用 Java 语言程序的这一特点，借助形参变量 parent 返回搜寻结果。本算法刚执行时形参变量 parent 和实参变量（变量名由调用方指定）都指向根节点，之后每一次递归调用都令 parent 指向其左子树或右子树，从而让 parent 从根节点开始移动，递归结束时 parent 和实参变量都指向节点 p 的双亲。因此本算法不需要 return 语句返回任何结果。

5.6.4　二叉查找树的插入

在二叉查找树上插入一个数据元素，首先要在二叉查找树上进行查找，判断树中是否已存在该数据元素，若已经存在，则不插入，否则记住查找失败时的节点。之后，把这个节点当作双亲

节点，再把数据元素作为新节点插入二叉查找树中，使之成为该双亲节点的左孩子节点或右孩子节点。新插入的节点一定是作为叶子节点插入的。具体实现算法如算法 5-20 所示。

【算法 5-20：向二叉查找树插入数据元素】

```
public boolean insert(int k, V v)
{
    BinaySortNode<V> p , pre; //p 指向当前节点，pre 指向 p 的父节点
    boolean isSearched = false;   //假定二叉查找树中不存在<k,v>的数据元素
    p = root;        pre = root;    //刚开始 p 和 pre 都指向根节点
    while(p!= null && k != p.key)   //搜索二叉查找树并标记插入位置
    {
        pre = p;
        if(k < p.key) p = p.lChild;          /*在左子树中查找*/
        else p = p.rChild;                   /*在右子树中查找*/
    }
    if(p!= null && k == p.key)
    {
        isSearched =false;
        return false;          //要插入的节点已经存在，不需要插入
    }
    else
    {   //将数据元素插入二叉查找树
        p = new BinaySortNode(k,v);
        if(k<pre.key) pre.lChild = p;
        else pre.rChild = p;
        return true;
    }
}
```

可以看出，新插入的节点一定是一个新添加的叶子节点，并且是查找不成功时查找路径上访问的最后一个节点的左孩子节点或右孩子节点。如从空树出发，待插入的关键字序列为33,44,23,46,12,37，形成二叉查找树的过程如图 5.34 所示。

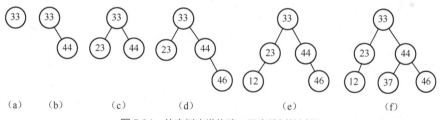

图 5.34　从空树出发构建二叉查找树的过程

5.6.5　二叉查找树的删除

对于二叉查找树，删除树上一个节点相当于删除有序序列中的一个数据元素，需要在删除某个节点之后依旧保持二叉查找树的特性。

假设被删节点为 p，其双亲节点为 f，对于二叉查找树的删除，有以下 3 种情况。

第 1 种情况，被删除的节点是叶子节点。此时，由于被删除的节点既无左子树，又无右子树，因此删除该节点之后不会破坏二叉查找树结构的完整性，将其双亲节点原来指向该节点的指针设置为 null 即可。如图 5.35（a）所示，欲删除叶子节点 p，直接令 f.rChild=null。

第 2 种情况，被删除的节点只有左子树或者只有右子树。此时，把被删除的节点的左子树或右子树直接作为其双亲节点的相应左子树或右子树即可。如图 5.35（b）所示，被删除节点 p 只有右子树，可令 p.rChild 直接成为 f 的右子树（即 f.rChild=p.rChild）。

第 3 种情况，被删除的节点既有左子树，也有右子树。此时可使用以下 4 种方法。

方法 1：先令被删除节点的左子树接替它，再令它的右子树成为它左子树的最右下节点（即中序遍历所得序列的最后一个节点）的右子树。如图 5.35（c）所示，先让 p.lChild 接替 p 成为 f 的右子树，再查找右子树 p.lChild 的最右下节点 t，之后令 t.rChild=p.rChild。

方法 2：与方法 1 对应，先令被删除节点的右子树接替它，再让其左子树成为它的右子树的最左下节点（即中序遍历所得序列的第一个节点）的左子树。如图 5.35（d）所示，先让 p.rChild 接替 p 成为 f 的右子树，再查找右子树 p.rChild 最左下的节点 t，之后令 t.lChild=p.lChild。

方法 3：先令被删除节点的中序遍历的直接前驱节点替代它，再把该直接前驱节点从二叉查找树中删除。如图 5.35（e）所示，中序遍历节点 p 的左子树，得其直接前驱节点 t（即元素 40 所在的节点），此时先令 t 替代 p（p.key=t.key;，p.value=t.value;），再删去节点 t（注意，并非删除 t 所在的整个子树）。

方法 4：与方法 3 对应，先令被删除节点的中序遍历的直接后继节点替代它，再把该直接后继节点从二叉查找树中删去。如图 5.35（f）所示，元素 46 所在的节点 t 是 p 的中序遍历的直接后继节点，此时先令 t 替代 p，再把节点 t 删去（注意，并非删除 t 所在的整个子树）。

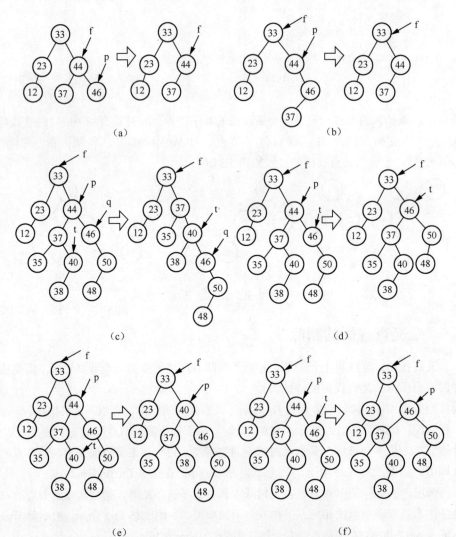

图 5.35 在二叉查找树中删除 p

采用方法 1 实现删除操作的算法如算法 5-21 所示。

【算法 5-21：从二叉查找树中删除节点 p】

```
public boolean delete(BinaySortNode<V> p) {
    if (p == null)
        return false;
    BinaySortNode<V> f = this.root;
    getParent(p, f); //  从根节点开始查找 p 的双亲，查找成功时 f 指向双亲节点
    if (f == null)        return false;
    if (p.isLeaf()) {    //如果 p 是叶子节点
        if (f.lChild == p)        f.lChild = null;
        if (f.rChild == p)        f.rChild = null;
        return true;
    } else if (p.lChild != null && p.rChild == null) // 如果 p 只有左子树
    {
        f.lChild = p.lChild;
        return true;
    } else if (p.lChild == null && p.rChild != null) // 如果 p 只有右子树
    {
        f.rChild = p.rChild;
        return true;
    } else {        // 如果 p 既有左子树又有右子树
        if (f.lChild == p) // 令 p 的左子树接替 p
            f.lChild = p.lChild;
        else if (f.rChild == p)
            f.rChild = p.lChild;

        BinaySortNode<V> t = p.lChild;
        if (t.rChild != null) // 搜索 p 的左子树的最右下节点 t
        {
            while (t.rChild != null) t = t.rChild;
        }
        t.rChild = p.rChild; // 令 p 的右子树成为 t 的右子树
        return true;
    }
}
```

　　方法 1 和方法 2 可能会导致二叉查找树高度的增长，如图 5.31（c）所示，将使树高从 5 变为 6。因为二叉查找树查找的性能与树高有关，所以建议采用方法 3 或者方法 4 进行删除操作，读者可以根据上面的描述规则实现 Java 语言编程。

　　实现图 5.31（c）所示的二叉查找树的 Java 语言主程序如下。

```
public class Test5_1 {
    public static void main(String[] args) {
        //准备各节点的数据信息
        int[] keys = new int[] {33,23,44,12,37,46,35,40,50,38,48};
        String[] values= new String[] {"子","丑","寅","卯","辰","巳","午","未","申","酉","戌"};
        //创建包含一个根节点的二叉查找树 tree
        BinarySortTree<String> tree = new BinarySortTree(keys[0],values[0]);
        //往二叉树中插入各节点，生成完整的二叉查找树
        for(int i =1; i<keys.length;i++)
                tree.insert(keys[i],values[i]);
        tree.display(tree.root);
        //查找 key 值为 44 的节点
        BinaySortNode<String> x = tree.search(tree.root, 44);
        if(tree.delete(x))        //key 值为 44 的节点
                System.out.println("已成功删除 key=44 的节点");
        tree.display(tree.root);
    }
}
```

5.7　习题

一、单项选择题

1. 在一棵度为 3 的树中，度为 3 的节点数为 2，度为 2 的节点数为 1，度为 1 的节点数为 2，则度为 0 的节点数为（　　）。

　　A. 4　　　　　　　B. 5　　　　　　　C. 6　　　　　　　D. 7

2. 假设在一棵二叉树中，双分支节点数为 15，单分支节点数为 30，则叶子节点数为（　　）。

　　A. 15　　　　　　B. 16　　　　　　C. 17　　　　　　D. 47

3. 假定一棵三叉树的节点数为 50，则它的最小高度为（　　）。

　　A. 3　　　　　　　B. 4　　　　　　　C. 5　　　　　　　D. 6

4. 在一棵二叉树上，第 4 层的节点数最多为（　　）。

　　A. 2　　　　　　　B. 4　　　　　　　C. 6　　　　　　　D. 8

5. 用顺序存储的方法将完全二叉树中的所有节点逐层存放在数组 $R[1..n]$ 中，节点 $R[i]$ 若有左孩子，其左孩子的编号为节点（　　）。

　　A. $R[2i+1]$　　　B. $R[2i]$　　　　C. $R[i/2]$　　　　D. $R[2i-1]$

6. 由权值分别为 3、8、6、2、5 的叶子节点生成一棵哈夫曼树，它的带权路径长度为（　　）。

　　A. 24　　　　　　B. 48　　　　　　C. 72　　　　　　D. 53

7. 线索二叉树是一种（　　）结构。

　　A. 逻辑　　　　　B. 逻辑和存储　　　C. 物理　　　　　　D. 线性

8. 线索二叉树中，节点 p 没有左子树的充要条件是（　　）。

　　A. p.lChild=null

　　B. p.ltag=1

　　C. p.ltag=1 且 p.lChild =null

　　D. 以上都不对

9. 设 n、m 为一棵二叉树上的两个节点，在中序遍历序列中 n 在 m 前的条件是（　　）。

　　A. n 在 m 右方

　　B. n 在 m 左方

　　C. n 是 m 的祖先

　　D. n 是 m 的子孙

10. 如果 F 是由有序树 T 转换而来的二叉树，那么 T 中节点的前序就是 F 中节点的（　　）。

　　A. 中序　　　　　B. 前序　　　　　C. 后序　　　　　　D. 层次序

11. 欲实现任意二叉树的后序遍历的非递归算法而不必使用栈，最佳方案是二叉树采用（　　）存储结构。

　　A. 三叉链表　　　B. 广义表　　　　C. 二叉链表　　　　D. 顺序

12. 下面叙述正确的是（　　）。

　　A. 二叉树是特殊的树

　　B. 二叉树等价于度为 2 的树

　　C. 完全二叉树必为满二叉树

　　D. 二叉树的左、右子树有次序之分

13. 任何一棵二叉树的叶子节点在前序遍历、中序遍历和后序遍历序列中的相对次序（　　）。

　　A. 不发生改变　　B. 发生改变　　　C. 不能确定　　　　D. 以上都不对

14. 已知一棵完全二叉树的节点总数为 9，则最后一层的节点数为（　　）。

　　A. 1　　　　　　　B. 2　　　　　　　C. 3　　　　　　　D. 4

15. 根据前序遍历序列 *ABDC* 和中序遍历序列 *DBAC* 确定对应的二叉树，该二叉树（　　　）。

A. 是完全二叉树　　　　　　　　　　B. 不是完全二叉树

C. 是满二叉树　　　　　　　　　　　D. 不是满二叉树

二、填空题

1. 假定一棵树的广义表表示为 *A(B(E),C(F(H,I,J),G),D)*，则该树的度为_____，树的深度为_____，叶子节点的个数为_____，单分支节点的个数为_____，双分支节点的个数为_____，三分支节点的个数为_____，*C* 节点的双亲节点为_____，其孩子节点为_____和_____节点。

2. 设 *F* 是森林，*B* 是由 *F* 转换得到的二叉树，*F* 中有 *n* 个分支节点，则 *B* 中右指针域为空的节点有_____个。

3. 对于一棵有 *n* 个节点的二叉树，当它为一棵_____二叉树时具有最小高度，即_____，当它为一棵单支树时具有_____高度，即_____。

4. 由带权为 3,9,6,2,5 的 5 个叶子节点构成一棵哈夫曼树，则带权路径长度为_____。

5. 在一棵二叉查找树上按_____遍历得到的节点序列是一个有序序列。

6. 对于一棵具有 *n* 个节点的二叉树，当进行链接存储时，其二叉链表中的指针域的总数为_____，其中_____个用于链接孩子节点，_____个空闲着。

7. 在一棵二叉树中，度为 0 的节点个数为 n_0，度为 2 的节点个数为 n_2，则 n_0=_____。

8. 一棵深度为 *k* 的满二叉树的节点总数为_____，一棵深度为 *k* 的完全二叉树的节点总数的最小值为_____，最大值为_____。

9. 由 3 个节点构成的二叉树，共有_____种不同的形态。

10. 设高度为 *h* 的二叉树中只有度为 0 和度为 2 的节点，则此类二叉树中所包含的节点数至少为_____。

11. 一棵含有 *n* 个节点的 *k* 叉树，_____形态达到最大深度，_____形态达到最小深度。

12. 对于一棵具有 *n* 个节点的二叉树，若一个节点的编号为 $i(1≤i≤n)$，则它的左孩子节点的编号为_____，右孩子节点的编号为_____，双亲节点的编号为_____。

13. 对于一棵具有 *n* 个节点的二叉树，采用二叉链表存储时，链表中指针域的总数为_____，其中_____个用于链接孩子节点，_____个空闲着。

14. 哈夫曼树是指_____的二叉树。

15. 空树是指_____，最小的树是指_____。

16. 二叉树的链式存储结构有_____和_____两种。

17. 三叉链表比二叉链表多一个指向_____的指针域。

18. 线索是指_____。

19. 线索链表中的 rtag 域值为_____时，表示该节点无右孩子，此时_____域为指向该节点后继线索的指针。

20. 本节中我们学习的树的存储结构有_____、_____和_____。

三、判断题

（　　）1. 二叉树中每个节点的度不能超过 2，所以二叉树是一种特殊的树。

（　　）2. 二叉树的前序遍历中，任意节点均处在其孩子节点之前。

（　　）3. 线索二叉树是一种逻辑结构。

（　　）4. 哈夫曼树的总节点个数（多于 1 时）不能为偶数。

（　　）5．由二叉树的前序遍历序列和后序遍历序列可以唯一确定一棵二叉树。

（　　）6．树的后序遍历序列与其对应的二叉树的后序遍历序列相同。

（　　）7．根据任意一种遍历序列即可唯一确定对应的二叉树。

（　　）8．满二叉树也是完全二叉树。

（　　）9．哈夫曼树一定是完全二叉树。

（　　）10．树的子树是无序的。

四、应用题

1．已知一棵树的集合为{<*i,m*>,<*i,n*>,<*e,i*>,<*b,e*>,<*b,d*>,<*a,b*>,<*g,j*>,<*g,k*>,<*c,g*>,<*c,f*>,<*h,l*>,<*c,h*>,<*a,c*>}，请画出这棵树，并回答下列问题。

（1）哪个是根节点？

（2）哪些是叶子节点？

（3）哪个是节点 *g* 的双亲？

（4）哪些是节点 *g* 的祖先？

（5）哪些是节点 *g* 的孩子？

（6）哪些是节点 *e* 的孩子？

（7）哪些是节点 *e* 的兄弟？哪些是节点 *f* 的兄弟？

（8）节点 *b* 和 *n* 的层次号分别是什么？

（9）树的深度是多少？

（10）以节点 *c* 为根的子树深度是多少？

2．一棵度为 2 的树与一棵二叉树有何区别？

3．试分别画出具有 3 个节点的树和二叉树的所有不同形态。

4．已知用一维数组存放的一棵完全二叉树：*ABCDEFGHIJKL*。写出该二叉树的前序遍历、中序遍历和后序遍历序列。

5．一棵深度为 *H* 的满 *k* 叉树有如下性质：第 *H* 层上的节点都是叶子节点，其余各层上每个节点都有 *k* 棵非空子树，如果按层次自上至下，从左至右顺序从 1 开始对全部节点编号，回答下列问题。

（1）各层的节点数目是多少？

（2）编号为 *n* 的节点的父节点如果存在，编号是多少？

（3）编号为 *n* 的节点的第 *i* 个孩子节点如果存在，编号是多少？

（4）编号为 *n* 的节点有右兄弟节点的条件是什么？其右兄弟节点的编号是多少？

6．找出所有满足下列条件的二叉树。

（1）它们在前序遍历和中序遍历时，得到的遍历序列相同。

（2）它们在后序遍历和中序遍历时，得到的遍历序列相同。

（3）它们在前序遍历和后序遍历时，得到的遍历序列相同。

7．假设一棵二叉树的前序遍历序列为 *EBADCFHGIKJ*，中序遍历序列为 *ABCDEFGHIJK*，请写出该二叉树的后序遍历序列。

8．假设一棵二叉树的后序遍历序列为 *DCEGBFHKJIA*，中序遍历序列为 *DCBGEAHFIJK*，请写出该二叉树的前序遍历序列。

9．给定一组权值(5,9,11,2,7,16)，试设计相应的哈夫曼树。

5.8　实训

一、实训目的

1．掌握二叉树的二叉链表存储结构。

2．掌握有关二叉树的算法并能用 Java 语言实现。

二、实训内容

利用本章提供的有关算法，编写 Java 语言程序，完成以下任务。

1．实现二叉树的基本操作。

2．利用现有基本操作，提供以下复杂处理功能。

（1）能够通过人机交互一次性创建一棵完整的二叉树。

（2）能够输出二叉树的所有叶子节点。

（3）能够统计二叉树的所有节点的总数。

（4）能够交换二叉树中的任意两个节点。

（5）能够将现有二叉树的某个子树 a 移动到其他子树 b 之中。

移动规则如下：如果 b 的根节点左子树为空，则直接将 a 插入 b 中，使 a 成为 b 的左子树；否则，沿 b 的左子树查找新的插入位置并将 a 插入 b 之中。

（6）能够从现有二叉树中删除一个节点（注意：不是删除分支）。

删除规则如下：若要删除的节点 a 含有左子树，则先从 a 的双亲节点沿左边查找插入位置并将该左子树插入该位置；若要删除的节点 a 含有右子树，则先从 a 的双亲节点沿右边查找插入位置并将该右子树插入该位置。

（7）能够将二叉树按树状或缩进结构输出，效果如图 5.36 所示。

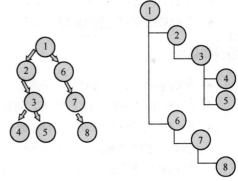

图 5.36　输出效果

第**6**章

图

建议学时：8 学时

总体要求

- 了解图的定义和术语
- 掌握图的两种存储结构及其构造算法
- 重点掌握图的两种遍历算法
- 了解图的连通性问题及其判断
- 了解有向图在拓扑排序和关键路径计算等领域的应用
- 了解最短路径问题的解决方法

相关知识点

- 图的常用概念：有向图、无向图、完全图、有向完全图、稀疏图、稠密图、网、邻接点、路径、简单路径、回路或环、简单回路、连通图、强连通图、生成树等
- 图的邻接矩阵存储表示和邻接表存储表示
- 图的深度优先搜索（Depth First Search，DFS）和图的广度优先搜索（Breadth First Search，BFS）
- 最小生成树
- 拓扑排序和关键路径
- 最短路径

学习重点

- 图的存储结构
- 图的遍历算法

学习难点

- 图的应用算法：最小生成树、拓扑排序、关键路径和最短路径

图（Graph）是一种较线性表和树更复杂的数据结构。在线性表中，数据元素之间仅有线性关系，每个数据元素仅有一个直接前驱和一个直接后继；在树形结构中，数据元素之间有着

明显的层次关系，并且每一层的数据元素可能和下一层中多个数据元素（即它的孩子节点）相关，但只能和上一层中的一个数据元素（即它的父节点）相关；在图形结构中，节点之间的关系可以是任意的，图中任意两个数据元素之间都可能相关。由此，图的应用极其广泛，特别是近年来的迅速发展，图已渗入诸如语言学、逻辑学、物理、化学、电信工程、计算机科学以及数学的其他分支中。

6.1 图的定义及其常用术语

6.1.1 图的定义

图中的数据元素通常称为顶点，**图**是由顶点集合（Vertex）及顶点之间的边集合（Edge）组成的一种数据结构，记为 $G=(V,E)$。

例如，对于图 6.1 所示的无向图 G_1 和有向图 G_2，它们的数据结构可以描述为：

$G_1=(V_1,E_1)$，其中 $V_1=\{A,B,C,D,E\}$，$E_1=\{(A,D),(B,C),(B,D),(B,E),(D,E)\}$；

$G_2=(V_2,E_2)$，其中 $V_2=\{A,B,C,D\}$，$E_2=\{<A,B>,<A,C>,<D,A>,<D,B>\}$。

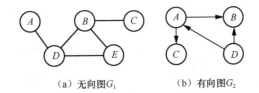

（a）无向图 G_1　　　（b）有向图 G_2

图 6.1　无向图和有向图

6.1.2 图的常用术语及含义

1．有向图和无向图

图根据顶点之间的关系是否有方向性可分为**有向图**和**无向图**。对于无向图，顶点间的边为无向边，用圆括号表示，例如(x,y)。由于无向边没有方向性，所以(x,y)和(y,x)是等价的，是同一条边。对于有向图来说，顶点间的边称为有向边，用尖括号表示。如$<x,y>$表示从顶点 x 指向顶点 y 的边，x 为始点，y 为终点。有向边也称为弧，在$<x,y>$中，x 为弧尾，y 为弧头，而$<y,x>$表示以 y 为弧尾、x 为弧头的另一条弧。

2．完全图、稠密图、稀疏图、网

一般用 n 表示图中顶点数目，用 e 表示图中边或弧的数目。

对于一般无向图，顶点数为 n，边数为 e，则：

$$0 \leqslant e \leqslant \frac{n(n-1)}{2}$$

而当一个无向图边数满足 $e = n(n-1)/2$ 时，该图称为**完全图**，如图 6.2（a）所示。

对于一般有向图，其顶点数为 n，弧数为 e，则：

$$0 \leqslant e \leqslant n(n-1)$$

而当一个有向图弧数满足 $e = n(n-1)$ 时，该图称为**有向完全图**，如图 6.2（b）所示。

当一个图的边数或弧数接近完全图的边数或弧数时，该图称为**稠密图**；相反地，当一个图含有较少的边或弧时，则称为**稀疏图**。

如果图的边具有相关的数据，称该数据为边的权（Weight）。权的值可以是距离、时间、价格等。称带权的图为**网**，如图 6.2（c）所示。

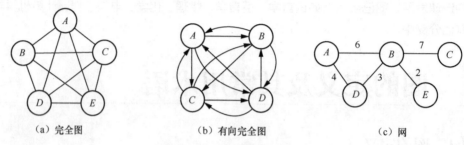

（a）完全图　　　　　（b）有向完全图　　　　　（c）网

图 6.2　完全图、有向完全图、网

3．子图

若有两个图 G_1 和 G_2，其中 $G_1 = (V_1, E_1)$，$G_2 = (V_2, E_2)$，且满足如下条件：

$$V_2 \subseteq V_1, \quad E_2 \subseteq E_1$$

即 V_2 为 V_1 的子集，E_2 为 E_1 的子集，则称图 G_2 为图 G_1 的**子图**。图及其子图的示例如图 6.3 所示。

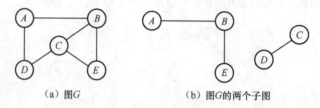

（a）图 G　　　　　　　　（b）图 G 的两个子图

图 6.3　图及其子图

4．邻接点和度

对于无向图，假设顶点 V 和顶点 W 之间存在一条边，则称顶点 V 和顶点 W 互为**邻接点**。和顶点 V 关联的边的数目定义为 V 的**度**，记为 TD(V)。如图 6.4（a）所示，图 G_1 中，顶点 A 的邻接点有 B 和 E，其度为 2，记为 TD(A)=2，而 TD(B)=3。

对于有向图，由于弧有方向性，则有入度和出度之分。顶点的出度是以顶点 V 为弧尾的弧的数目，记为 OD(V)。顶点的**入度**是以顶点 V 为弧头的弧的数目，记为 ID(V)。顶点的度记为 TD(V)，有 TD(V)= OD(V)+ ID(V)。如图 6.4(b)所示，图 G_2 中，顶点 B 的出度 OD(B) = 1,ID(B)=2,TD(B)=3。

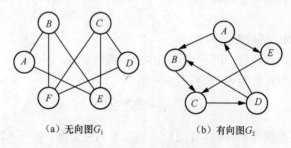

（a）无向图 G_1　　　　　　　（b）有向图 G_2

图 6.4　图的邻接点、度

5．路径、简单路径、简单回路

图中两个顶点之间的路径为两个顶点之间的顶点序列，路径上所含边的数目为路径的**长度**。如图 6.4（a）所示，A 到 F 的路径 {A,B,F}，路径长度为 2，当然，该图中，从 A 到 F 的路径并不唯一，如 {*A,E,C,F*}，长度为 3。在有向图中，路径也是有向的，如图 6.4（b）所示，从 *A* 到 *D* 的路径{*A,B,C,D*}，长度为 3。序列中第一个顶点和最后一个顶点相同的路径称为回路或环，序列中顶点不重复出现的路径称为**简单路径**。序列中除第一个顶点和最后一个顶点相同外，其余顶点不重复的回路称为**简单回路**。

6．连通图、连通分量、强连通图和强连通分量

在无向图中，若从顶点 *X* 到顶点 *Y* 有路径，则称顶点 *X* 和顶点 *Y* 是连通的。若图中任意两个顶点都是连通的，则称该无向图为**连通图**，如图 6.5（a）所示，否则称为**非连通图**，如图 6.5（b）所示。在无向图中，极大的连通子图（在满足连通的条件下，尽可能多地包含原图中的顶点和这些顶点之间的边）被称为该图的**连通分量**。显然，任何连通图的连通分量只有一个，就是它本身，而非连通图可能有多个连通分量。如图 6.5（c）所示，*G₂* 有两个连通分量。

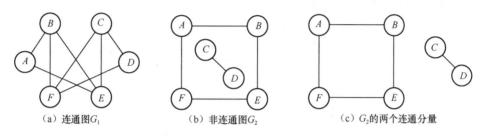

（a）连通图*G₁*　　　　　（b）非连通图*G₂*　　　　　（c）*G₂*的两个连通分量

图 6.5　无向图及其连通图和连通分量

在有向图中，若从顶点 *X* 到顶点 *Y* 有路径，则称顶点 *X* 和顶点 *Y* 是连通的，若有向图的任意两个顶点之间都存在一条有向路径，则称该有向图为**强连通图**，如图 6.6（a）所示，否则称为非强连通图，如图 6.6（b）所示。

在有向图中，极大的强连通子图被称为该图的**强连通分量**。显然，任何强连通图的强连通分量只有一个，就是它本身，而非强连通图则有多个强连通分量。如图 6.6（c）所示，*G₂* 有 3 个连通分量，分别是：$G_{21}=(V_{21},E_{21})$, $G_{22}=(V_{22},E_{22})$, $G_{23}=(V_{23},E_{23})$。其中，$V_{21}=\{B,C,D\}$，$E_{21}=\{<B,C>, <C,D>, <D,B>\}$，$V_{22}=\{A\}$，$E_{22}=\{\}$，$V_{23}=\{E\}$，$E_{23}=\{\}$。

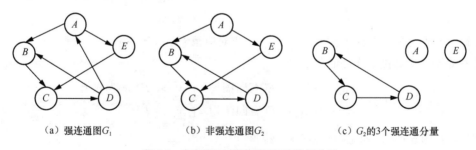

（a）强连通图*G₁*　　　　　（b）非强连通图*G₂*　　　　　（c）*G₂*的3个强连通分量

图 6.6　有向图及其强连通图和强连通分量

6.2　图的存储结构

图是一种结构复杂的数据结构，不仅各个顶点的度千差万别，而且顶点之间的逻辑关系也错综复杂。而从图的定义可知，一个图的信息包括两部分：顶点的信息和描述顶点之间的关系——边或者弧的信息。因此无论采用什么方法建立图的存储结构，都要完整、准确地反映这两部分的信息。图的存储结构有多种，这里只介绍两种基本的存储结构：邻接矩阵和邻接表。

6.2.1 邻接矩阵

邻接矩阵（Adjacency Matrix）用两个数组来表示图，一个数组是一维数组，存储图中顶点的信息；一个数组是二维数组，即矩阵，存储顶点之间相邻的信息，也就是边（或弧）的信息。这是邻接矩阵名称的由来。

设图 $G=(V,E)$，有 n 个顶点，则其对应的邻接矩阵 A 是按如下定义的一个 $n \times n$ 二维数组。

$$A[i,j] = \begin{cases} 1 & (v_i, v_j) \in E(\text{有向图为} <v_i, v_j> \in E) \\ 0 & (v_i, v_j) \notin E(\text{有向图为} <v_i, v_j> \notin E) \end{cases}$$

例如，有图 6.7 所示的无向图和有向图。

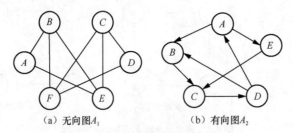

(a) 无向图 A_1 (b) 有向图 A_2

图 6.7 无向图和有向图

它们的邻接矩阵分别为：

$$A_1 = \begin{pmatrix} 0 & 1 & 0 & 0 & 1 & 0 \\ 1 & 0 & 0 & 0 & 1 & 1 \\ 0 & 0 & 0 & 1 & 1 & 1 \\ 0 & 0 & 1 & 0 & 0 & 1 \\ 1 & 1 & 1 & 0 & 0 & 0 \\ 0 & 1 & 1 & 1 & 0 & 0 \end{pmatrix} \qquad A_2 = \begin{pmatrix} 0 & 1 & 0 & 0 & 1 \\ 0 & 0 & 1 & 0 & 0 \\ 0 & 0 & 0 & 1 & 0 \\ 1 & 1 & 0 & 0 & 0 \\ 0 & 0 & 1 & 0 & 0 \end{pmatrix}$$

其行、列数由图中的顶点数决定，第 i 个顶点对应第 i 行和第 i 列。

若 G 是网，则邻接矩阵可定义为：

$$A[i,j] = \begin{cases} w_{ij} & (v_i, v_j) \in E(\text{有向图为} <v_i, v_j> \in E), w_{ij} \text{为权值} \\ \infty & (v_i, v_j) \notin E(\text{有向图为} <v_i, v_j> \notin E) \end{cases}$$

例如，有图 6.8 所示的无向网和有向网。

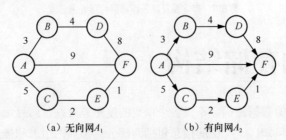

(a) 无向网 A_1 (b) 有向网 A_2

图 6.8 无向网和有向网

它们的邻接矩阵分别为:

$$A_1 = \begin{pmatrix} \infty & 3 & 5 & \infty & \infty & 9 \\ 3 & \infty & \infty & 4 & \infty & \infty \\ 5 & \infty & \infty & \infty & 2 & \infty \\ \infty & 4 & \infty & \infty & \infty & 8 \\ \infty & \infty & 2 & \infty & \infty & 1 \\ 9 & \infty & \infty & 8 & 1 & \infty \end{pmatrix} \qquad A_2 = \begin{pmatrix} \infty & 3 & 5 & \infty & \infty & 9 \\ \infty & \infty & \infty & 4 & \infty & \infty \\ \infty & \infty & \infty & \infty & 2 & \infty \\ \infty & \infty & \infty & \infty & \infty & 8 \\ \infty & \infty & \infty & \infty & \infty & 1 \\ \infty & \infty & \infty & \infty & \infty & \infty \end{pmatrix}$$

图的邻接矩阵具有以下性质。

（1）无向图的邻接矩阵一定是对称矩阵。因此，在具体存放邻接矩阵时只需存放上（或下）三角矩阵的元素。

（2）对于无向图，邻接矩阵的第 i 行（或第 i 列）非 0 元素的个数正好是第 i 个顶点的度 $TD(V_i)$。

（3）对于有向图，邻接矩阵的第 i 行非 0 元素的个数正好是第 i 个顶点的出度 $OD(V_i)$，第 i 列非 0 元素的个数正好是第 i 个顶点的入度 $ID(V_i)$。

采用邻接矩阵方法存储图，其优点是很容易确定图中任意两个顶点之间是否有边相连（邻接）。要确定图中有多少条边，则必须按行、按列对每个元素进行检测，所花费的时间代价很大，同时，邻接矩阵存储空间为 $O(n^2)$，所以邻接矩阵法适用于稠密图。

采用邻接矩阵表示法，图的泛型类定义如下。

```
public class Graph<T>
{
    protected final int MAXSIZE=10; //邻接矩阵可以表示的最大顶点数
    protected final int MAX=999; //在网中，表示没有联系（权值无穷大）
    protected T[]   V;//顶点信息
    protected int[][] arcs;//邻接矩阵
    protected int e;//边数
    protected int n;//顶点数
    public Graph(){
        V =(T[]) new Object[MAXSIZE];
        arcs=new int[MAXSIZE][MAXSIZE];
    }
    public void CreateAdj(){ //算法 6-3：创建无向图的邻接矩阵
    }
    //算法 6-1：在图中查找顶点 v，找到后返回其在顶点数组中的索引号
    //若不存在，返回−1
    public int LocateVex(T v){
        return −1;
    }
    //算法 6-2:在屏幕上显示图 G 的邻接矩阵表示
    public       void DisplayAdjMatrix(){
    }
}
```

根据邻接矩阵的基本思想，实现图的主要算法如算法 6-1～算法 6-3 所示。

【算法 6-1：在图 G 中查找顶点】

```
//在图中查找顶点 v，找到后返回其在顶点数组中的索引号，若不存在，返回−1
public int LocateVex(T v){
    int i;
    for(i=0;i<n;i++)if(V[i]==v)return i;
    return -1;
}
```

【算法 6-2：在屏幕上显示图 G 的邻接矩阵表示】

```
public void DisplayAdjMatrix(){ //在屏幕上显示图 G 的邻接矩阵表示
    int i,j;
    System.out.println("图的邻接矩阵表示：");
    for(i=0;i<n;i++){
        for(j=0;j<n;j++){
            System.out.print(" "+arcs[i][j]);
        }
        System.out.println();
    }
}
```

【算法 6-3：无向图的邻接矩阵的建立】

```
public void CreateAdj(){ //创建无向图的邻接矩阵
    int i,j,k;
    T v1,v2;
    Scanner sc=new Scanner(System.in);
    System.out.println("请输入图的顶点数及边数");
    System.out.print("顶点数  n=");n=sc.nextInt();
    System.out.print("边    数  e=");e=sc.nextInt();
    System.out.print("请输入图的顶点信息：");
    String str=sc.next();
    for(i=0;i<n;i++)V[i]=(T)(Object)str.charAt(i);//构造顶点信息
        for(i=0;i<n;i++)
            for(j=0;j<n;j++)
                arcs[i][j]=0;//初始化邻接矩阵
    System.out.println("请输入图的边的信息：");
    for(k=0;k<e;k++)
    {
        System.out.print("请输入第"+(k+1)+"条边的两个顶点：");
        str=sc.next();//输入一条边的两个顶点
        v1=(T)(Object)str.charAt(0);
        v2=(T)(Object)str.charAt(1);
        //确定两个顶点在图 G 中的位置
        i=LocateVex(v1);j=LocateVex(v2); //算法 6-1
        if(i>=0&&j>=0){
            arcs[i][j]=1;
            arcs[j][i]=1;
        }
    }
}
```

main 方法如下。

【main 方法】

```
public static void main(String[] args) {
    Graph<Character> G=new Graph<Character>();
    G.CreateAdj(); //算法 6-3
    G.DisplayAdjMatrix();//算法 6-2
}
```

例如，按图 6.7（a）所示的无向图创建邻接矩阵，程序运行结果如图 6.9（a）所示。

如果要建立有向图的邻接矩阵，需要把算法 6-3 最后一个 if 语句中的：

```
if(i>=0&&j>=0){
    arcs[i][j]=1;
    arcs[j][i]=1;
}
```

改为：

```
if(i>=0&&j>=0)arcs[i][j]=1;
```

如果要建立有向图的邻接矩阵，在初始化 arcs[][]时，需要将 arcs 的元素值设为 MAX。

```
    arcs[i][j]=MAX;//初始化邻接矩阵
```

同时需要把算法 6-3 最后一个 for 循环语句改为：

```
for(k=0;k<e;k++){//建立有向图的邻接矩阵
    int w;
    System.out.print("请输入第"+(k+1)+"条边的两个顶点：");
    str=sc.next();//输入一条边的两个顶点
    v1=(T)(Object)str.charAt(0);
    v2=(T)(Object)str.charAt(1);
    System.out.print("权值:");w=sc.nextInt();
    //确定两个顶点在图 G 中的位置*/
    i=LocateVex(v1);j=LocateVex(v2); //算法 6-1
    if(i>=0&&j>=0)arcs[i][j]=w;
}
```

例如，按图 6.8（b）所示有向图创建邻接矩阵，运行程序结果如图 6.9（b）所示。

该算法消耗的时间主要为算法 6-3 消耗的时间，其中：

```
for(i=0;i<n;i++)V[i]=(T)(Object)str.charAt(i); //构造顶点信息
```

时间复杂度为 $O(n)$。

```
for(i=0;i<n;i++)
    for(j=0;j<n;j++)
        arcs[i][j]=0;//初始化邻接矩阵
```

时间复杂度为 $O(n^2)$。

```
for(k=0;k<e;k++)｛…｝
```

时间复杂度为 $O(e)$。

所以，该算法的时间复杂度为 $O(n^2)$。

```
请输入图的顶点数及边数
顶点数 n=6
边数 e=8
请输入图的顶点信息：ABCDEF
请输入图的边的信息：
请输入第1条边的两个顶点：AB
请输入第2条边的两个顶点：AE
请输入第3条边的两个顶点：BE
请输入第4条边的两个顶点：BF
请输入第5条边的两个顶点：CD
请输入第6条边的两个顶点：CE
请输入第7条边的两个顶点：CF
请输入第8条边的两个顶点：DF
图的邻接矩阵表示：
  0 1 0 0 1 0
  1 0 0 0 1 1
  0 0 0 1 1 1
  0 0 1 0 0 1
  1 1 1 0 0 0
  0 1 1 1 0 0
```

（a）无向图构建过程

```
请输入图的顶点数及边数
顶点数 n=6
边数 e=7
请输入图的顶点信息：ABCDEF
请输入网的弧的信息：
请输入第1条边的两个顶点：AB
权值：3
请输入第2条边的两个顶点：AC
权值：5
请输入第3条边的两个顶点：AF
权值：9
请输入第4条边的两个顶点：BD
权值：4
请输入第5条边的两个顶点：CE
权值：2
请输入第6条边的两个顶点：DF
权值：8
请输入第7条边的两个顶点：EF
权值：1
图的邻接矩阵表示：
  0 3 5 0 0 9
  0 0 0 4 0 0
  0 0 0 0 2 0
  0 0 0 0 0 8
  0 0 0 0 0 1
  0 0 0 0 0 0
```

（b）有向图构建过程

图 6.9　图的邻接矩阵的建立算法运行结果

6.2.2　邻接表

邻接表（Adjacency List）是图的一种顺序存储与链式存储结合的存储方法。对于图 G 中的每个顶点 V_i，将所有邻接于 V_i 的顶点 V_j "链"成一个单链表，这个单链表就称为顶点 V_i 的邻接表；

再将所有顶点的邻接表表头放到数组中，就构成图的邻接表。邻接表中包含两种节点结构。一种是顶点节点，每个顶点节点由两个域组成，其中 data 域存储顶点 V_i 的数据信息，firstArc 指向顶点 V_i 的第一个邻接点的边节点；另一种是边节点，边节点由 3 个域组成，其中 abjVex 域存放与 V_i 邻接的点的序号，nextArc 指向 V_i 下一个邻接点的边节点，info 域存储和边或弧相关的信息，如权值，邻接表中的节点结构如图 6.10 所示。

图 6.10　邻接表中的节点结构

无向图及其邻接表表示如图 6.11 所示。

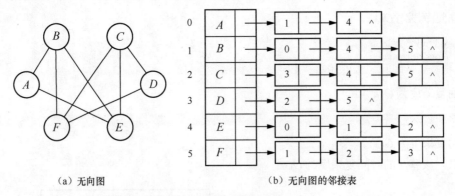

图 6.11　无向图及其邻接表表示

无向图的邻接表具有如下性质。

（1）第 i 个链表中节点的数目为第 i 个顶点的度。如图 6.11 所示，F 节点的度为 3，其邻接表有 3 个节点。

（2）所有链表中节点的数目的一半为图中边的数目。如图 6.11 所示，该无向图有 8 条边，其邻接表共有 16 个节点。

（3）占用的存储单元数目为 $n+2e$。（n 为顶点数，e 为边数。）

在有向图中，第 i 个链表的邻接表中的节点数只是顶点 V_i 的出度，为求入度，必须遍历整个邻接表。在所有邻接表中其邻接顶点域的值为 i 的节点的个数是顶点 V_i 的入度。所以，为了便于确定顶点的入度或者以顶点 V_i 为弧头的弧，可以建立一个有向图的逆邻接表，即对每个顶点 V_i 建立一个以 V_i 为弧头的弧的邻接表，如图 6.12 所示。图 6.12（b）所示为邻接表，也称出边表，图 6.12（c）所示为逆邻接表，也称入边表。

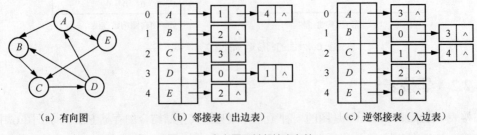

图 6.12　有向图及其邻接表存储

有向图的邻接表具有如下性质。

（1）邻接表中，第 i 个链表中节点的数目为顶点 i 的出度。逆邻接表中，第 i 个链表中节点的数目为顶点 i 的入度。

（2）所有链表中节点的数目为图中弧的数目。

（3）占用的存储单元数目为 $n+e$。（n 为顶点数，e 为弧数。）

可以看出，在邻接表上容易找到任一顶点的第一个邻接点和下一个邻接点，但要判定任意两个顶点（V_i 和 V_j）之间是否有边或弧相连，则需搜索第 i 个或第 j 个链表，因此，邻接表不及邻接矩阵方便。

采用邻接表存储，图的边节点、顶点及图本身的泛型类定义如下。

```
public class ArcNode { //边节点的定义
      int adjVex; //存放邻接的点的序号
      ArcNode nextArc; //指向 Vi 下一个邻接点的边节点
      int weight;//权值
      public ArcNode(){
            adjVex=0;weight=0;nextArc=null;
      }
}
public class VNode<T> { //顶点的定义
      T data; //存储顶点的数据信息
      ArcNode firstArc; //指向顶点 Vi 的第一个邻接点的边节点
      public VNode() {
            data=null;firstArc=null;
      }
}
public class ALGraph<T> { //用邻接表存储的图的定义
      protected final int MAXSIZE=10;
      protected VNode[]    adjList; //由各顶点组成的数组
      int n,e;//图的顶点数和弧数
      public ALGraph(){
            adjList=new VNode[MAXSIZE];
      }
      public void CreateLink(){ //算法 6-6：创建无向图的邻接表
      }
      //算法 6-4：在图中查找顶点 v，找到后返回其在顶点数组中的索引号
      //若不存在，返回-1
      public int LocateVex(T v){
            return -1;
      }
      //算法 6-5：在屏幕上显示图的邻接表表示
      public void DisplayAdjList(){
      }
}
```

其中涉及的算法如算法 6-4～算法 6-6 所示。

【算法 6-4：在图 G 中查找顶点】

```
//在图中查找顶点 v，找到后返回其在顶点数组中的索引号，若不存在，返回-1
public int LocateVex(T v){
      int i;
      for(i=0;i<n;i++)
            if(adjList[i].data==v)return i;
      return -1;
}
```

【算法 6-5：在屏幕上显示图 G 的邻接表表示】

```
public void DisplayAdjList(){ //在屏幕上显示图的邻接表表示
      int i;
      ArcNode p;
```

```
        System.out.println("图的邻接表表示：");
        for(i=0;i<n;i++){
            System.out.print("\n    "+adjList[i].data);
            p=adjList[i].firstArc;
            while(p!=null){
                System.out.print("-->"+p.adjVex);p=p.nextArc;
            }
        }
    }
```

【算法 6-6：无向图的邻接表的建立】

```
public void CreateLink(){ //创建无向图的邻接表
    int i,j,k;
    T v1,v2;
    ArcNode s;
    String str;
    Scanner sc=new Scanner(System.in);
    System.out.println("请输入图的顶点数及边数");
    System.out.print("顶点数  n=");  n=sc.nextInt();;
    System.out.print("边  数  e=");e=sc.nextInt();
    System.out.println("请输入图的顶点信息：");
    str=sc.next();
    for(i=0;i<n;i++){
        adjList[i]=new VNode<T>();
        adjList[i].data=str.charAt(i);//构造顶点信息
        adjList[i].firstArc=null;
    }
    System.out.println("请输入图的边的信息：");
    for(k=0;k<e;k++){
        System.out.print("请输入第"+(k+1)+"条边的两个顶点：");
        str=sc.next();//输入一条边的两个顶点
        v1=(T)(Object)str.charAt(0);
        v2=(T)(Object)str.charAt(1);
        //确定两个顶点在图 G 中的位置
        i=LocateVex(v1);j=LocateVex(v2); //算法 6-4
        if(i>=0&&j>=0){
            s=new ArcNode();
            s.adjVex=j;
            s.nextArc=adjList[i].firstArc;
            adjList[i].firstArc=s;
            s=new ArcNode();
            s.adjVex=i;
            s.nextArc=adjList[j].firstArc;
            adjList[j].firstArc=s;
        }
    }
}
```

在最后一个 for 循环中，首先创建了一个以序号 j 为邻接点序号的边节点，并将该边节点插入第 i 个顶点节点的第一个邻接点中。对于无向图，边(V_i, V_j)将在边节点中出现两次，所以接下来创建了一个以序号 i 为邻接点序号的边节点，并将该边节点插入第 j 个顶点节点的第一个邻接点中。

main 方法如下。

【main 方法】

```
public static void main(String[] args) {
    ALGraph<Character> G=new ALGraph<Character>();
    G.CreateLink();//算法 6-6
    G.DisplayAdjList();//算法 6-5
```

}

例如，按图 6.11（a）所示无向图创建邻接表，程序运行结果如图 6.13（a）所示。

如果要建立有向图的邻接表，需要把算法 6-6 最后一个 if 语句体中的第二部分 s 节点的插入删除，因为在有向图中，一个顶点的邻接点只会在边节点中出现一次。代码如下。

```
if(i>=0&&j>=0){ //建立有向图的邻接表
    s=new ArcNode();
    s.adjVex=j;
    s.nextArc=adjList[i].firstArc;
    adjList[i].firstArc=s;
}
```

例如，按图 6.12（a）所示有向图创建邻接矩阵，程序运行结果如图 6.13（b）所示。

```
请输入图的顶点数及边数
顶点数 n=6
边数 e=8
请输入图的顶点信息：
ABCDEF
请输入图的边的信息：
请输入第1条边的两个顶点：AB
请输入第2条边的两个顶点：AE
请输入第3条边的两个顶点：BE
请输入第4条边的两个顶点：BF
请输入第5条边的两个顶点：CD
请输入第6条边的两个顶点：CE
请输入第7条边的两个顶点：CF
请输入第8条边的两个顶点：DF
图的邻接表表示：
    A-->4-->1
    B-->5-->4-->0
    C-->5-->4-->3
    D-->5-->2
    E-->2-->1-->0
    F-->3-->2-->1
```

```
请输入图的顶点数及边数
顶点数 n=5
边数 e=7
请输入图的顶点信息：
ABCDEF
请输入图的边的信息：
请输入第1条边的两个顶点：AB
请输入第2条边的两个顶点：AC
请输入第3条边的两个顶点：BC
请输入第4条边的两个顶点：CD
请输入第5条边的两个顶点：DA
请输入第6条边的两个顶点：DB
请输入第7条边的两个顶点：EC
图的邻接表表示：
    A-->4-->1
    B-->2
    C-->3
    D-->1-->0
    E-->2
```

（a）无向图构建过程　　　　　　（b）有向图构建过程

图 6.13　图的邻接表的建立算法运行结果

该算法求出的是图的邻接表（出边表），如要求逆邻接表（入边表），把算法 6-6 最后一个 if 语句体改为下述代码即可。

```
if(i>=0&&j>=0){//建立有向图的逆邻接表（入边表）
    s=new ArcNode();
    s.adjVex=i;
    s.nextArc=adjList[j].firstArc;
    adjList[j].firstArc=s;
}
```

该算法消耗的时间主要为算法 6-6 消耗的时间，其中：

```
for(i=0;i<=n;i++) {…} ;
```

时间复杂度为 $O(n)$。

```
for(k=0;k<e;k++) {…}
```

时间复杂度为 $O(e)$。

所以，该算法的时间复杂度为 $O(n+e)$。

另外，要注意的是根据以上算法建立的邻接表不是唯一的，它与从键盘输入边或弧的顺序有关。

6.3　图的遍历

图的遍历是图的一种基本操作，图的许多其他操作都建立在遍历操作的基础之上。图的遍历操作和树的遍历操作相似，是指从图中的任一顶点出发，对图中的所有顶点访问一次且只访问一次。

但是，由于图结构本身的复杂性，图的遍历操作也较复杂，主要表现在以下 4 个方面。

（1）在图结构中，没有一个"自然"的首节点，图中任意一个顶点都可作为第一个被访问的节点。

（2）在非连通图中，从一个顶点出发，只能够访问它所在的连通分量上的所有顶点，因此，还需考虑如何选取下一个出发点以访问图中其余的连通分量。

（3）在图结构中，如果有回路存在，那么一个顶点被访问之后，有可能沿回路回到该顶点。

（4）在图结构中，一个顶点可以和其他多个顶点相连，当这样的顶点被访问过后，存在如何选取下一个要访问的顶点的问题。

虽然有多种遍历图的方法，但重要的是深度优先搜索和广度优先搜索，它们对有向图和无向图均适用。

6.3.1　深度优先搜索

深度优先搜索遍历类似于树的先序遍历，是树的先序遍历的推广。

假设给定图 G 的初始状态是所有顶点均未被访问过，在图 G 中任选顶点 V 为出发点（源点），则深度优先搜索遍历过程如下。

（1）访问出发点 V，并将其状态标记为已访问。

深度优先搜索

（2）依次从 V 出发搜索 V 的每个邻接点 W，若 W 未被访问过，则以 W 为新的出发点继续进行深度优先搜索遍历，直至图中所有和出发点 V 有路径相通的顶点（也称为从出发点可达的顶点）均已被访问为止。

（3）若此时图中仍有未被访问的顶点，则另选一个尚未被访问的顶点作为新的出发点重复上述过程，直至图中所有顶点均已被访问为止。

显然，上述过程是递归的，其特点类似于树的先序遍历，尽可能先从纵深方向进行搜索，故这种搜索方法为深度优先搜索，相应地，利用这种方法遍历图就很自然地被称为深度优先搜索遍历。通俗地讲，深度优先搜索就是一种"不撞南墙不回头，即使回头也是先回溯到离南墙最近的"且有分叉的节点继续深度优先搜索的算法。

利用上述思想进行深度优先搜索的过程如图 6.14 所示，假设从顶点 V_1 出发进行搜索，在访问了顶点 V_1 之后，选择邻接点 V_2。因为 V_2 未被访问，则从 V_2 出发进行搜索。依次类推，接着从 V_4、V_8、V_5 出发进行搜索。在访问了 V_5 之后，由于 V_5 的邻接点都已被访问，则搜索回溯到 V_8。同样地，搜索继续回溯到 V_4、V_2 直至 V_1，此时由于 V_1 的另一个邻接点 V_3 未被访问，则搜索又从 V_3 开始继续进行下去。由此，得到的顶点访问序列为 V_1、V_2、V_4、V_8、V_5、V_3、V_6、V_7。

显然，根据深度优先搜索的思想，从顶点 V_1 出发的深度优先搜索遍历序列可能有多种。图 6.14 中的遍历序列还可以为：

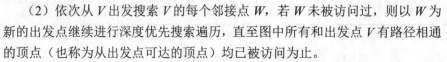

$$V_1、V_2、V_5、V_8、V_4、V_3、V_7、V_6$$
$$V_1、V_3、V_7、V_6、V_2、V_5、V_8、V_4$$

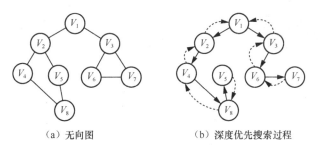

（a）无向图　　　　　　　　（b）深度优先搜索过程

图 6.14　图的深度优先搜索

为了在遍历过程中便于区分每一个顶点是否已经被访问，需附设访问标志数组 visited[n]，其初值为 false，一旦某个顶点被访问，则其相应的分量置为 true。

另外，从图 6.14 的遍历结果可知，从一个顶点出发，图的遍历结果不是唯一的，但若给定图的存储结构，则从某一顶点出发的遍历结果是唯一的。

1．利用邻接矩阵实现图的深度优先搜索遍历

利用邻接矩阵实现图的深度优先搜索遍历的算法描述如下。

```
//以上一节的 Graph 为基础，修改图的描述
public class Graph<T> {
    //……
    protected boolean[] visited;//访问标志数组
    public Graph(){
        //……
        visited=new boolean[MAXSIZE];
    }
    //算法 6-7：从第 i 个顶点出发递归地深度优先搜索图
    protected void DFS(int i){
    }
    public void DFSTraverse( ){//算法 6-8：对图 G 进行深度优先搜索
    }
}
```

【算法 6-7：利用邻接矩阵实现连通图的遍历】

```
protected void DFS(int i){ //从第 i 个顶点出发递归地深度优先搜索图
    vist(V[i]);              //访问第 i 个顶点
    visited[i]=true;
    for(int j=0;j<n;j++){
        if((arcs[i][j]==1)&&(visited[j]==false))
            DFS(j); //对 i 的尚未被访问的邻接顶点 j 递归调用 DFS
    }
}
```

注意，上述代码中的 visit 代表对某个节点进行访问，调试程序时要根据需要将它替换成相应的方法调用，例如替换成 System.out.print(V[i])，表示直接输出该节点的数据值。后文的 visit 类似，不赘述。

【算法 6-8：对图 G 进行深度优先搜索】

```
public void DFSTraverse( ){//对图 G 进行深度优先搜索
    for (int v=0; v<n;v++)
        visited[v]=false; //初始化标志数组
    for    (int v=0; v<n;v++)   //保证非连通图的遍历
        if(!visited[v])
            DFS(v);//从第 v 个顶点出发递归地深度优先搜索图
}
```

【main 方法】

```
public static void main(String[] args) {
    Graph<Character> G=new Graph<Character>();
```

```
        G.CreateAdj(); //算法 6-3
        System.out.println("图的深度优先搜索序列");
        G.DFSTraverse();//算法 6-8
}
```

例如，对图 6.15（a）所示的无向图进行深度优先搜索，程序运行结果如图 6.15（b）所示。

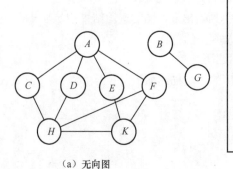

请输入图的顶点数及边数
顶点数 n=9
边数 e=11
请输入图的顶点信息：ABCDEFGHK
请输入图的边的信息：
请输入第1条边的两个顶点：AC
请输入第2条边的两个顶点：AD
请输入第3条边的两个顶点：AE
请输入第4条边的两个顶点：AF
请输入第5条边的两个顶点：CH
请输入第6条边的两个顶点：DH
请输入第7条边的两个顶点：EK
请输入第8条边的两个顶点：FK
请输入第9条边的两个顶点：FH
请输入第10条边的两个顶点：BG
请输入第11条边的两个顶点：HK
图的深度优先遍历序列
A C H D F K E B G

（a）无向图　　　　　　　　　　（b）深度优先搜索算法运行结果

图 6.15　图的深度优先搜索算法

2．用邻接表实现图的深度优先搜索遍历

如果利用邻接表实现图的深度优先搜索遍历的算法，需修改算法 6-7，修改后算法如下。

```
//以上一节的 ALGraph 为基础，修改图的邻接表描述
public class ALGraph<T> {
    //……
        protected boolean[] visited;//访问标志数组
    public ALGraph(){
        //……
            visited=new boolean[MAXSIZE];
    }
    //算法 6-9:从第 i 个顶点出发递归地深度优先搜索图
    protected void    DFS(int i)         {
    }
    public void DFSTraverse( ){//算法 6-8：对图 G 进行深度优先搜索
    }
}
```

【算法 6-9：用邻接表实现连通图的遍历】

```
protected void DFS(int i){ //从第 i 个顶点出发递归地深度优先搜索图
    ArcNode P;
    Vidit(adjList[i]);//访问第 i 个顶点；
    visited[i]=true;
    P=adjList[i].firstArc;
    While (p!=mull)
        If(visited[p.adjvex]==false DFSCP.adjvex);//对 i 的尚未被访问的邻接顶点 j 递归调用 DFS
        P=P.nextArc;
    }
}
```

使用该算法对图 6.15（a）所示的无向图进行深度优先搜索时，如果按算法 6-6 创建邻接表，且输入顺序与图 6.15（b）的相同，则深度优先搜索序列为 A,F,H,K,E,D,C,B,G。

上述算法，在遍历时，对图中每个顶点至多调用一次 DFS 函数，因为一旦某个顶点被标记为已被访问，就不再从它出发进行搜索。因此，遍历图的过程实质上是对每个顶点查找其邻接点的过程。其耗费的时间取决于所采用的存储结构。假设图有 n 个顶点，那么，当用邻接矩阵表示图时，搜索一个顶点的所有邻接点的时间复杂度为 $O(n)$，则从 n 顶点出发搜索的时间复杂度应为 $O(n^2)$，所以算法 6-7 的时间复杂度是 $O(n^2)$。如果使用邻接表来表示图，时间复杂度为 $O(n+e)$，其中，e 为无向图中的边数或有向图中弧的数目，所以算法 6-9 的时间复杂度为 $O(n+e)$。

6.3.2 广度优先搜索

广度优先搜索遍历类似于树的层次遍历。设图 G 的初始状态是所有的顶点均未被访问，在图 G 中任选一顶点 V_0 为出发点，则广度优先搜索遍历过程如下。

（1）访问出发点 V_0，并将其状态标记为已被访问。

（2）依次访问 V_0 的所有邻接点 $V_1, V_2, \cdots, V_t$。

（3）依次访问顶点 $V_1, V_2, \cdots, V_t$ 的所有邻接点。

（4）以此类推，直至图中所有的顶点都被访问。

换句话说，广度优先搜索遍历图的过程中以 V_0 为出发点，由近至远，依次访问和 V_0 路径相通且路径长度为 1, 2, …的顶点。

利用上述思想进行广度优先搜索的过程如图 6.16 所示，若以顶点 V 为出发点，和 V 路径长度为 1 的顶点有 W_1、W_2、W_8，和 V 路径长度为 2 的顶点有 W_7、W_3、W_5，和 V 路径长度为 3 的顶点有：W_6、W_4。

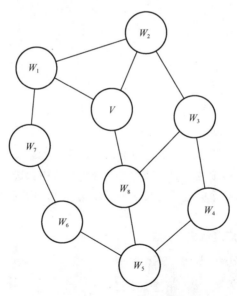

图 6.16　图的广度优先搜索遍历的过程

从顶点 V 出发的广度优先搜索遍历序列可能有多种，但根据算法思想，应遵循先被访问的顶点的邻接点先于后被访问的顶点的邻接点被访问的原则进行遍历。这里只给出其中的 3 种遍历序列，其他的可类似分析。这 3 种广度优先搜索遍历序列为：

$$V, W_1, W_2, W_8, W_7, W_3, W_5, W_6, W_4$$
$$V, W_2, W_8, W_1, W_3, W_5, W_7, W_4, W_6$$

$$V, W_1, W_8, W_2, W_7, W_3, W_5, W_6, W_4$$

以上考虑的是连通图，对非连通图，则只需对每个连通分量都选一顶点作为出发点，分别进行广度优先搜索遍历，然后把结果合并就得到非连通图的遍历结果。

1．利用邻接矩阵实现图的广度优先搜索遍历

利用邻接矩阵实现图的广度优先搜索遍历的算法描述如下。

```
//以前文中的 Graph 为基础，修改图的描述
public class Graph<T> {
    //......
    //算法 6-10：从第 k 个顶点出发递归地深度优先搜索图
    protected void BFS(int k){
    }
    public void BFSTraverse( ){//算法 6-11：对图 G 进行深度优先搜索
    }
}
```

【算法 6-10：利用邻接矩阵实现连通图的广度优先搜索遍历】

```
protected void BFS(int k){ //从第 k 个顶点出发递归地广度优先搜索图
    int i,j;
    Queue<Integer> Q=new LinkedList<Integer>(); //循环队列
    visit(V[k]);//访问第 k 个顶点
    visited[k]=true;
    Q.offer(k);//第 k 个顶点入队
    while(!Q.isEmpty()) {//队列非空
        i=Q.poll();//出队
        for(j=0;j<n;j++){
            //访问第 i 个顶点的未曾访问的顶点
            if((arcs[i][j]==1)&&(visited[j]==false)){
                visit(V[j]);
                visited[j]=true;
                Q.offer(j); //第 j 个顶点入队
            }
        }
    }
}
```

分析上述算法，每个顶点至多进一次队，所以算法的内、外循环次数均为 n，该算法的时间复杂度为 $O(n^2)$。若图是非连通的或非强连通的，则从图中某个顶点出发，用广度优先搜索不能访问到图中所有顶点，而只能访问到一个连通子图，即连通分量，或只能访问到一个强连通子图，即强连通分量。这时，可在每个连通分量或每个强连通分量中都选一个顶点进行广度优先搜索遍历，最后将每个连通分量或每个强连通分量的遍历结果合并，得到整个非连通图的广度优先搜索遍历序列。参见算法 6-11。

【算法 6-11：对图进行广度优先搜索】

```
public void BFSTraverse(){ //对图进行广度优先搜索
    int v;
    for (v=0; v<n;v++)              //初始化标志数组
        visited[v]=false;
    for   (v=0; v<n;v++)            //保证非连通图的遍历
        if (!visited[v])
            BFS(v);                //从第 v 个顶点出发递归地广度优先搜索图
}
```

2．用邻接表实现图的广度优先搜索遍历

当使用邻接表来表示图时，若要实现图的广度优先搜索，则需修改算法 6-10，修改后算法如算法 6-12 所示。

【算法 6-12：用邻接表实现连通图的广度优先搜索遍历】

```
protected void BFS(int k){
    int i;
    ArcNode p;
    Queue<Integer> Q=new LinkedList<Integer>(); //初始化队列
    visit(adjList[k].data);//访问第 k 个顶点
    visited[k]=true;
    Q.offer(k);                //第 k 个顶点入队
    while(!Q.isEmpty()) {//队列非空
        i=Q.poll();
        p=adjList[i].firstArc;//获取第 1 个邻接点
        while(p!=null){
            if(visited[p.adjVex]==false){
                //访问第 i 个顶点的未曾访问的顶点
                visit(adjList[p.adjVex].data);
                visited[p.adjVex]=true;
                Q.offer(p.adjVex);//第 k 个顶点入队
            }
            p=p.nextArc;
        }
    }
}
```

6.4 生成树和最小生成树

6.4.1 生成树

一个有 n 个顶点的连通图 G，存在一个极小的连通子图 G'，G' 包含图 G 的所有顶点，但只有 $n-1$ 条边，并且 G' 是连通的，则称 G' 为图 G 的生成树。注意一个连通图的生成树不是唯一的。对于非连通图，则称由各个连通分量的生成树组成的集合为此非连通图的生成森林。

对给定的连通图，如何求它的生成树呢？

设图 $G = (V, E)$，是一个具有 n 个顶点的连通图，则从 G 的任一顶点出发，做一次深度优先搜索或广度优先搜索，就可将 G 中的所有顶点都访问到。显然，在这两种搜索方法中，从一个已访问过的顶点 V_i 搜索到一个未曾访问的邻接点 V_j，必定要经过 G 中的一条边 (V_i, V_j)。而两种方法对图中的 n 个顶点都只访问一次，因此除出发点外，对其他 $n-1$ 个顶点的访问一共要经过 G 中的 $n-1$ 条边，这 $n-1$ 条边将 G 中的 n 个顶点连接成包含 G 中所有顶点的极小连通子图，故它就是 G 的一棵生成树，出发点则是该生成树的根。

通常，由深度优先搜索得到的生成树称为深度优先生成树，简称 DFS 生成树。由广度优先搜索得到的生成树称为广度优先生成树，简称 BFS 生成树。图 6.17 所示为一个连通图及其生成树。

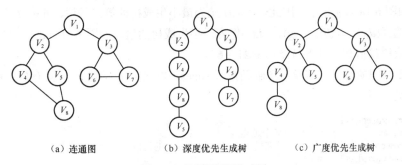

(a) 连通图　　　　　(b) 深度优先生成树　　　　　(c) 广度优先生成树

图 6.17　连通图及其生成树

6.4.2　最小生成树

由以上讨论可知，图的生成树不是唯一的，连通图的一次遍历经过的边的集合及图中所有顶点的集合可构成该图的一棵生成树，对连通图进行不同的遍历，可能得到不同的生成树。如果无向连通图是带权图（连通网），其生成树也是带权的。此时，把生成树 T 中各边的权值总和称为该树的权，记为：

$$W(T) = \sum_{(u,v)\in TE} w(u,v)$$

其中，TE 表示生成树 T 的边集，$w(u,v)$ 表示边 (u,v) 的权。那么，它的所有生成树中必有一棵边的权值总和最小的生成树，我们称这棵生成树为权值总和最小生成树，简称最小生成树（Minimum Spanning Tree，MST）。

生成树和最小生成树有许多重要的应用。例如，令图 G 的顶点表示城市，边表示连接两个城市的通信线路。n 个城市最多可设立的线路有 $n(n-1)/2$ 条，把 n 个城市连接起来至少要有 $n-1$ 条线路，则图 G 的生成树表示建立通信网络的可行方案。如果给图中的边都赋予权，而这些权可表示两个城市之间通信线路的长度或建造代价，那么如何选择 $n-1$ 条线路，使得建立的通信网络线路的总长度最短或总代价最小？该问题等价于：构造图的一棵最小生成树，即在 e 条带权的边中选取 $n-1$ 条边（不构成回路），使"权值之和"最小。

在带权的连通无向图 $G=(V,E)$ 上，构造最小生成树有普里姆算法（Prim's Algorithm）和克鲁斯卡尔算法（Kruskal's Algorithm），它们都应用最小生成树的性质，即 U 是顶点 V 的一个非空子集，若 (u,v) 是一条具有最小权值的边，其中 $u\in U$，$v\in V-U$，则一定存在一棵包含边 (u,v) 的最小生成树。

1. 普里姆算法

设 $G=(V,E)$ 是具有 n 个顶点的图，$T=(U,TE)$ 为 G 的最小生成树，U 是 T 的顶点集合，TE 是 T 的边集。

普里姆算法是在 1957 年由罗伯特·普里姆（Robert Prim）提出的，其基本思想为：首先从集合 V 中选取任一顶点（例如取顶点 v_0）放入集合 U 中，这时 $U=\{v_0\}$，$TE=\varnothing$（即空集），然后选择一条边，这条边的一个顶点在集合 U 里，另一个顶点在集合 $V-U$ 中且权值最小，即边 $(u,v)(u\in U, v\in V-U)$，将该边放入 TE，并将顶点 v 加入集合 U。重复上述操作直到 $U=V$ 为止。此时 TE 中有 $n-1$ 条边，$T=(U,TE)$ 就是 G 的一棵最小生成树。

图 6.18 所示为按普里姆算法构造最小生成树的过程，图 G 是一个带权的连通无向图，如图 6.18（a）所示。刚开始选取顶点 a 放入集合 U 中，其余顶点在 $V-U$ 中，$U=\{a\}$，$V-U=\{b,c,d,e,f,g\}$，a 到集合 $V-U$ 中顶点的所有权值边中，(a,e) 权值最小为 14，如图 6.18（b）所示，因此，选取 (a,e) 为最小生成树的第一条边，并把 e 放入集合 U 中；集合 $\{a,e\}$ 到集合 $\{b,c,d,f,g\}$ 的最小权值边为 (e,d)，权值为 8，如图 6.18（c）所示，因此，选取 (e,d) 为最小生成树的第二条边，并把 d 放入集合 U 中，依次类推，选择 (d,c)、(c,b)、(e,g)、(d,f) 作为最小生成树的边，如图 6.18（d）～图 6.18（h）所示。所得生成树权值和 = 14+8+3+5+16+21 = 67。

为了实现普里姆算法，需设一个辅助数组 edges，以记录从 U 到 $V-U$ 具有最小权值的边。其数据类型定义如下：

```
public class closedge<T> {
    T adjvax;          //集合 U 的某个顶点 u
    int lowcost;       //表示所有相邻的权值最小的边(u,vi)的权值
    public closedge(T v,int i){
        adjvax=v;
```

```
            lowcost=i;
        }
        public closedge(){
            adjvax=null;
            lowcost=0;
        }
    }
ArrayList<closedge<T>> edges= new ArrayList<closedge<T>>(MAXSIZE);
```

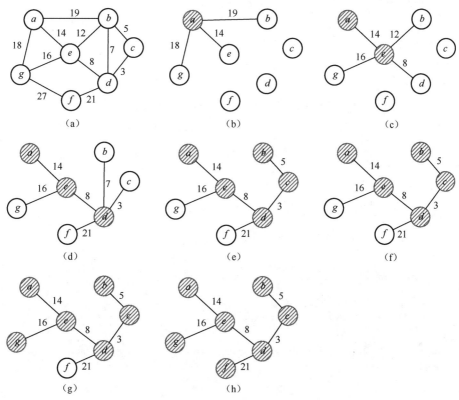

图 6.18 按普里姆算法构造最小生成树的过程

对于每一个顶点 $v_i \in V-U$，在辅助数组 edges 中存在一个分量 edges.get(i)，其中 edges.get(i). lowcost 存储该边上的权值，该值应满足关系 edges.get(i).lowcost=Min{cost(u,v_i)|u∈U}，其中 cost(u,v_i)为边(u,v_i)上的权值，一旦顶点 v_i 并入 U，则 edges.get(i).lowcost 置为 0，而 edges.get(i). adjvax 存储依附于该边的在 U 中的顶点。

假设连通图 G 用邻接矩阵表示，若两个顶点之间不存在边，则其权值可用计算机内部的最大数（Max）表示，如图 6.19 所示。普里姆算法如算法 6-1、算法 6-12、算法 6-13 所示，其中算法 6-1 确定起始顶点在图中的序号，算法 6-13 求出集合 V–U 中依附于顶点 u（u∈U）的权值最小的顶点的序号。

$$G = \begin{pmatrix} Max & 19 & Max & Max & 14 & Max & 18 \\ 19 & Max & 5 & 7 & 12 & Max & Max \\ Max & 5 & Max & 3 & Max & Max & Max \\ Max & 7 & 3 & Max & 8 & 21 & Max \\ 14 & 12 & Max & 8 & Max & Max & 16 \\ Max & Max & Max & 21 & Max & Max & 27 \\ 18 & Max & Max & Max & 16 & 27 & Max \end{pmatrix}$$

图 6.19 图 6.18 所示图的邻接矩阵

普里姆算法的步骤如下。

（1）初始化 edges。

```
edges.get(k).lowcost=0;
edges.get(j).adjvax=V[k];
edges.get(j).lowcost=arcs[k][j];
```

其中，k 为第一个顶点序号，$j=0,1,2,\cdots,n$。

（2）每次扫描数组 edges[ ].lowcost，找出值最小且不为 0 的 edges[ ].lowcost 的索引 k，得到最小生成树的一条边 edges.get(k).adjvax,G.V[k]，并将其输出。

（3）令 edges.get(k).lowcost=0，将 k 并入 U。

（4）修改数组 edges（edges[ ].lowcost[i]!=0 且 $i\in V-U$）。

（5）重复第（2）、（3）、（4）步，直到 $U=V$（或循环 $n-1$ 次）结束。

具体算法描述如下。

```
//以前文的 Graph 类为基础，修改图的描述
class Graph<T>
{
    //……
    //在辅助数组中求出权值最小的顶点序号
    private int Mininum(closedge<T> dge[]);
    //……
    //从顶点 v 出发构造图的最小生成树，并输出最小生成树的各条边
    public void PRIM(T v);
};
public class DirectNet<T> extends Graph<T> {
    //……
    //算法 6-14:在辅助数组中求出权值最小的顶点序号
    protected int Mininum(ArrayList<closedge<T>> edges){
        return 0;
    }
    //算法 6-13:从顶点 v 出发构造图的最小生成树，并输出最小生成树的各条边
    public void PRIM(T v){
    }
}
```

【算法 6-13：普里姆算法】

```
//从顶点 v 出发构造图的最小生成树，并输出最小生成树的各条边
public void PRIM(T v)
{
    int i,j,k;
    closedge<T> edge;
    ArrayList<closedge<T>> edges=
            new ArrayList<closedge<T>>(MAXSIZE);
    for(i=0;i<MAXSIZE;i++){   //初始化辅助数组
        edge=new closedge<T>();
        edges.add(i, edge);
    }
    k=LocateVex(v);//确定顶点 v 在图中的序号
    for(j=0;j<n;j++){//初始化辅助数组
        if(j!=k){
            edge=new closedge<T>(v,arcs[k][j]);
            edges.add(j, edge);
        }
    }
    //初始顶点生成树集合，lowcost 值为 0，表示该顶点已并入生成树集合
    edges.get(k).lowcost=0;
    for(i=0;i<n-1;i++){
        k=mininum(edges);//求辅助数组中权值最小的顶点，算法 6-13
        //输入最小生成树的一条边和对应权值
```

```
                System.out.print("("+edges.get(k).adjvax+","
                        +V[k]+","+edges.get(k).lowcost+") ");
                edges.get(k).lowcost=0; //将顶点 k 并入生成树集合
                for(j=0;j<n;j++){//重新调整 edges
                        if(arcs[k][j]<edges.get(j).lowcost) {
                                edges.get(j).adjvax=V[k];
                                edges.get(j).lowcost=arcs[k][j];
                        }
                }
        }
}
```

【算法 6-14：求出集合 $V-U$ 中依附于顶点 u（$u\in U$）的权值最小的顶点的序号】

```
//在辅助数组中求出权值最小的顶点序号
protected int mininum(ArrayList<closedge<T>> edges){
        int i,j,min;
        for(i=0;i<n;i++){
                if(edges.get(i).lowcost!=0)        break;
        }
        min=i;
        for(j=i+1;j<n;j++){
        if(edges.get(j).lowcost!=0&&edges.get(j).lowcost<
                edges.get(min).lowcost)min=j;
        }
        return min;
}
```

【main 方法】

```
public static void main(String[] args) {
        DirectNet<Character> G=new DirectNet<Character>();
        G.CreateAdj();        //调用算法 6-3
        G. PRIM('a');        //调用算法 6-13
}
```

表 6.1 展示了在图 6.18 所示的构造最小生成树的过程中，辅助数组 edges 中各分量值的变化情况。

表 6.1　构造最小生成树过程中辅助数组中各分量值的变化情况

closedge	i							k	TE
	0	1	2	3	4	5	6		
	a	b	c	d	e	f	g		
adjvax		a	a	a	a	a	a	4	(a,e,14)
lowcost	0	19	Max	Max	14	Max	18		
adjvax		e	a	e	a	a	e	3	(e,d,8)
lowcost	0	12	Max	8	0	Max	16		
adjvax		d	d	e	a	d	e	2	(d,c,3)
lowcost	0	7	3	0	0	21	16		
adjvax		c	d	e	a	d	e	1	(c,b,5)
lowcost	0	5	0	0	0	21	16		
adjvax		c	d	e	a	d	e	6	(e,g,16)
lowcost	0	0	0	0	0	21	16		
adjvax		c	d	e	a	d	e	5	(d,f,21)
lowcost	0	0	0	0	0	21	0		

其中，k 值对应算法 6-13 中语句：

```
k=mininum(edges);
```

TE 一列对应语句：

```
System.out.print("("+edges.get(k).adjvax+","
        +V[k]+","+edges.get(k).lowcost+") ");
```

假设图中有 *n* 个顶点，则普里姆算法的时间复杂度为 $O(n^2)$，它与图中边的数目无关，因此，普里姆算法适用于求边稠密的图的最小生成树。

2．克鲁斯卡尔算法

另一种构造最小生成树的算法是按权值递增的次序来构造，是由克鲁斯卡尔（Kruskal）于 1956 年提出的。克鲁斯卡尔算法考虑问题的出发点是：为使生成树上边的权值之和达到最小，应使生成树中每一条边的权值尽可能小。具体做法是先构造一个只含 *n* 个顶点的子图 *G'*，然后从权值最小的边开始，若它的添加不使 *G'* 产生回路，则在 *G'* 上加上这条边，如此重复，直至加上 *n*-1 条边为止。

图 6.20（b）～图 6.20（h）所示为按克鲁斯卡尔算法构造最小生成树的过程，图 6.20（a）为原图。

用克鲁斯卡尔算法构造最小生成树的步骤如下。

（1）开始时，设 *T* 的边集 *TE* 为空集，*T* 中只有 *n* 个顶点，每个顶点自成一个连通分量。

（2）在图的边集 *E* 中，选择权值最小的边，只要此边不和已选择的边构成回路，就把它并入 *TE*，作为生成树 *T* 的一条边。若选取的边使生成树构成回路，则将其舍弃。

（3）重复步骤（2），直到 *TE* 中包含 *n*-1 条边为止。此时 *T* 即最小生成树。

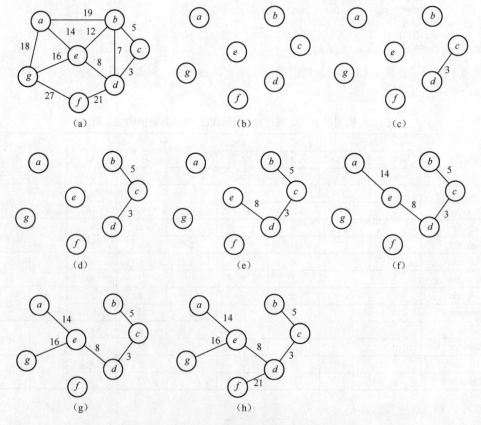

图 6.20 按克鲁斯卡尔算法构造最小生成树的过程

此算法可简单描述如下。

```
T=（V，φ）；
While(T 中边数 e<n-1){
    从 E 中选取当前最短边(u,v)；
    If((u,v)并入 T 之后不产生回路)，将边(u,v)并入 T；
    从 E 中删除边(u,v)；
}
```

实现克鲁斯卡尔算法的难点在于判断一个新选择的边是否会和已选择的边构成环路。对此，可采取如下简单的判断方法：初始状态下，为连通图中的各个顶点配置不同的标记。对于一条新选择的边，如果它两端顶点的标记不同，说明加入生成树后不会构成环路，可以形成最小生成树。一旦这条新边被选择，需要将它的两个顶点以及和它直接相连的所有已选边两端的顶点改为相同的标记；反之，如果这条新边两端顶点的标记相同，就表示加入生成树后会构成回路，此时应跳过这条边。

具体算法描述如下。

首先，定义能完整代表边的泛型类 Edge，代码如下。

```
class Edge<T> {
    public T start;     //一条边的起点
    public T end;       //一条边的终点
    public int cost;    //一条边的权值
    public Edge(){
        start =null;
        end = null;
        cost=0;
    }
    public Edge(T v1,T v2, int w)    {
        start =v1;
        end = v2;
        cost=w;
    }
}
```

然后，在泛型类 DirectNet<T>中添加算法 6-15 和算法 6-16，代码如下。

【算法 6-15：从无向图的邻接矩阵中提取所有的边】

```
public Edge<T>[] getEdges() {
    Edge<T>[] edges = new Edge[this.e];
    for(int i=0; i<this.e;i++)
        edges[i] = new Edge();
    int k = 0;
    // 因无向图的邻接矩阵是对称矩阵，故只需访问矩阵中的一半元素
    for (int i = 0; i < this.n; i++)
        for (int j = 0; j < i; j++) {
            if (this.arcs[i][j] != this.MAX) {
                edges[k].start = this.V[i];
                edges[k].end = this.V[j];
                edges[k].cost = this.arcs[i][j];
                k++;
            }
        }
    return edges;
}
```

【算法 6-16：克鲁斯卡尔算法】

```
public Edge<T>[] Kruskal() {
    int num = 0; // 记录已加入最小生成树的边数
    Edge<T>[] U = new Edge[this.e]; //用来保存最小生成树的所有边
    for(int i=0; i<this.e;i++)
```

```
                U[i] = new Edge();
        int[] assists = new int[this.n];// 辅助数组，用于标记各个顶点是否已在最小生成树中
        for (int i = 0; i < this.n; i++)//刚开始各顶点的标记各不相同
                assists[i] = i;
        Edge<T>[] edges = getEdges(); // 提取图中所有的边

        //将图的所有边按权值升序排列
        for (int i = 0; i < edges.length; i++) {
                int k = i; // 寻找权值最小的边
                for (int j = i + 1; j < edges.length; j++) {
                        if (edges[k].cost > edges[j].cost)
                                k = j;
                }
                if (k != i) {
                        Edge t = edges[i];
                        edges[i] = edges[k];
                        edges[k] = t;
                }
        }
        for(int i=0;i<edges.length;i++){ //对每一条边进行迭代处理
                Edge<T> edge = edges[i]; //取第 i 条边

                //获取第 i 条边的两个顶点及其在顶点集合中的索引
                T v1 = edge.start;    //起点
                T v2 = edge.end;      //终点
                int n1 =   LocateVex(v1);   //起点在顶点集合中的索引
                int n2 =   LocateVex(v2); //终点在顶点集合中的索引

                //若两个顶点的标记不同，则把这条边加入生成树且不会产生回路
                if(assists[n1]!=assists[n2])
                {
                        //记录该边，使之成为最小生成树的组成部分
                        U[num++] = edge;
                        int x = assists[n2];
                        //将新加入生成树的顶点的标记全部更改为相同的标记
                        for (int j = 0; j < this.n; j++) {
                                if (assists[j] == x)     assists[j] = assists[n1];
                        }
                }
                //如果选择的边的数量和顶点数相差 1，说明已经形成最小生成树，终止循环
                if(num>this.n-1) break;
        }
        return U;
}
```

【main 方法】

```java
public static void main(String[] args) {
        DirectNet<Character> G=new DirectNet<Character>();

        G.CreateAdj(); //算法 6-3
        G.printMST(G.Kruskal());
}
```

其中，printMST()方法负责显示克鲁斯卡尔算法的返回结果，参考代码如下。

```java
public void printMST(Edge<T>[] mst)
        System.out.println("最小生成树为：");
        int sum = 0;
        for (int i = 0; i < this.n-1; i++) {
                System.out.println(mst[i].start+"-"+mst[i].end+",cost"+mst[i].cost);
                sum += mst[i].cost;
        }
        System.out.print("the total cost is:"+sum);
}
```

上述代码只是简单地输出最小生成树各边的信息。当然，还可以先把克鲁斯卡尔算法的返回结果由线性结构转换为树形结构，再显示为标准的树。

运行上面的主程序，输入图 6.20（a）所示的顶点和边，最终运行结果如下所示。

```
最小生成树为：
    (d,c),cost=3
    (c,b),cost=5
    (e,d),cost=8
    (e,a),cost=14
    (g,e),cost=16
    (f,d),cost=21
    the total cost is:67
```

决定克鲁斯卡尔算法时间复杂度的操作是对图中所有的边按权值排序，可以证明其时间复杂度是 $O(e\log_2 e)$，其中，e 是图 G 的边数。因此，克鲁斯卡尔算法适合求边稀疏的图的最小生成树。

综上，普里姆算法与克鲁斯卡尔算法的主要区别如表 6.2 所示。

表 6.2 普里姆算法与克鲁斯卡尔算法的主要区别

区别	普里姆算法	克鲁斯卡尔算法
基本策略不同	从连通图中直接查找，多次寻找邻边的权重最小值	需要先对权重排序，之后查找邻边的权重最小值，在算法效率上要比普里姆算法快，因为克鲁斯卡尔算法只需对权重排序一次就能找到最小生成树
实现过程不同	首先任选一个节点作为初始节点，然后以迭代的方式找出最小生成树中各节点权重最小的边，并加到最小生成树中。如果产生回路就跳过该边，选择下一个节点。当所有节点都加入最小生成树时算法终止	首先对权重从小到大进行排序，然后把排序好的权重边依次加入最小生成树。如果加入时产生回路就跳过这条边，加入下一条边。当所有节点都加入最小生成树时算法终止

6.5 图的应用

6.5.1 最短路径

某一地区的一个公路网，给定了该网内的 n 个城市以及这些城市相通公路的距离，能否找到城市 A 到城市 B 的一条最近的通路呢？如果将城市用顶点表示，城市间的公路用边表示，公路的长度作为边的权值，那么，这个问题可归结为在图中，求顶点 A 到顶点 B 的所有路径中边的权值之和最小的那一条路径。这条路径就是两顶点之间的最短路径，并称路径上的第一个顶点为起点，最后一个顶点为终点。最短路径问题是图的一个比较典型的应用问题。而单源点最短路径是其中比较重要的一个应用。

设有向图 $G=(V,E)$。以某指定顶点为起点 v_0，从 v_0 出发到图中其余各点的最短路径称为单源点最短路径。如以图 6.21（a）为例，若指定 v_0 为起点，通过分析可以得到从 v_0 出发到其余各顶点的最短路径和路径长度如下。

$v_0 \rightarrow v_1$：无路径

$v_0 \rightarrow v_2$：10

$v_0 \rightarrow v_3$：50（$v_0 \rightarrow v_4 \rightarrow v_3$）

$v_0 \rightarrow v_4$：30

$v_0 \rightarrow v_5$：60（$v_0 \rightarrow v_4 \rightarrow v_3 \rightarrow v_5$）

为了求出最短路径，迪杰斯特拉（Dijkstra）在做了大量观察后，首先提出了按路径长度递增产生各顶点的最短路径算法，称为迪杰斯特拉算法。

图 6.21（b）～图 6.21（f）给出了用迪杰斯特拉算法求从顶点 v_0 到其余顶点的最短路径的过程。图中虚线表示当前可选择的边，实线表示算法已确定包括到最短路径集合 S 中有顶点对应的边。

第一步：列出顶点 v_0 到其余各顶点的路径长度，它们分别为 0、∞、10、∞、30、100。从中选取路径长度最小的顶点 v_2，如图 6.21（b）所示。

第二步：找到顶点 v_2 后，再观察从起点经顶点 v_2 到各个顶点的路径长度是否比第一步所找到的路径长度要小（已选取的顶点则不必考虑），可以发现，起点到顶点 v_3 的路径长度为 60（v_0，v_2，v_3），其余的路径则不变。然后，从已更新的路径中找出路径长度最小的顶点 v_4（从起点到顶点 v_4 的最短路径长度为30），如图 6.21（c）所示。

第三步：找到顶点 v_4 以后，再观察从起点经顶点 v_4 到各顶点的路径是否比第二步所到的路径长度要小（已被选取的顶点不必考虑），可以发现，起点到顶点 v_3 的路径长度更新为 50（v_0，v_4，v_3），起点到顶点 v_5 的路径长度更新为 90（v_0，v_4，v_5），其余的路径不变。然后，从已更新的路径中找出路径长短最小的顶点 v_3（从起点到顶点 v_3 的最短路径为50），如图 6.21（d）所示。

第四步：找到顶点 v_3 后，再观察从起点经顶点 v_3 到各顶点的路径是否比上一步所找到的路径长度要小（已被选取的顶点不必考虑），可以发现，起点到顶点 v_5 的路径长度更新为 60（v_0，v_4，v_3，v_5），其余的路径则不变。然后，从已更新的路径中找出路径长度最小的顶点 v_5（从起点到顶点 v_5 的最短路径为60），如图 6.21（e）所示。此时从起点到其余各顶点的最短路径都已求出，如图 6.21（f）所示。

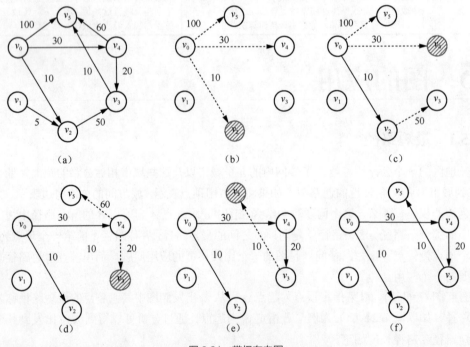

图 6.21　带权有向图

迪杰斯特拉算法的基本思想为：把图中所有顶点分成两组，第一组包括已确定最短路径的顶点（初始只包括 v_0），第二组包括尚未确定最短路径的顶点，然后按最短路径长度递增的次序逐个把第二组的顶点加到第一组中去，直至从 v_0 出发可以到达的所有顶点都包括到第一组中。在这个过程中，总保持从 v_0 到第一组各顶点最短路径长度都不大于从 v_0 到第二组的任何顶点的最短路径长度。另外，每一个顶点都对应一个距离值，第一组的顶点对应的距离值就是从 v_0 到此顶点的只包括第一组的顶点为中间顶点的最短路径长度。

设有向图 G 有 n 个顶点（v_0 为起点），其存储结构用邻接矩阵表示。算法实现时需要设置 3 个数组 s[n]、dist[n]、path[n]。

数组 s 用来标记已经找到最短路径的顶点，若 s[i]=true，则表示已经找到起点到顶点 v_i 的最短路径，若 s[i]=false，则表示从起点到顶点 v_i 的最短路径尚未求得，数组的初始值为 s[0]=true，s[i]=false（i=1,2,…,n-1），即只有 v_0 已找到最短路径。

数组 dist 记录起点到其他各顶点当前的最短距离，其初值为：

$$dist[i]=arcs[0][i]（i=1,2,…,n-1）$$

数组 path 用于存放最短路径，其中 path[i]表示从起点 v_0 到顶点 v_i 之间的最短路径上该顶点的前驱顶点，若从 v_0 到 v_i 无路径，则 path[i]=−1。

算法运行时从 s 以外的顶点集合 $V-S$ 中选出一个顶点 v_w，使 dist[w]的值最小。然后将 v_w 加入 s，即 s[w]=1。同时调整集合 $V-S$ 中各个顶点的距离值，即从原来的 dist[j]和 dist[w]+arcs[w][j]中选择较小的值作为新的 dist[j]。重复上述过程，直到 s 包含图中所有顶点，或再也没有可加入 s 的顶点为止。

迪杰斯特拉算法对用邻接矩阵存储的有向图求最短路径的描述如下。

```
//以前文的 Graph 为基础，修改后的图的邻接矩阵描述
template<class T>
class Graph
{
private:
    //…
    int path[MAXSIZE];//path[i]是 v0 到 vi 的最短路径上的前驱顶点
    int dist[MAXSIZE];//dist[i]是路径长度
public:
    //…
    void Dijkstra(int v0);//求有向图 G 的 v0 顶点到其余顶点 v 的最短路径
    //输出起点 v0 到其余顶点的最短路径和路径长度
    void DisplayPath(int v0);
};
public class DirectNet<T> extends Graph<T> {
    int[] path;//path[i]是 v0 到 vi 的最短路径上的前驱顶点
    int[] dist;//dist[i]是路径长度
    public   DirectNet() {
        path=new int[MAXSIZE];
        dist=new int[MAXSIZE];
    }
    //算法 6-17：求有向图 G 的 v0 顶点到其余顶点 v 的最短路径
    public void Dijkstra(int v0){
    }
    //算法 6-18：输出起点 v0 到其余顶点的最短路径和路径长度
    public void DisplayPath(int v0){
    }
}
```

【算法 6-17：迪杰斯特拉算法】

```
//求有向图 G 的 v0 顶点到其余顶点 v 的最短路径
public void Dijkstra(int v0){
    int i,j,v=0,w=0;
    int min;
    boolean[] s=new boolean[MAXSIZE];
    for(i=0;i<n;i++){//初始化 s, dist 和 path
        s[i]=false;
        dist[i]=arcs[v0][i];
        if(dist[i]<MAX)path[i]=v0;
        else path[i]=-1;
    }
```

```
dist[v0]=0;s[v0]=true;//初始时起点 v0 属于 s
//循环求 v0 到某个顶点 v 的最短路径，并将 v 加入 s
for(i=1;i<n-1;i++){
    min= MAX;
    for(w=0;w<n;w++){
        //顶点 w 不属于 s，且离 v0 更近
        if(!s[w]&&dist[w]<min){
            v=w;min=dist[w];
        }
    }
    s[v]=true;//顶点 v 并入 s
    for(j=0;j<n;j++){//更新当前最短路径及距离
        if(!s[j]&&(min+arcs[v][j]<dist[j])){
            dist[j]=min+arcs[v][j];
            path[j]=v;
        }
    }
}
```

【算法 6-18：输出起点 v0 到其余顶点的最短路径和路径长度】

```
//输出起点 v0 到其余顶点的最短路径和路径长度
public void DisplayPath(int v0){
    int i,next;
    for(i=0;i<n;i++){
        if(dist[i]< MAX &&i!=v0){
            System.out.print("V"+i+"<--");
            next=path[i];
            while(next!=v0){
                System.out.print("V"+next+"<--");
                next=path[next];
            }
            System.out.println("V"+v0+":"+dist[i]);
        }
        else
            if(i!=v0)
                System.out.println("V"+i+"<--V"+v0+":no path");
    }
}
```

【main 方法】

```
public static void main(String[] args) {
    DirectNet<Character> G=new DirectNet<Character>();
    G.CreateAdj();//算法 6-3，创建有向图的邻接矩阵
    G.Dijkstra(0);//算法 6-14
    G.DisplayPath(0); //算法 6-15
}
```

对于图 6.21 所示的有向图，若两个顶点之间不存在边，则其权值用计算机的最大整数（Max）表示，其邻接矩阵如图 6.22 所示，利用算法 6-17、算法 6-18 计算从顶点 v_0 到其他各顶点的最短路径的动态执行过程如表 6.3 所示。最后的运行结果如图 6.23 所示。

$$G=\begin{pmatrix} Max & Max & 10 & Max & 30 & 100 \\ Max & Max & 5 & Max & Max & Max \\ Max & Max & Max & 50 & Max & Max \\ Max & Max & Max & Max & Max & 10 \\ Max & Max & Max & 20 & Max & 60 \\ Max & Max & Max & Max & Max & Max \end{pmatrix}$$

图 6.22　图 6.21 所示有向图的邻接矩阵

表 6.3　迪杰斯特拉算法的动态执行情况

循环	选择 v	s[0],…,s[5]	dist[0]…dist[5]	path[0],…,path[5]
初始	—	1 0 0 0 0 0	0 ∞ 10　∞　30　100	−1 −1 0 −1 0 0
1	2	1 0 1 0 0 0	0 ∞ <u>10</u>　60　30　100	−1 −1 0 2 0 0
2	4	1 0 1 0 1 0	0 ∞ 10　50　<u>30</u>　100	−1 −1 0 4 0 4
3	3	1 0 1 1 1 0	0 ∞ 10　<u>50</u>　30　60	−1 −1 0 4 0 3
4	5	1 0 1 1 1 1	0 ∞ 10　50　30　<u>60</u>	−1 −1 0 4 0 3
5	—	1 0 1 1 1 1	0 ∞ 10　50　30　60	−1 −1 0 4 0 3

```
请输入图的顶点数及边数
顶点数 n=6
边数 e=8
请输入图的顶点信息：012345
请输入图的弧的信息：
请输入第1条边的两个顶点：02
权值：10
请输入第2条边的两个顶点：04
权值：30
请输入第3条边的两个顶点：05
权值：100
请输入第4条边的两个顶点：12
权值：5
请输入第5条边的两个顶点：23
权值：50
请输入第6条边的两个顶点：35
权值：10
请输入第7条边的两个顶点：43
权值：20
请输入第8条边的两个顶点：45
权值：60
V1<--V0:no path
V2<--V0:10
V3<--V4<--V0:50
V4<--V0:30
V5<--V3<--V4<--V0:60
```

图 6.23　迪杰斯特拉算法运行结果

分析迪杰斯特拉算法，容易看出其时间复杂度为 $O(n^2)$。

6.5.2　拓扑排序

拓扑排序（Topological Sort）是图的重要的运算之一，在实际中应用很广泛。例如，很多工程都可分为若干个具有独立性的子工程，我们把这些子工程称为"活动"。每个活动之间有时存在一定的先决条件关系，即在时间上有一定的相互制约的关系。也就是说，有些活动必须在其他活动完成之后才能开始，即某项活动的开始必须以另一项活动的完成为前提。在有向图中，若以图中的顶点表示活动，以弧表示活动之间的优先关系，这样的有向图称为 AOV 网（Active on Vertex Network）。

在 AOV 网中，若从顶点 v_i 到顶点 v_j 存在一条有向路径，则称 v_i 是 v_j 的前驱，v_j 是 v_i 的后继。若<v_i,v_j>是 AOV 网中的弧，则称 v_i 是 v_j 的直接前驱，v_j 是 v_i 的直接后继。

例如，一个计算机专业的学生必须学习一系列的基本课程（见表 6.4）。其中，有些课程是基础课，如"计算机导论""C 语言程序设计"，而另一些课程必须在学完某些课程之后才能开始学习。如通常在学完"计算机导论""C 语言程序设计"之后才开始学习"数据结构"等。因此，可以用

AOV 网来表示各课程之间的关系，如图 6.24 所示。

表 6.4　计算机专业课程名称与编号

课程编号	课程名称	先决条件	课程编号	课程名称	先决条件
C_1	计算机导论	无	C_7	计算机原理	C_6、C_{12}
C_2	普通物理	C_1	C_8	操作系统	C_4、C_6
C_3	C 语言程序设计	无	C_9	微机接口技术	C_6、C_7
C_4	数据结构	C_1、C_3	C_{10}	计算机网络	C_7、C_{12}
C_5	数据库基础	C_3	C_{11}	电路分析	C_1、C_2
C_6	汇编语言	C_3	C_{12}	电子技术基础	C_{11}

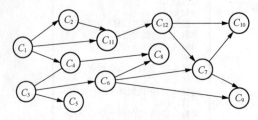

图 6.24　表示课程之间关系的 AOV 网

在 AOV 网中，不应该出现有向环路，因为有环意味着某项活动以自己作为先决条件，这样就进入了死循环。如果图 6.24 所示的有向图出现了有向环路，则教学计划将无法编排。因此，对给定的 AOV 网应首先判定网中是否存在环。检测的办法是对有向图进行拓扑排序，拓扑排序指按照有向图给出的次序关系，将图中顶点排成一个线性序列，对于有向图中没有限定次序关系的顶点，则可以人为加上任意的次序关系。由此所得顶点的线性序列称为拓扑有序序列。

显然，一个 AOV 网的拓扑有序序列不是唯一的。如图 6.25（a）所示，该图的拓扑有序序列有两个：(A,B,C,D) 和 (A,C,B,D)。而如果 AOV 网有环，则找不到该网的拓扑有序序列，图 6.25（b）所示的 AOV 网存在一个 (B,C,D) 的回路。所以检查有向图中是否存在回路的方法之一是对有向图进行拓扑排序。

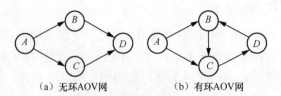

（a）无环 AOV 网　　　　　　　　（b）有环 AOV 网

图 6.25　AOV 网的拓扑排序

对 AOV 网进行拓扑排序的方法的步骤如下。

（1）从有向图中选取一个没有前驱的顶点，并输出之。

（2）从有向图中删去此顶点以及所有以它为尾的弧。

重复上述两步，直至网空，或者网不空但找不到无前驱的顶点为止。当网空时，说明网中不存在有向回路，拓扑排序成功；图不空但找不到无前驱的顶点时说明网中存在有向回路。

图 6.26 给出了图 6.24 所示 AOV 网的拓扑排序过程。该图所示的拓扑有序序列是：

$(C_1, C_3, C_2, C_4, C_5, C_6, C_8, C_{11}, C_{12}, C_7, C_{10}, C_9)$。

当然，该 AOV 网的拓扑有序序列不是唯一的，还可以得到其他的拓扑有序序列。

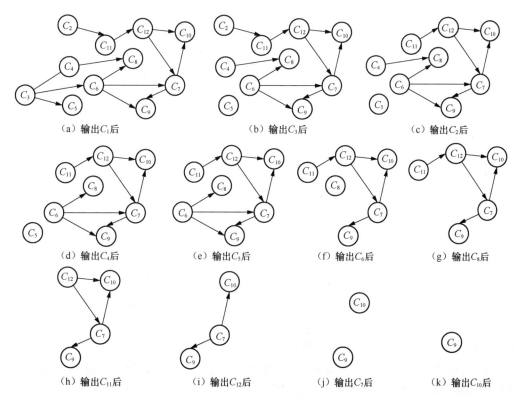

图 6.26　AOV 网的拓扑排序过程

6.5.3　关键路径

在一个工程中，一般需要考虑工程中各个子项目之间的优先关系，整个工程完成的最短时间，哪些活动的延期将会影响整个工程的进度，而加速这些活动是否会提高整个工程的效率等问题。

若在带权的有向图中，以顶点表示事件，用有向边表示活动，边上的权值表示活动的开销（如该活动持续的时间），则此带权的有向图称为 AOE 网（Activity on Edge Network）。如果用 AOE 网来表示一个完整的工程，通常可以从 AOE 网中得到以下信息。

（1）完成预定工程计划需要进行的活动。

（2）每个活动计划完成的时间。

（3）要发生哪些事件以及这些事件与活动之间的关系。

根据以上信息可以确定该项工程是否可行，估算工程完成的时间以及确定哪些活动是影响工程进度的关键。

例如，图 6.27（a）所示是一个工程的 AOE 网，其中有 9 个事件 $V_1, V_2, V_3, \cdots, V_9$ 和 11 项活动 $a_1, a_2, a_3, \cdots, a_{11}$。每个事件表示在它之前的活动已经完成，在它之后的活动可以开始，如 V_1 表示整个工程开始，V_9 表示整个工程结束，V_5 表示活动 a_4 和 a_5 已经完成，a_7 和 a_8 可以开始，每个活动的权值是执行该活动所需的时间，如活动 a_4 需要 1 天，活动 a_8 需要 7 天。

表示实际工程的 AOE 网应该是没有回路的有向网。在 AOE 网中，只有一个入度为 0 的顶点，称为源点，如图 6.27（a）中的 V_1，和一个出度为 0 的顶点，称为汇点，如图 6.27（a）中的 V_9。如果用 AOE 网来表示一项工程，那么需要研究的问题如下。

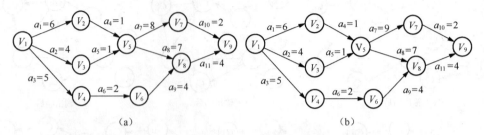

图 6.27　AOE 网

（1）完成工程至少需要多少时间?

（2）哪些活动是影响进程的关键?

由于 AOE 网中的某些活动能够同时进行，故完成整个工程必须花费的时间应该为：源点到终点的最大路径长度（这里的路径长度是指该路径上的各个活动所需时间之和）。具有最大路径长度的路径称为关键路径。例如，图 6.27（a）所示 AOE 网的关键路径为 $V_1 \rightarrow V_2 \rightarrow V_5 \rightarrow V_8 \rightarrow V_9$，这条关键路径的长度是 18，也就是说整个工程至少需要 18 天才能完成。关键路径上的活动称为关键活动。图 6.27（a）所示 AOE 网的关键活动为 a_1, a_4, a_8, a_{11}。可以看出，"关键活动"指的是：该弧上的权值增加将使有向图上的最长路径的长度增加。关键路径长度是整个工程所需的最短工期。这就是说，要缩短整个工期，必须加快关键活动的进度，利用 AOE 网进行工程管理时需要解决的主要问题是：确定关键路径，以找出哪些活动是影响工程进度的关键活动。

AOE 网具有以下两个性质。

（1）只有在某顶点代表的事件发生后，从该顶点出发的各有向边代表的活动才能开始，如图 6.27（a）所示，活动 a_8 要开始，必须在事件 V_5 发生后才能开始。

（2）只有在进入某顶点的各有向边代表的活动都已经结束，该顶点代表的事件才能发生。如图 6.27（a）所示，事件 V_5 要发生，必须在活动 a_4 和 a_5 都已结束后才能开始。

为了寻找关键活动，确定关键路径，结合图 6.27（a），可以做如下定义。

（1）事件的最早发生时间 $Ve(i)$：从源点到顶点 V_i 的最大路径长度代表的时间，即所有以顶点 V_i 为弧头的活动的最早开始时间。

（2）事件的最迟发生时间 $Vl(i)$：在不推迟整个工期的前提下，事件 V_i 允许的最晚发生时间。

（3）活动 $<V_i, V_j>$ 所需时间 $t(i, j)$。

（4）活动 $<V_i, V_j>$ 的最早开始时间 $e(i, j)$：根据 AOE 网的性质，活动 $<V_i, V_j>$ 的最早开始时间应等于事件 V_i 的最早发生时间，即 $e(i, j) = Ve(i)$。

（5）活动 $<V_i, V_j>$ 的最迟开始时间 $l(i, j)$：在不推迟整个工程完成日期的前提下，活动 $<V_i, V_j>$ 必须开始的最迟时间。活动 $<V_i, V_j>$ 的最迟开始时间应等于事件 V_j 的最迟发生时间和活动所需时间的差值，即 $l(i, j) = Vl(i) - t(i, j)$。

根据每个活动的最早开始时间 $e(i, j)$ 和最迟开始时间 $l(i, j)$ 就可判定该活动是否为关键活动，那些 $l(i, j) = e(i, j)$ 的活动就是关键活动。而那些 $l(i, j) > e(i, j)$ 的活动不是关键活动，$l(i, j) - e(i, j)$ 的值为活动的时间余量。而确定关键活动之后，关键活动所在的路径就是关键路径。

求 $Ve(i)$ 的算法描述如下。

（1）令 $Ve(1) = 0$, $i = 2$。

（2）$Ve(i)=\text{Max}\{Ve(k)+t(k,i)\mid V_k$为$V_i$的直接前驱$\}$。

（3）++i，重复步骤（2），直到 $i>n$。

求$Vl(i)$的算法描述如下。

（1）令$Vl(i)=Ve(n)$，$i=n-1$。

（2）$Vl(i)=\text{Min}\{Vl(k)-t(i,k)\mid V_k$为$V_i$的直接后继$\}$。

（3）--i，重复步骤（2），直到 $i=0$。

这两个时间的计算必须分别在拓扑有序和逆拓扑有序的前提下进行。也就是说，$Ve(i)$必须在其所有前驱的最早发生时间求得之后才能确定，而$Vl(i)$必须在其所有后继的最迟发生时间求得之后才能确定。因此，应该在拓扑排序的基础上计算$Ve(i)$和$Vl(i)$。

由此得到如下求关键路径的算法，结合图 6.27（a）进行说明。

（1）从源点V_1出发，令 $Ve(0)=0$，按拓扑有序序列求其余各顶点的最早发生时间 $Ve(i)(1\leqslant i\leqslant n-1)$，如表 6.5 所示。

（2）从汇点V_9出发，令 $Vl(n-1)=Ve(n-1)$，按逆拓扑有序序列求其余各顶点的最迟发生时间 $Vl(i)(0\leqslant i\leqslant n-2)$，如表 6.5 所示。

表 6.5 图 6.27（a）所示 AOV 事件最早、最迟发生时间计算过程

时间	事件								
	V_1	V_2	V_3	V_4	V_5	V_6	V_7	V_8	V_9
Ve	0	6	4	5	7	7	15	14	18
Vl	0	6	6	8	7	10	16	14	18

（3）求出$Ve(i)$和$Vl(i)$后，就可以简单计算出$e(i,j)$和$l(i,j)$，如表 6.6 所示。

表 6.6 图 6.27（a）所示 AOV 活动最早、最迟开始时间计算过程

时间	活动										
	a_1	a_2	a_3	a_4	a_5	a_6	a_7	a_8	a_9	a_{10}	a_{11}
	V_1,V_2	V_1,V_3	V_1,V_4	V_2,V_5	V_3,V_5	V_4,V_6	V_5,V_7	V_5,V_8	V_6,V_8	V_7,V_9	V_8,V_9
t（权）	6	4	5	1	1	2	8	7	4	2	4
e	0	0	0	6	4	5	7	7	7	15	14
l	0	2	3	6	6	8	8	7	10	16	14
	√			√				√			√

凡是$l(i,j)=e(i,j)$的边为关键活动（a_1，a_4，a_8，a_{11}），关键活动所在的路径就是关键路径（$V_1\to V_2\to V_5\to V_8\to V_9$），路径长度为18。一个 AOE 网的关键路径可能不止一条，如果将图 6.27（a）所示的 AOE 网的a_7改为$a_7=9$，如图 6.27（b）所示，则（$V_1\to V_2\to V_5\to V_8\to V_9$）和（$V_1\to V_2\to V_5\to V_7\to V_9$）都是关键路径，路径长度都为18。

然而，并不是加快任何一个关键活动都可以缩短整个工程的完成时间，只有加快那些包含在所有关键路径上的关键活动才能达到这个目的。例如，在图 6.27（b）所示的 AOE 网中，加快关键活动a_7的速度并不能缩短工期，这是因为另一条关键路径（$V_1\to V_2\to V_5\to V_8\to V_9$）不包括$a_7$。而关键活动$a_1$是包括在所有的关键路径上的关键活动，如果$a_1$由 6 天完成缩短为 5 天完成，则整个工程的完成时间可由 18 天缩短为 17 天。可是若将a_1由 6 天缩短为 3 天，整个工

程的完成时间不会由 18 天缩短为 15 天，因为此时 $V_1 \rightarrow V_2 \rightarrow V_5 \rightarrow V_8 \rightarrow V_9$ 已不再为关键路径了。所以，只有在不改变 AOE 网的关键路径的前提下，加快包含在关键路径上的关键活动的速度才能缩短整个工程的完成时间。

6.6　习题

一、单项选择题

1. 图中有关路径的定义是（　　　）。

A. 由顶点和相邻顶点序偶构成的边形成的序列

B. 由不同顶点形成的序列

C. 由不同边形成的序列

D. 上述定义都不是

2. 设无向图的顶点个数为 n，则该图最多有（　　　）条边。

A. $n-1$ 　　　　B. $n(n-1)/2$ 　　　　C. $n(n+1)/2$ 　　　　D. 0

E. n^2

3. 要连通具有 n 个顶点的有向图，至少需要（　　　）条边。

A. $n-1$ 　　　　B. n 　　　　C. $n+1$ 　　　　D. $2n$

4. 有 n 个顶点的完全有向图中边的数目为（　　　）。

A. n^2 　　　　B. $n(n+1)$ 　　　　C. $n/2$ 　　　　D. $n(n-1)$

5. 下列哪一种图的邻接矩阵是对称矩阵？（　　　）

A. 有向图 　　　　B. 无向图 　　　　C. AOV 网 　　　　D. AOE 网

6. 从邻接矩阵 $A = \begin{pmatrix} 0 & 1 & 0 \\ 1 & 0 & 1 \\ 0 & 1 & 0 \end{pmatrix}$ 中可以看出，该图共有（　①　）个顶点。如果是有向图，该图共有（　②　）条弧。如果是无向图，则共有（　③　）条边。

①A. 9 　　　　B. 3 　　　　C. 6 　　　　D. 1

　　E. 以上答案均不正确

②A. 5 　　　　B. 4 　　　　C. 3 　　　　D. 2

　　E. 以上答案均不正确

③A. 5 　　　　B. 4 　　　　C. 3 　　　　D. 2

　　E. 以上答案均不正确

7. 下列说法不正确的是（　　　）。

A. 图的遍历是从给定的源点出发，每一个顶点仅被访问一次

B. 遍历的基本算法有两种：深度优先搜索和广度优先搜索

C. 图的深度优先搜索不适用于有向图

D. 图的深度优先搜索是一个递归过程

8. 无向图 $G=(V,E)$，其中 $V=\{a,b,c,d,e,f\}$，$E=\{(a,b),(a,e),(a,c),(b,e),(c,f),(f,d),(e,d)\}$，对该图进行深度优先搜索，得到的顶点序列正确的是（　　　）。

A. a,b,e,c,d,f 　　　　B. a,c,f,e,b,d 　　　　C. a,e,b,c,f,d 　　　　D. a,e,d,f,c,b

9. 设图如图 6.28 所示，在下面的 5 个序列中，符合深度优先搜索的序列有（ ）个。

a e b d f c　　　　*a c f d e b*　　　　*a e d f c b*　　　　*a e f d c b*　　　　*a e f d b c*

A. 5 个　　　　　　B. 4 个　　　　　　C. 3 个　　　　　　D. 2 个

10. 图 6.29 中给出由 7 个顶点组成的无向图。从顶点 1 出发，对它进行深度优先搜索得到的序列是（①），而进行广度优先搜索得到的顶点序列是（②）。

① A. 1354267　　　B. 1347652　　　C. 1534276　　　D. 1247653

E. 以上答案均不正确

② A. 1534267　　　B. 1726453　　　C. l354276　　　D. 1247653

E. 以上答案均不正确

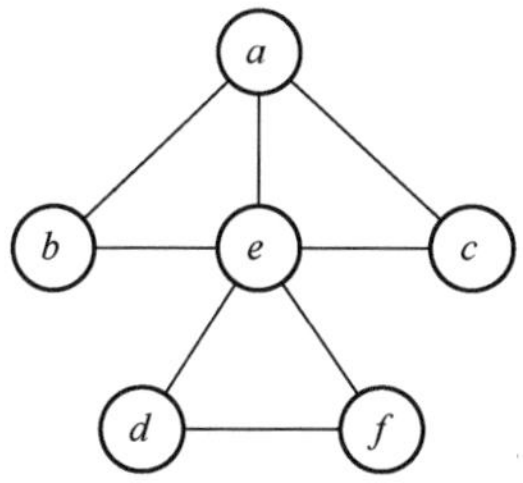

图 6.28　第 9 题图 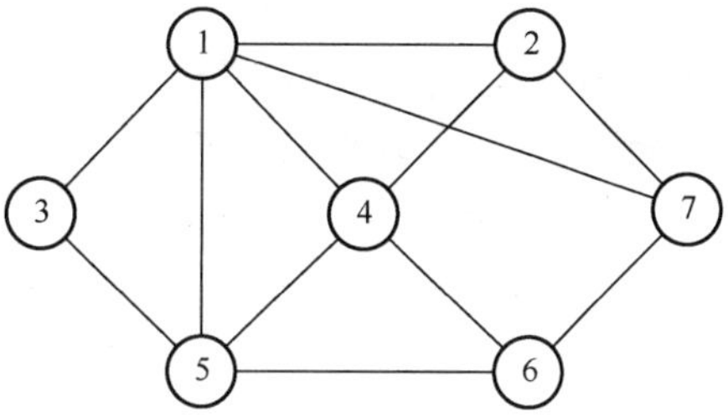　　　　　　　　　图 6.29　第 10 题图

11. 已知有向图 $G=(V,E)$，其中 $V=\{V_1,V_2,V_3,V_4,V_5,V_6,V_7\}$，$E=\{<V_1,V_2>,<V_1,V_3>,<V_1,V_4>,<V_2,V_5>,<V_3,V_5>,<V_3,V_6>,<V_4,V_6>,<V_5,V_7>,<V_6,V_7>\}$，$G$ 的拓扑序列是（ ）。

A. $V_1,V_3,V_4,V_6,V_2,V_5,V_7$ 　　　　B. $V_1,V_3,V_2,V_6,V_4,V_5,V_7$

C. $V_1,V_3,V_4,V_5,V_2,V_6,V_7$ 　　　　D. $V_1,V_2,V_5,V_3,V_4,V_6,V_7$

12. 关键路径是事件顶点网络中（ ）。

A. 从源点到汇点的最长路径　　　　B. 从源点到汇点的最短路径

C. 最长回路　　　　　　　　　　　D. 最短回路

13. 下面关于求关键路径的说法不正确的是（ ）。

A. 求关键路径是以拓扑排序为基础的

B. 一个事件的最早发生时间与以该事件为尾的弧的活动最早开始时间相同

C. 一个事件的最迟发生时间为以该事件为尾的弧的活动最迟开始时间与该活动的持续时间的差

D. 关键活动一定位于关键路径上

14. 下列关于 AOE 网的叙述中，不正确的是（ ）。

A. 关键活动不按期完成就会影响整个工程的完成时间

B. 任何一个关键活动提前完成，那么整个工程将会提前完成

C. 所有的关键活动提前完成，那么整个工程将会提前完成

D. 某些关键活动提前完成，那么整个工程将会提前完成

二、填空题

1. 具有 10 个顶点的无向图，边的总数最多为＿＿＿＿＿。

2. G 是一个非连通无向图，共有 28 条边，则该图至少有＿＿＿＿＿个顶点。

3. 在有 n 个顶点的有向图中，若要使任意两点间可以互相到达，则至少需要＿＿＿＿＿条弧。

4. N 个顶点的连通图的生成树含有＿＿＿＿＿条边。

5. 构造 n 个顶点的强连通图，至少有＿＿＿＿＿条弧。

6．在有向图的邻接矩阵表示中，计算第 I 个顶点入度的方法是_____。

7．已知一无向图 $G=(V,E)$，其中 $V=\{a,b,c,d,e\}$，$E=\{(a,b),(a,d),(a,c),(d,c),(b,e)\}$。现用某一种图遍历方法从顶点 a 开始遍历图，得到的序列为 $abecd$，则采用的是_____遍历方法。

8．一个无向图 $G(V,E)$，其中 $V=\{1,2,3,4,5,6,7\}$，$E=\{(1,2),(1,3),(2,4),(2,5),(3,6),(3,7),(6,7),(5,1)\}$，对该图从顶点 3 开始遍历，去掉遍历中未走过的边，得一生成树 $G'(V,E')$，$E(G')=\{(1,3),(3,6),(7,3),(1,2),(1,5),(2,4)\}$，则采用的遍历方法是_____。

9．求图的最小生成树有两种算法，_____算法适合于求稀疏图的最小生成树。

10．对于含 N 个顶点 E 条边的无向连通图，利用普里姆算法生成最小代价生成树其时间复杂度为_____，利用克鲁斯卡尔算法生成最小代价生成树其时间复杂度为_____。

11．有一个用于 n 个顶点连通带权无向图的算法，描述如下。

（1）设集合 T_1 与 T_2，初始均为空。

（2）在连通图上任选一顶点加入 T_1。

（3）以下步骤重复 $n-1$ 次。

① 在 i 属于 T_1，j 不属于 T_1 的边中选最小权的边。

② 将该边加入 T_2。

上述算法完成后，T_2 中一共有_____条边，该算法称为_____算法，T_2 中的边构成图的_____。

12．有向图 G 可拓扑排序的判别条件是_____。

13．有向图 $G=(V,E)$，其中 $V(G)=\{0,1,2,3,4,5\}$，用 $<a,b,d>$ 三元组表示弧 $<a,b>$ 及弧上的权 d。$E(G)=\{<0,5,100>,<0,2,10><1,2,5><0,4,30><4,5,60><3,5,10><2,3,50><4,3,20>\}$，则从源点 0 到顶点 3 的最短路径长度是_____，经过的中间顶点是_____。

14．AOV 网中，节点表示_____，边表示_____。AOE 网中，节点表示_____，边表示_____。

三、判断题

（　　）1．在有 n 个顶点的无向图中，若边数大于 $n-1$，则该图必是连通图。

（　　）2．有 e 条边的无向图，在邻接表中有 e 个节点。

（　　）3．有向图中顶点 V 的度等于其邻接矩阵中第 V 行中的 1 的个数。

（　　）4．强连通图的各顶点均可达。

（　　）5．无向图的邻接矩阵可用一维数组存储。

（　　）6．有 n 个顶点的无向图，采用邻接矩阵表示，图中的边数等于邻接矩阵中非 0 元素之和的一半。

（　　）7．无向图的邻接矩阵一定是对称矩阵，有向图的邻接矩阵一定是非对称矩阵。

（　　）8．邻接矩阵适用于有向图和无向图的存储，但不能存储带权的有向图和无向图，而只能使用邻接表存储形式来存储它。

（　　）9．用邻接矩阵存储一个图时，在不考虑压缩存储的情况下，所占用的存储空间大小与图中顶点个数有关，而与图的边数无关。

（　　）10．一个有向图的邻接表和逆邻接表中节点的个数可能不等。

（　　）11．广度优先搜索生成树描述了从起点到各顶点的最短路径。

（　　）12．不同的求最小生成树的方法最后得到的生成树是相同的。

（　　）13．拓扑排序算法把一个无向图中的顶点排成一个有序序列。

（　　）14．拓扑排序算法仅适用于有向无环图。

（　　）15．AOV 网是以边表示活动的网。

（　　）16．关键路径是 AOE 网中从源点到终点的最长路径。

（　　）17．在表示某工程的 AOE 网中，加速其关键路径上的任意关键活动均可缩短整个工程的完成时间。

（　　）18．在 AOE 图中，关键路径上活动的时间延长多少，整个工程的时间也就随之延长多少。

四、应用题

1．设 $G=(V,E)$ 以邻接表存储，如图 6.30 所示，试画出从 A 出发的深度优先搜索和广度优先搜索生成树。

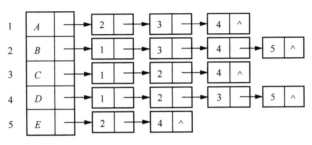

图 6.30　邻接表

2．某田径赛中各选手的参赛项目如表 6.7 所示。

表 6.7　各选手的参赛项目

姓名	参赛项目
ZHAO	ABE
QIAN	CD
SHUN	CEF
LI	DFA
ZHOU	BF

设项目 A，B，…，F 各表示一数据元素，若两项目不能同时举行，则将其连线（约束条件）。

（1）根据此表及约束条件画出相应的图，并画出此图的邻接表结构。

（2）写出从元素 A 出发按广度优先搜索算法遍历此图的元素序列。

3．已知一个无向图如图 6.31 所示，要求分别用普里姆算法和克鲁斯卡尔算法生成最小树（假设以 V_1 为起点，试画出构造过程）。

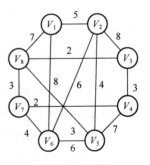

图 6.31　无向图

4．图 6.32 所示是带权的有向图 G 的邻接表表示，求：

（1）从顶点 V_1 出发深度优先搜索遍历图 G 所得的顶点序列；

（2）从顶点 V_1 出发广度优先搜索遍历图 G 所得的顶点序列；

（3）从顶点 V_1 到顶点 V_8 的最短路径；

（4）从顶点 V_1 到顶点 V_8 的关键路径。

5．对图 6.33 所示的 AOE 网，计算各事件（顶点）的 $Ve(i)$ 和 $Vl(i)$ 的值，各活动弧的 $e(i,j)$ 和 $l(i,j)$ 的值，并列出各条关键路径。

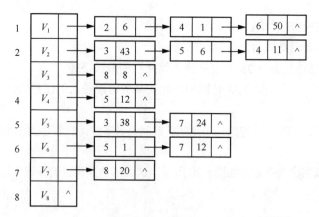

图 6.32　邻接表

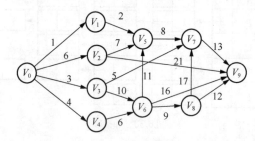

图 6.33　AOE 网

6.7　实训

一、实训目的

1．掌握图的两种存储结构。

2．掌握有关图的算法并能用 Java 语言实现。

二、实训内容

采用邻接矩阵作为无向网的存储结构，完成图的创建、深度优先搜索和广度优先搜索、最小生成树和求两点之间的最短路径的算法。具体任务要求如下。

（1）从键盘输入图的顶点数、边数、顶点集合和边集及各边权值，产生邻接矩阵，并输出该邻接矩阵。

（2）分别利用深度优先搜索和广度优先搜索遍历所建图。

（3）求该图的一个最小生成树，并输出。

（4）输入该图的一个顶点，求出该点到其余各点的最短路径，并输出。

提示：任务（1）可以参照算法 6-1、算法 6-2 和算法 6-3 实现；任务（2）的深度优先搜索可以参照算法 6-7 和算法 6-8 实现，广度优先搜索可以参照算法 6-10 和算法 6-11 实现；任务（3）可以参照算法 6-13～算法 6-16 实现；任务（4）可以参照算法 6-17 和算法 6-18 实现。

第7章

查 找

建议学时：6 学时

总体要求

- 掌握顺序查找、折半查找的实现方法
- 掌握动态查找表（包括二叉平衡树、B-树和 B+树）的构造和查找算法
- 掌握哈希表、哈希函数冲突的基本概念和解决冲突的方法

相关知识点

- 查找算法效率的评判标准
- 顺序查找、折半查找的基本思想、算法实现和查找效率分析
- 二叉查找树的插入、删除、建树和查找算法及时间性能
- B-树的插入、删除及查找算法的基本思想
- 哈希表、哈希函数、哈希地址和地址冲突等有关概念
- 哈希函数的选取原则及产生冲突的原因
- 采用线性探测法和链地址法解决冲突时，哈希表的建表方法、查找过程以及算法实现和时间分析

学习重点

- 掌握顺序查找、折半查找、平衡二叉树上查找以及哈希表上查找的基本思想和算法实现

在日常生活中，我们经常需要进行查找。比如，电话号码查询，高考分数查询，互联网上文献资料的检索，在《英汉词典》中查找某个英文单词的中文解释，在图书馆中查找一本书等。

在程序设计中，查找技术是程序设计和数据处理中经常使用的一种技术。查找又称为检索，它是计算机科学中的重要研究课题之一，简单地说查找是指从一组数据元素集合中找出满足给定条件的数据元素。查找的方法有多种，不同的数据结构有不同的查找算法，且查找效率不同。当涉及的数据量较大时，查找算法的选择就显得格外重要，虽然在本书前面的章节中，讨论过一些简单的查找算法，但一个好的查找算法可以大大提高程序的运行速度，因此，本章将系统地讨论各种查找算法，并通过对它们的效率分析来比较各种查找算法的优劣。

7.1　基本概念

在计算机技术领域中，"查找"有明确而严格的定义，下面给出有关的概念。

1．数据项（也称项或字段）

数据项是具有独立含义的标识单位，是数据不可分割的最小单位，如学号、姓名、年级等。数据项有名和值之分，名是一个数据项的标识，用变量定义，而值是数据项的一个可能取值，如学生表中的"20140913"是数据项"学号"的一个取值。

2．数据元素（记录）

数据元素是由若干数据项构成的数据单位，是在某一问题中作为整体进行考虑和处理的基本单位。数据元素有类型和值之分，数据表的表头部分描述了数据元素的类型，其余每一行数据就是一个数据元素的值，不同的数据元素可通过不同的关键字来区别。

3．查找

根据给定的某个值，在查找表中寻找一个其关键字等于给定值的数据元素。查找分以下两种情况。

（1）查找成功：表中存在相应的数据元素。

（2）查找不成功：表中不存在关键字等于给定值的数据元素。

4．查找表

查找表是由同一类型的数据元素构成的集合。查找表有如下 4 种基本操作。

（1）判定数据元素是否存在。

（2）查找数据元素各属性值。

（3）插入一个元素（在插入元素前表中不能存在有相同主关键字的记录）。

（4）删除一个元素（在删除元素前表中必须存在该记录）。

如果查找表仅限于进行上述（1）和（2）两种操作，称为静态查找表，否则，称为动态查找表。

静态查找表是指仅对查找表进行查找操作而不改变表中数据元素的表；动态查找表是指对查找表除进行查找操作外，可能还要向表中插入数据元素，或删除表中数据元素的表。

5．平均查找长度

不同的数据结构有不同的查找算法，且查找效率不同。而在查找过程中，要衡量一种查找算法的优劣，主要是看要查找的值与关键字的比较次数。因此，通常把查找过程中对关键字的最多比较次数和平均比较次数作为衡量一个查找算法优劣的两个基本技术指标。前者称为**最大查找长度**（Maximun Search Length，MSL）。后者称为**平均查找长度**（Average Search Length，ASL），其计算公式定义为：

$$ASL = \sum_{i=1}^{n} p_i \times C_i \tag{7-1}$$

其中，n 为数据元素（或记录）的个数。p_i 是指查找第 i 条记录的概率，通常情况下，若没有特别说明，可认为在查找表中查找每条记录的概率是相等的，即：

$$p_1 = p_2 = \cdots = p_n = \frac{1}{n} \tag{7-2}$$

C_i 是指查找第 i 条记录需进行的比较次数。

7.2　静态查找表

在对查找表的操作过程中，只进行查找操作的查找表称为**静态查找表**。静态查找表一般用线性表表示。线性表结构可以是顺序表结构，也可以是单链表结构。在不同的表示方法中，实现查找操作的方法也不同，这里主要介绍顺序查找和折半查找。

7.2.1　顺序查找

顺序查找（Sequential Search）又称线性查找（Linear Search），其基本思想是：从静态查找表的一端开始，将给定记录的关键字与表中记录的各关键字逐一比较，若表中存在要查找的记录，则查找成功，并给出该记录在表中的位置。反之，若直至另一端，其给定记录的关键字与表中记录的各关键字比较都不等，则表明表中没有所查记录，查找不成功。

例如查找表中的关键字为{34, 44, 43, 12, 53, 55,73, 64, 77}，如果待查关键字为 64，则从 34 开始向后比较，比较到 64 时查找成功，或从 77 开始向前比较，比较到 64 时查找成功。而当待查关键字为 88 时，从 34 开始向后比较或从 77 开始向前比较，比较完所有元素后都没有找到相等的关键字，查找失败。

顺序查找既适用于线性表的顺序存储结构，也适用于线性表的链式存储结构。使用单链表结构时，必须从第一个节点开始向后扫描。

顺序查找的线性表结构定义如下。

```java
public class ElemType<T extends Comparable<T>> {
    T key;//关键字域
    //...... 其他域
    public ElemType(){
        key=null;
    }
    public ElemType(T data){
        key=data;
    }
}
public class SeqTable<T extends Comparable<T>> {
    protected      ArrayList<ElemType<T>> elem;//数据元素存储空间基址
    protected      int length; //表长度
    //算法 7-1: 构造函数，用数组 data 中的前 n 个元素初始化顺序表
    public   SeqTable(T[] data,int n){
    }
    public int Search_Seq(T key){ //算法 7-2：顺序查找
    }

}
```

算法 7-1 用数组 data 中的前 *n* 个元素初始化顺序表，算法描述如下。

【算法 7-1：初始化顺序表】

```java
//用数组 data 中的前 n 个元素初始化顺序表
Public     SeqTable(T[] data,int n){
    elem=new ArrayList<ElemType<T>>();
    ElemType<T> e;
    for(int i=0;i<n;i++){
        e=new ElemType<T>(data[i]);
        elem.add(i, e);
    }
    length=n;
}
```

顺序查找的算法实现如算法 7-2 所示。

【算法 7-2：顺序查找】

```
//在顺序表中顺序查找其关键字等于 key 的数据元素
//若找到，则返回为该元素在表中的索引，否则为-1
public int Search_Seq(T key) {//顺序查找
    int i;
    ElemType<T> e=new ElemType<T>(key);
    elem.add(length,e);// "哨兵"
    for (i=0;elem.get(i).key.compareTo(key)!=0;++i);//从前往后找
    if(i<length)return i;
    else return −1;
}
```

main 方法如下。

【main 方法】

```
public static void main(String[] args) {
    int key,index;
    Integer[] data=new Integer[]{34,44,43,12,53,55,73,64,77};
    //算法 7-1
    SeqTable<Integer> ST=new SeqTable<Integer>(data,9);
    System.out.println("请输入待查元素的关键字:");
    Scanner sc=new Scanner(System.in);
    key=sc.nextInt();
    index=ST.Search_Seq(key);                //算法 7-2
    if(index==−1)
        System.out.println("找不到关键字为"+key+"的元素!");
    else
        System.out.println("关键字为"+key+"的元素
            在查找表中的索引号为:"+index);
}
```

算法 7-2 中，查找前先执行语句 elem.add(length,e);，其目的在于免去查找过程中每一步都要检测整个表是否查找完毕的烦琐。在此，elem[length]起到了"哨兵"即监视哨的作用。这个改进能使顺序查找的平均时间几乎减少一半。

从顺序查找的过程可见，如果查找表中的第一个元素，只需比较一次。而查找表中最后一个元素时，需要比较 n 次，假设在每个位置查找的概率相同，即有 $p_i =1/n$，由于扫描是从头到尾的，所以有每个位置的查找比较次数 $C_1=1,C_2=2,\cdots,C_n=n$，即查找表中第 i 个记录，需进行 i 次比较，即 $C_i= n-i+1$。于是，查找成功的平均查找长度为：

$$ASL = \sum_{i=1}^{n} p_i \times C_i = \sum_{i=1}^{n} \frac{1}{n}(i) = \frac{n+1}{2} \tag{7-3}$$

当查找不成功时，关键字的比较次数总是 $n+1$，即 $ASL=n+1$。

由于查找结果只有成功与失败两种，假设成功和失败的概率是相同的，则顺序查找的平均查找长度为：

$$ASL = \sum_{i=1}^{n} \frac{1}{2n}(n-i+1) + \frac{1}{2}(n+1) = \frac{3}{4}(n+1) \tag{7-4}$$

顺序查找算法中的基本工作就是关键字的比较，因此，查找长度的量级就是顺序查找算法的时间复杂度，其为 $O(n)$。

许多情况下，查找表中数据元素的查找概率是不相等的。为了提高查找效率，查找表需依据"查找概率越高，比较次数越少，查找概率越低，比较次数就较多"的原则来存储数据元素。

顺序查找的优点是算法简单，对表结构无特殊要求，无论采用顺序存储结构，还是采用链式存储结构，也无论节点是否有序或无序（按关键字），它都适用。顺序查找的缺点是查找效率较低，

特别是当 n 较大时，不宜采用顺序查找，而必须选用更优的查找算法。

7.2.2 折半查找

折半查找（Binary Search）又称为二分查找，它是一种效率较高的查找算法。但折半查找有一定的条件限制：要求线性表必须采用顺序存储结构，且表中元素必须有序（按关键字升序或降序均可）。在下面的讨论中，不妨假设顺序表是升序排列的。

折半查找的基本思想是：在有序表中，取中间的记录作为比较对象，如果要查找记录的关键字等于中间记录的关键字，则查找成功。若要查找记录的关键字小于或大于中间记录的关键字，则在中间记录的左半区域或右半区继续查找。不断重复上述查找过程，直到查找成功，或有序表中没有要查找的记录，查找失败。具体操作过程如下。

假设顺序表 ST 是有序的。设有两个指示器，一个是 low，指示查找表第 1 个记录的位置，low=0。一个是 high，指示查找表最后一个记录的位置，high=ST.length-1。设要查找记录的关键字为 key。当 low≤high 时，反复执行以下步骤。

（1）计算中间记录的位置 mid，mid=(low+high)/2。

（2）将待查记录的关键字 key 和 elem.get(mid).key 进行比较。

① 若 key=elem.get(mid).key，查找成功，mid 所指元素即要查找的元素。

② 若 key<elem.get(mid).key，说明若存在要查找的元素，该元素一定在查找表的前半部分。修改查找范围的上界：high=mid-1，转第（1）步。

③ 若 key>elem.get(mid).key，说明若存在要查找的元素，该元素一定在查找表的后半部分。修改查找范围的下界：low=mid+1，转第（1）步。

重复以上过程，当 low>high 时，表示查找失败。

假设有一组记录的关键字值为 {12, 33, 40, 45, 53, 55, 64, 66, 77}，若要查找 key=64 的记录，则折半查找过程如下。

（1）初始时，low=0，high=8，mid=(low+high)/2=4，即：

```
 0   1   2   3   4   5   6   7   8
[12  33  40  45  53  55  64  66  77]
 ↑               ↑               ↑
low             mid             high
```

（2）比较 key 和 elem.get(mid).key，由于 key>53，下一步到后半部分查找，low=mid+1=5，mid=(low+high)/2，取 mid=6，即：

```
 0   1   2   3   4   5   6   7   8
 12  33  40  45  53 [55  64  66  77]
                     ↑   ↑       ↑
                    low mid     high
```

（3）比较 key 和 elem.get(mid).key，由于 key==64，查找成功，mid 值为所查找元素的索引号。

若查找 key=35，则折半查找过程如下。

（1）初始时，low=0，high=8，mid=(low+high)/2=4，即：

```
 0   1   2   3   4   5   6   7   8
[12  33  40  45  53  55  64  66  77]
 ↑               ↑               ↑
low             mid             high
```

（2）比较 key 和 elem.get(mid).key，由于 key<53，下一步到前半部分查找，high=mid−1=3，mid=(low+high)/2，取 mid=1，即：

```
        0    1    2    3    4    5    6    7    8
       [12   33   40   45]  53   55   64   66   77
        ↑    ↑         ↑
       low  mid       high
```

（3）比较 key 和 elem.get(mid).key，由于 key>33，下一步到后半部分查找，low=mid+1=2，mid=(low+high)/2，取 mid=2，即：

```
        0    1    2    3    4    5    6    7    8
        12   33  [40   45]  53   55   64   66   77
                  ↑    ↑
                 low  high
                  ↑
                 mid
```

（4）比较 key 和 elem.get(mid).key，由于 key<40，下一步到前半部分查找，high=mid−1=1，此时 low>high，循环结束，查找失败。

折半查找算法如算法 7-3 所示。

【算法 7-3：折半查找】

```
//在有序表中折半查找关键字等于 key 的元素
//若找到，则返回为该元素在表中的索引，否则为−1
public int Search_Bin(T key){
    int low,high,mid;
    low =0;   high=length−1;//置区间初值
    while (low <= high){
        mid = (low + high) / 2;
        if(key.compareTo(elem.get(mid).key)==0)
            return   mid;              //找到待查元素
        else   if (key.compareTo(elem.get(mid).key)<0)
            high = mid−1;      //继续在前半区间进行查找
        else   low = mid + 1;          //继续在后半区间进行查找
    }
    return−1;                    //顺序表中不存在待查元素
}
```

main 方法如下。

【main 方法】

```
public static void main(String[] args) {
    int key ,index;
    Integer[] data=new Integer[]{12,33,40,45,53,55,64,66,77};
    //算法 7-1
    SeqTable<Integer> ST=new SeqTable<Integer>(data,9);
    System.out.println("请输入待查元素的关键字:");
    Scanner sc=new Scanner(System.in);
    key=sc.nextInt();
    index=ST.Search_Bin(key);           //算法 7-3
    if(index==−1)
        System.out.println("找不到关键字为"+key+"的元素!");
    else
        System.out.println("关键字为"+key+"的元素
            在查找表中的索引号为:"+index);
}
```

为了分析折半查找，可以用二叉树来描述折半查找过程。把当前查找区间的中间节点 mid 作为根节点，左半区间和右半区间分别作为根的左子树和右子树，左半区间和右半区间再按类似的方法推导，由此得到的二叉树称为折半查找的判定树。例如，对于关键字序列{12, 33, 40, 45, 53, 64, 66, 77}，其折半查找判定树如图 7.1 所示。

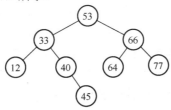

图 7.1　具有 8 个关键字序列的折半查找判定树

从图 7.1 中可知，查找根节点 53，需 1 次比较；查找 33 和 66，各需 2 次比较；查找 12、40、64、77，各需 3 次比较；查找 45 需 4 次比较。而查找过程恰好是走了一条从根节点到子节点的路径，和给定值进行比较的次数恰好为该节点在判定树上的层次数。例如查找 64，依次比较 53、66、64 这 3 个节点。因此，折半查找在查找成功时进行比较的关键字个数最多不超过树的深度，而具有 n 个节点的判定树的深度为 $\lfloor \log_2 n \rfloor + 1$（判定树非完全二叉树，但它的叶子节点所在的层次之差最多为 1，则有 n 个节点的判定树的深度和有 n 个节点的完全二叉树的深度相同）。如果在图 7.1 所示判定树中所有节点的实指针域上加一个指向一个方形节点的指针，如图 7.2 所示，则这些方形节点的指针为判定树的外部节点（对应地，圆形节点为内部节点），所以，折半查找时查找不成功的过程就是走了一条从根节点到外部节点的路径，和给定值进行比较的关键字个数等于该路径上内部节点个数。例如查找 35 的过程即走了一条从根节点到节点(33,40)的路径。因此，折半查找在查找不成功时和给定值进行比较的关键字个数最多也不超过 $\lfloor \log_2 n \rfloor + 1$。

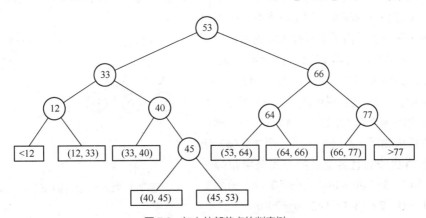

图 7.2　加上外部节点的判定树

可以得到结论：二叉树第 k 层节点的查找次数为 k 次（根节点为第 1 层），而第 k 层节点数最多为 2^{k-1} 个。假设该二叉树的深度为 h，且每个节点的查找概率相等并为 $p_i = 1/n$，则折半查找成功的平均查找长度为：

$$\text{ASL} = \sum_{i=1}^{n} p_i C_i = \frac{1}{n} \sum_{i=1}^{n} C_i \leqslant \frac{1}{n} \left(1 + 2 \times 2 + 3 \times 2^2 + \cdots + h \times 2^{h-1} \right) \tag{7-5}$$

在最坏情况下，上面的等号成立，并根据二叉树的性质，最大节点数 $n = 2^h - 1$，$h = \log_2(n+1)$，于是可以得到平均查找长度为：

$$ASL = \frac{n+1}{n}\log_2(n+1) - 1 \qquad\qquad (7\text{-}6)$$

当 n 较大时，$ASL \approx \log_2(n+1) - 1$ 可以作为折半查找成功时的平均查找长度，它的时间复杂度为 $O(\log_2 n)$。而折半查找在查找不成功时的平均查找长度不会超过判定树的深度。

另外，判定树有一特点：它的中序序列是一个有序序列，即折半查找的初始序列。在判定树中，所有的根节点值大于左子树而小于右子树，因此在判定树上查找很方便。与根节点比较时，若相等，则查找成功；若待查找的值小于根节点，则进入左子树继续查找，否则进入右子树查找；若找到叶子节点时还没有找到所需元素，则查找失败。

折半查找的优点是比较次数较顺序查找要少，查找速度较快，执行效率较高；缺点是表的存储结构只能为顺序存储结构，不能为链式存储结构，且表中元素必须是有序的。

7.3　动态查找表

静态查找表一旦生成后，所含记录在查找过程中一般固定不变。动态查找表的表结构本身是在查找过程中动态生成的。对于给定值 key，若表中存在关键字等于 key 的数据元素，查找成功；对于给定值 key，若表中不存在关键字等于 key 的数据元素，则插入关键字等于 key 的数据元素。在动态查找表中，经常需要对表中记录进行插入和删除操作，所以动态查找表采用灵活的存储方法来组织查找表中的记录，以便高效地实现查找、插入和删除等操作。

本书 5.6 节中介绍的二叉查找树的查找属于典型的动态查找表。在二叉查找树上进行查找，若查找成功，则是从根节点出发走了一条从根节点到所查找节点的路径，若查找不成功，则是从根节点出发走了一条从根节点到某个终端叶子节点的路径。与折半查找类似，和关键字的比较次数不超过二叉查找树的深度。但是，含有 n 个节点的二叉树不是唯一的，由于节点插入的先后次序不同，构成的二叉树的形态和深度也有所不同。例如，从空树出发，待插入的关键字序列为 33, 44, 23, 46, 12, 37，则构成的二叉查找树如图 7.3（a）所示；将关键字插入次序调整为 12, 23, 33, 44, 37, 46，则构成的二叉查找树如图 7.3（b）所示。图 7.3（a）所示二叉树在查找成功且各记录的查找概率相等时 $ASL = (1+2\times2+3\times3)/6 = 14/6$，图 7.3（b）所示二叉树的 $ASL = (1+2+3+4+5\times2)/6 = 20/6$。

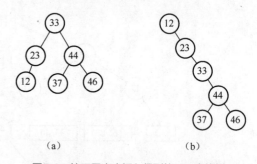

图 7.3　按不同次序插入得到的二叉查找树

可见，就查找的平均时间性能而言，二叉查找树上的查找与折半查找类似，但就维护表的有序性而言，二叉查找树更有效，因为它不需要移动节点，只需要修改指针即可完成对二叉查找树的插入和删除操作。二叉查找树查找在最坏的情况下，需要的查找时间取决于树的深度。当二叉查找树接近于满二叉树时，其深度为 $\lceil\log_2 n\rceil$，最坏情况下的查找时间为 $O(\log_2 n)$，与折半查找是同数量级的；当二叉查找树为单枝树（即除了叶子节点，其余的每个节点只有左子节点或者只有右子节点）时，其深度为 n，最坏情况下查找时间为 $O(n)$，与顺序查找属于同一数量级。为了保证二叉查找树查找有较高的查找速度，希望该二叉树接近于满二叉树，即希望二叉树的每一个节点的左、右子树尽量相等。

下面重点介绍另外 3 种动态查找表。

7.3.1　平衡二叉树

从前文的讨论可知，二叉查找树的查找效率与二叉查找树的形态有关，因此我们总是希望二叉查找树的形态均匀，这种形态均匀的二叉查找树称为平衡二叉树。

平衡二叉树（Balanced Binary Tree）或者是一棵空树，或者是具有如下特性的二叉查找树。

（1）左子树和右子树的深度之差的绝对值不超过 1。

（2）它的左、右子树也分别是平衡二叉树。

若将该二叉树节点的左子树的深度减去它的右子树的深度称为平衡因子 BF，则平衡二叉树上所有节点的平衡因子只可能是 -1、0 和 1。图 7.4（a）所示为平衡二叉树，而图 7.4（b）所示为非平衡二叉树。

平衡二叉树上任何节点的左、右子树的深度之差都不超过 1，可以证明的它深度和有 n 个节点的完全二叉树的深度 $\lfloor \log_2 n \rfloor + 1$ 是同数量级的，因此，它的平均查找长度也是和 $\lfloor \log_2 n \rfloor + 1$ 同数量级的。

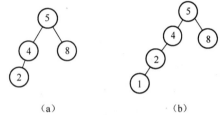

图 7.4　平衡二叉树与非平衡二叉树

要构造出一棵平衡二叉树，阿德尔森·维尔斯基（Adelson Velskii）和兰迪斯（Landis）提出了一种动态保持二叉树平衡的方法，其基本思路是：在构造二叉查找树的过程中，每当插入一个节点，先检查是否因插入节点而破坏了树的平衡性，如果是，则找出其中最小不平衡子树，在保持排序树的前提下，调整最小不平衡子树中各节点之间的连接关系，以达到新的平衡，所以这样的平衡二叉树简称 AVL 树（Adelson-Velskii-Landis Tree）。其中，最小不平衡子树是指以离插入节点最近且平衡因子绝对值大于 1 的节点作根节点的子树。假设二叉查找树最小不平衡子树的根节点为 A，调整最小不平衡子树一般有 4 种情况。

（1）单向右旋平衡处理（LL 型）：如图 7.5 所示，在 A 的左子树的左子树中插入新节点造成失衡，则以 B 为轴心，进行一次单向右旋平衡处理，将 A 作为 B 的右子树，B 原来的右子树作为 A 的左子树。图中节点旁边的数字为该节点的平衡因子。

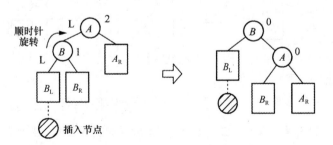

图 7.5　单向右旋平衡处理（LL 型）

（2）单向左旋平衡处理（RR 型）：如图 7.6 所示，在 A 的右子树的右子树中插入新节点造成失衡，则以 B 为轴心，进行一次单向左旋平衡处理，将 A 作为 B 的左子树，B 原来的左子树作为 A 的右子树。

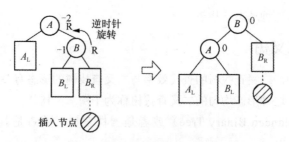

图 7.6　单向左旋平衡处理（RR 型）

（3）双向旋转（先左后右）平衡处理（LR 型）：如图 7.7 所示，在 *A* 的左子树的右子树中插入新节点造成失衡，则先以 *C* 为轴心，进行一次左平衡处理，将 *B* 作为 *C* 的左子树，*C* 原来的左子树作为 *B* 的右子树。然后以 *C* 为轴心，进行一次右旋平衡处理，将 *A* 作为 *C* 的右子树，*C* 原来的右子树作为 *A* 的左子树。

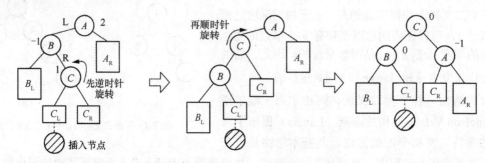

图 7.7　双向旋转（先左后右）平衡处理（LR 型）

（4）双向旋转（先右后左）平衡处理（RL 型）：如图 7.8 所示，在 *A* 的右子树的左子树中插入新节点造成失衡，则先以 *C* 为轴心，进行一次右旋平衡处理，将 *B* 作为 *C* 的右子树，*C* 原来的右子树作为 *B* 的左子树。然后以 *C* 为轴心，进行一次左旋平衡处理，将 *A* 作为 *C* 的左子树，*C* 原来的左子树作为 *A* 的右子树。

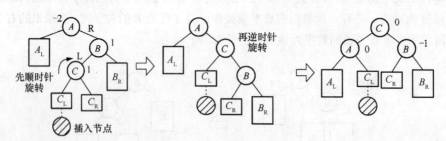

图 7.8　双向旋转（先右后左）平衡处理（RL 型）

　　例如，依次插入的关键字为 5, 4, 2, 8, 6, 9，则生成及调整成平衡二叉树的过程如图 7.9 所示。当插入节点 2 后，离节点 2 最近的平衡因子为 2，最小不平衡子树的根是节点 5，应进行 LL 型处理，以节点 4 为轴心顺时针旋转一次，如图 7.9（a）所示，形成平衡二叉树。继续插入节点 8 和 6 后，离节点 6 最近的平衡因子为-2，最小不平衡子树的根是节点 5，应进行 RL 型处理，先以节点 6 为轴心顺时针旋转一次，再以节点 6 为轴心逆时针旋转一次，如图 7.9（b）所示，形成平衡二叉树。继续插入节点 9 后，离节点 9 最近的平衡因子为-2，最小不平衡子树的根是节点 4，应进行 RR 型处理，以节点 6 为轴心逆时针旋转一次，如图 7.9（c）所示，形成平衡二叉树。

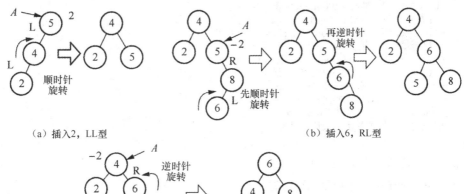

（a）插入2，LL型　　　　　　　　　　　　　　　　（b）插入6，RL型

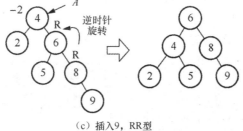

（c）插入9，RR型

图 7.9　生成及调整成平衡二叉树的过程

下面介绍平衡二叉树的实现过程。

二叉树节点及平衡二叉树的泛型类定义如下。

```java
class Node<V> {
        int key;
        V value;
        int height;
        Node<V> lChild;
        Node<V> rChild;
        public Node(int key, V v) {
                this.key = key;          this.value = v;
                this.lChild = null;this.rChild = null;
                this.height = 0;
        }
        public Node(int key, V v, Node<V> lChild, Node<V> rChild) {
                this.key = key;          this.value = v;
                this.lChild = lChild;this.rChild = rChild;
                this.height = 0;
        }
}

class AvlTree<V> {

        public Node<V> root;
        public AvlTree(){
                Root =null;
        }
        public int height(Node<V> t) {     //返回子树 t 的高度
                return t == null ? -1 : t.height;
        }
// 【算法 7-4：使子树 p 保持平衡算法】
private Node<V> balance(Node<V> p){}
// 【算法 7-5：LL 型平衡处理算法】
private Node<V> rotateWithLeft(Node<V> A){}
// 【算法 7-6：RR 型平衡处理算法】
private Node<V> rotateWithRight(Node<V> A){}
// 【算法 7-7：LR 型平衡处理算法】
private Node<V> doubleWithRight(Node<V> p){}
// 【算法 7-8：RL 型平衡处理算法】
```

```
        private Node<V> doubleWithLeft(Node<V> p)
        // 【算法 7-9：在子树 p 中插入一个新节点】
        public Node<V> insert(int key, V x, Node<V> p) {}
        // 【算法 7-10：从子树 p 中删除关键字为 key 的节点】
        public Node<V> remove(int key, Node<V> p) {}
        // 【算法 7-11：在树中查找关键字最小的节点】
        public Node<V> findMin(Node<V> tree) {}
        // 【算法 7-12：在树中查找关键字最大的节点】
        public Node<V> findMax(Node<V> tree) {}
        //其他方法，例如显示二叉树信息等。
}
```

上述定义中的各算法的 Java 语言描述如下。

【算法 7-4：使子树 p 保持平衡算法】

```
private Node<V> balance(Node<V> p) {
        if (p == null)
                return p;
        if (height(p.lChild) - height(p.rChild) > 1) {
                if (height(p.lChild.lChild) >= height(p.lChild.rChild))
                        p = rotateWithLeft(p); // LL 型平衡处理
                else
                        p = doubleWithLeft(p); // RL 型平衡处理
        } else if (height(p.rChild) - height(p.lChild) > 1) {
                if (height(p.rChild.rChild) >= height(p.rChild.lChild))
                        p = rotateWithRight(p); // RR 型平衡处理
                else
                        p = doubleWithRight(p); // LR 型平衡处理
        }
        // 更新子树 p 的高度
        p.height = Math.max(height(p.lChild), height(p.rChild)) + 1;
        return p;
}
```

【算法 7-5：LL 型平衡处理算法】

```
//单向右旋平衡处理，以 B 为轴心进行一次单向右旋平衡处理
private Node<V> rotateWithLeft(Node<V> A) {
        Node B = A.lChild; // 令 B 指向 A 的左孩子
        A.lChild = B.rChild; // B 原来的右子树作为 A 的左子树
        B.rChild = A; // 将 A 作为 B 的右子树
        A.height = Math.max(height(A.lChild), height(A.rChild)) + 1;
        B.height = Math.max(height(B.lChild), A.height) + 1;
        return B;
}
```

【算法 7-6：RR 型平衡处理算法】

```
//单向左旋平衡处理，以 B 为轴心进行一次单向左旋平衡处理
private Node<V> rotateWithRight(Node<V> A) {
        Node B = A.rChild; // 令 B 指向 A 的右孩子
        A.rChild = B.lChild; // 将 B 原来的左子树作为 A 的右子树
        B.lChild = A; // 将 A 作为 B 的左子树
        A.height = Math.max(height(A.rChild), height(A.lChild)) + 1;
        B.height = Math.max(height(B.rChild), A.height) + 1;
        return B;
}
```

【算法 7-7：LR 型平衡处理算法】

```
//双向旋转平衡处理，先顺时针旋转，再逆时针旋转
private Node<V> doubleWithRight(Node<V> p) {
        p.rChild = rotateWithLeft(p.rChild); // 先顺时针旋转
```

```
        return rotateWithRight(p); // 再逆时针旋转
}
```

【算法 7-8：RL 型平衡处理算法】

```
//双向旋转平衡处理，先顺时针旋转，再逆时针旋转
private Node<V> doubleWithLeft(Node<V> p) {
        p.lChild = rotateWithRight(p.lChild); // 先顺时针旋转
        return rotateWithLeft(p); // 再逆时针旋转
}
```

【算法 7-9：在子树 p 中插入一个新节点】

```
//参数 v 代表数据元素的值，注意：首次调用时 p 指向树的根节点
public Node<V> insert(int key, V x, Node<V> p) {
        // 如果根节点为空，则当前 x 节点为根节点
        if (p == null) return new Node(key, x);
        int d = key - p.key;
        if (d < 0)        // 小于当前节点时将数据插入左子树
            p.lChild = insert(key, x, p.lChild);
        else if (d > 0)         // 大于当前节点时将数据插入右子树
            p.rChild = insert(key, x, p.rChild);
        return balance(p); // 插入之后恢复树的平衡
}
```

【算法 7-10：从子树 p 中删除关键字为 key 的节点】

```
// 首次调用时 p 指向树的根节点，key 为被删除的目标节点的关键字
public Node<V> remove(int key, Node<V> p) {
        if (p==null)
            return p;
        int d = key - p.key;
        //根据目标节点与根节点的关键字的差来决定从左子树还是右子树中删除
        if (d < 0)
            p.lChild = remove(key, p.lChild); //从左子树中删除
        else if (d > 0)
            p.rChild = remove(key, p.rChild);//从右子树中删除
        else if (p.lChild != null && p.rChild != null) {
            // 如果 p 的左右子树均在，使用本书 5.6.5 节中的方法 3 进行删除
            Node<V> t = findMax(p.lChild); //找出 p 的直接前驱 t
            p.key = t.key;    p.value=t.value;//用 t 替代 p
            p.lChild = remove(t.key,p.lChild); //删除 t
        } else
            p = (p.lChild != null) ? p.lChild : p.rChild;
        return balance(p); // 删除之后恢复树的平衡
}
```

算法 7-10 还可以采用本书 5.6.5 节中的方法 4，此时只需把 findMax 换成 findMin，以查找 p 的右子树中的最小节点，即 p 的直接后继。

【算法 7-11：在树中查找关键字最小的节点】

```
private Node<V> findMin(Node<V> root) {
        if (root == null)
                return null;
        else if (root.lChild == null)
                return root;
        return findMin(root.lChild);
}
```

【算法 7-12：在树中查找关键字最大的节点】

```
private Node<V> findMax(Node<V> root) {
        if (root == null)
```

```
            return null;
        else if (root.rChild == null)
            return root;
        else
            return findMax(root.rChild);
    }
```

7.3.2　B-树

前面讨论的顺序查找、折半查找和二叉查找树查找只适用于内部查找。内部查找是指被查找的数据都保存在计算机内存中，这种查找算法适用于规模较小的数据，而不适用于规模较大的存放在外存中的文件。B-树是一种平衡的多路查找树，其特点是插入、删除时易于平衡，用于外部查找效率高，适合组织磁盘文件的动态索引结构，在文件系统中很有用。

1．一棵 *m* 阶的 B-树的定义

（1）树中每个节点最多有 *m* 棵子树。

（2）若根节点不是叶子节点，则至少有 2 棵子树。

（3）除根之外的所有分支节点至少有 $\lceil m/2 \rceil$ 棵子树。

（4）所有的分支节点中包含下列信息数据$(n, n_0, k_1, p_1, k_2, p_2, \cdots, k_n, p_n)$，$k_i$ 是关键字，且 $k_i < k_{i+1}$，p_i 为指向子树根节点的指针，其中 p_0 指向关键字小于 k_1 的子树，p_n 指向关键字大于 k_0 的子树，其他 p_i 指向关键字属于(k_i, k_{i+1})的子树，n 为关键字的个数。

（5）所有的叶子节点都出现在同一层次上，并且不带信息（可以看作外部节点或查找失败的节点，实际上这些节点不存在，指向这些节点的指针为空）。

图 7.10 所示为一棵深度为 4 的 4 阶 B-树，标记为 "F" 的节点全部是叶子节点。

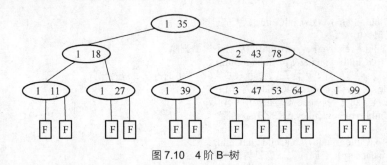

图 7.10　4 阶 B-树

2．B-树的查找

B-树的查找与二叉查找树的查找类似。以图 7.10 所示 B-树为例，如查找 key=47 的记录，首先和根节点的关键字比较，因为 key>35，所以在 35 后面的指针所指节点中查找，又因为 43<key<78，所以在 43 后面的指针所指节点中查找，在该节点中查找到关键字为 47 的记录，查找成功。如查找 key=23 的记录，首先和根节点比较，再与 18 和 27 比较，因为 key<27，所以在 27 前面的指针所指节点中查找，该节点为 null，查找失败。

从上面的例子可以看出，B-树的查找是从根节点出发，沿指针搜索节点（纵向查找）和在节点内进行顺序（或折半）查找（横向查找）两个过程交叉进行的。若查找成功，则返回指向被查找关键字所在节点的指针和关键字在节点中的位置；若查找不成功，则返回插入位置。

3．B-树的插入

在查找不成功之后，需进行插入操作。显然，关键字插入的位置必定在最下层的非叶子节点，因为从 B-树的定义可知，B-树的节点的关键字个数 n 应满足公式：$(\lceil m/2 \rceil -1) \leqslant n < m$。

有下列几种情况。

（1）插入后，该节点的关键字个数 $n<m$，不修改指针。

（2）插入后，该节点的关键字个数 $n=m$，则需进行"节点分裂"。分裂时，先令 $s = \lceil m/2 \rceil$，再在原节点中保留 $(p_0,k_1,p_1,k_2,p_2,\cdots,k_{s-1},p_{s-1})$，之后新建一个节点，用于保存 $(p_s,k_{s+1},\cdots,k_n,p_n)$，最后将 k_s 插入双亲节点。之后，如有必要，则继续分裂处理。

（3）若双亲为空，则建新的根节点。

如图 7.11（a）所示，在一棵 3 阶 B-树中插入节点 60，插入后，(60,80)节点的关键字个数为 2，小于 3，不需要修改指针，如图 7.11（b）所示。继续插入节点 90，插入后，(60,80,90)节点的关键字个数为 3，分裂该节点为两个节点（60 和 90），把节点 80 插入双亲节点中，如图 7.11（c）所示。继续插入节点 30，插入后，(20,30,40)节点的关键字个数为 3，分裂该节点为两个节点（20 和 40），把节点 30 插入双亲节点中，双亲节点(30,50,80)的关键字个数为 3，分裂该节点为两个节点(30 和 80)，新建节点 50 作为新的双亲节点，如图 7.11（d）所示。

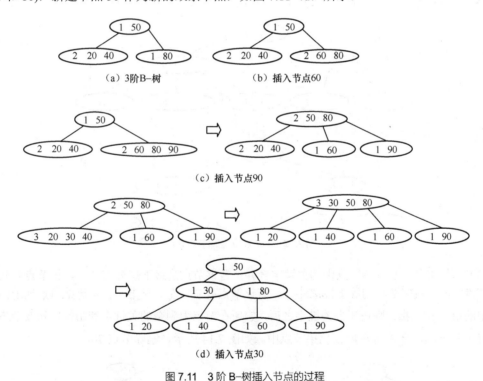

图 7.11　3 阶 B-树插入节点的过程

4．B-树的删除

删除节点时，首先应在 B-树上找到该关键字所在节点。因为 B-树的节点的关键字个数 n 应满足公式 $n \geqslant \lceil m/2 \rceil -1$，所以删除该节点后有下列几种情况。

（1）若该节点是最下层的分支节点，且其中的关键字数目不少于 $\lceil m/2 \rceil$，则删除完成，如图 7.12 所示，删除节点 61。

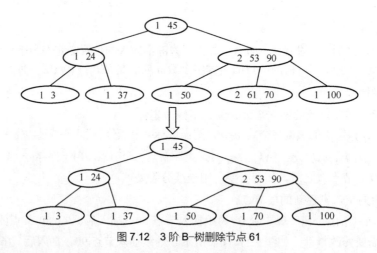

图 7.12　3 阶 B-树删除节点 61

（2）向兄弟节点借关键字：若该节点是最下层的分支节点，且其中的关键字数目等于 $\lceil m/2 \rceil - 1$，而与该节点相邻的右（左）兄弟节点中的关键字数目大于 $\lceil m/2 \rceil - 1$，则需将兄弟节点中的最小（最大）的关键字上移至双亲节点中，而将双亲节点中小于（大于）且紧靠该上移关键字的关键字下移至被删关键字所在节点中。如图 7.13 所示，删除节点 50。

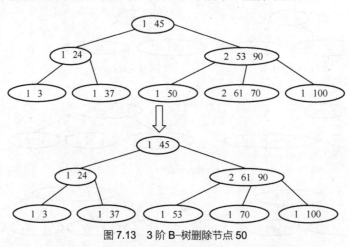

图 7.13　3 阶 B-树删除节点 50

（3）和兄弟节点及双亲节点中的关键字合并：若该节点是最下层分支节点，该节点和其相邻兄弟节点中的关键字数目均等于 $\lceil m/2 \rceil - 1$，若该节点有右（左）兄弟，且其兄弟节点地址由双亲节点中的指针 p_i 所指，则在删去关键字之后，它所在节点中剩余的关键字和指针，和双亲节点中的关键字 k_i 一起，合并到 p_i 所指兄弟节点中。如图 7.14 所示，删除节点 70。

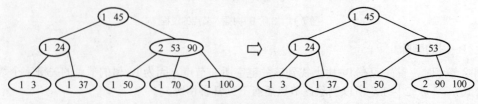

图 7.14　3 阶 B-树删除节点 70

（4）若所删关键字为分支节点中的 k_i，则可以用指针 p_i 所指子树中的最小关键字 K 替代 k_i，再在相应的节点中删去 K。如图 7.15 所示，删除节点 45，可以用 50 代替 45，再删除节点 50。

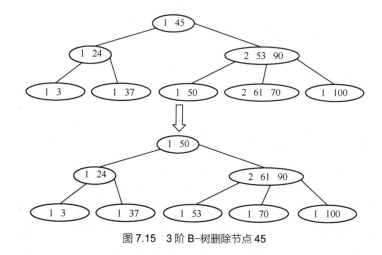

图 7.15　3 阶 B−树删除节点 45

7.3.3　B+树

B+树是应文件系统所需而产生的一种 B−树的变形树。一棵 *m* 阶的 B+树的主要特点如下。

（1）有 *n* 棵子树的节点中含有 *n* 个关键字。

（2）所有的终端叶子节点中包含全部关键字的信息，及指向含这些关键字的文件数据记录的指针，且各叶子节点按关键字的大小进行有序链接。

（3）所有的非叶子节点仅保存索引信息而不保存数据记录，节点中仅含有其子树根节点的最大或最小的关键字。

例如，图 7.16 所示为一棵 3 阶的 B+树。

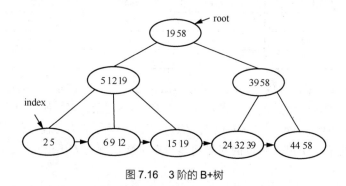

图 7.16　3 阶的 B+树

通常在 B+树上设置两个指针（root 和 index），root 指向树的根节点，index 指向关键字最小的叶子节点。这样，B+树可以支持两种查找操作：一种是从最小关键字起进行顺序查找；另一种是从根节点开始进行随机查找。

在 B+树上进行随机查找、插入和删除的过程与 B−树的基本类似。只是在查找时，如果分支节点上的关键字等于给定值，则从该节点继续向下查找直到叶子节点。在 B+树中无论查找是否成功，每次操作都要走完从根节点到叶子节点的一条完整路径。

B+树的插入操作只在叶子节点上进行。当插入后的关键字个数大于 *m* 时，需要分裂成两个节点，它们的关键字个数分别是 $\left\lceil \frac{m+1}{2} \right\rceil$ 和 $\left\lceil \frac{m+1}{2} \right\rceil$，它们的双亲节点应同时包含这两个节点的最大关键字。

B+树的删除操作也只在叶子节点上进行，当叶子节点中的最大关键字被删除时必须修改其双亲节点的相应索引值。如果因为删除操作使节点中的关键字个数少于 $\left\lceil \dfrac{m}{2} \right\rceil$ ，此时需要把它和兄弟节点合并，其合并操作与 B-树的合并操作相似，不赘述。

7.4 哈希表

前面讨论的表示查找表的各种结构的共同特点是记录在表中的位置和它的关键字之间不存在确定的关系，查找的过程为给定值依次和关键字集合中的各个关键字进行比较。查找的效率取决于和给定值进行比较的关键字个数。用这类方法表示的查找表，其平均查找长度都不为 0。不同的表示方法，其差别仅在于：关键字和给定值进行比较的顺序不同。对于频繁使用的查找表，希望 ASL = 0。这只有一个办法，预先知道所查关键字在表中的位置，即要求记录在表中位置和其关键字之间存在确定的关系。

7.4.1 哈希表的概念

为了一次存取便能得到所查记录，可在记录的存储位置和它的关键字之间建立一个确定的对应关系 H ，以 $H(key)$ 作为关键字为 key 的记录在表中的位置，称这个对应关系 H 为哈希（**Hash**）函数。按这个思想建立的表为**哈希表**。

假如要建立一张全国 34 个省级行政区的民族人口统计表，如表 7.1 所示。

表 7.1 全国 34 个省级行政区的民族人口统计表

编号	省级行政区	总人口	汉族	回族	……
1	北京	……	……	……	……
2	上海	……	……	……	……
……		……	……	……	……

显然，可以按编号依次存放这张表，编号为记录的关键字，由它唯一确定记录的存储位置，如北京编号为 1，则要查看北京的各民族人口，取出第 1 条记录即可。如果把这个存储表看成哈希表，则由哈希函数 $H(key)=key$ ，有 $H(1)=1$ ， $H(2)=2$ ……为了查看方便，也可以将地区名作为关键字，取地区名的第一个拼音字母的序号构建哈希函数，则有 $H(beijing)=2$ ， $H(chengdu)=3$ ， $H(shanghai)=19$ 。

从这个例子可见，哈希函数是一个映射，它将关键字的集合映射到某个地址集合上。它的设置很灵活，只要这个地址集合的大小不超出允许范围即可。由于关键字的值域往往比哈希表的个数大得多，哈希函数是一个压缩映象，因此，在一般情况下，很容易产生地址"冲突"现象，即 $key1 \neq key2$ ，而 $H(key1)=H(key2)$ 。例如，对于如下 9 个关键字 {Zhao, Qian, Sun, Li, Wu, Chen, Han, Ye, Dai}，设哈希函数：

$$H(key) = \lfloor (ord(第一个字母) - ord('A') + 1)/2 \rfloor, \quad ord 为字符的次序，ord('A')=1$$

则构建的哈希表如图 7.17 所示。

0	1	2	3	4	5	6	7	8	9	10	11	12	13
	Chen	Dai		Han		Li		Qian	Sun		Wu	Ye	Zhao

图 7.17 哈希表

如果要查找给定关键字为"Qian"的记录，则按上述哈希函数进行计算，得到 $H(\text{Qian}) = 8$，即可从地址为 8 的表中取得该记录。但是，当同时存在关键字'Zhao'和'Zhang'时，得到 $H(\text{Zhang}) = 13$，$H(\text{Zhao}) = 13$，这时，就产生了"冲突"。一般来讲，很难找到一个不产生冲突的哈希函数。例如，存储 100 条学生记录，安排 120 个地址空间，但由于学生名（假设不超过 10 个英文字母）的理论个数超过 2610 个，要找到一个哈希函数把 100 个任意的学生名映射成 120 以内的不同整数，实际上是不可能的。一般情况下，只能选择恰当的哈希函数，使冲突尽可能少地产生。因此，在构造这种特殊的"查找表"时，除了需要选择一个"好"（尽可能少地产生冲突）的哈希函数，还需要找到一种"处理冲突"的方法。

所以对于哈希表可以做出如下定义：根据设定的哈希函数 $H(\text{key})$ 和选中的处理冲突的方法，将一组关键字映射到一个有限的、地址连续的地址集（区间）上，并以关键字在地址集中的"象"作为相应记录在表中的存储位置，如此构造所得的查找表称为"哈希表"。这一映射过程也称为"散列"，所以哈希表也称散列表。

7.4.2 哈希函数的构建

构造哈希函数的方法有很多，这里只介绍一些常用的、计算简便的方法。以下的方法主要针对的是关键字为数字的记录，若非数字关键字，则需先对其进行数字化处理。

1. 直接定址法

哈希函数为关键字的线性函数，即 $H(\text{key}) = \text{key}$ 或者 $H(\text{key}) = a \times \text{key} + b$（其中，$a$ 和 b 为常数）。直接定址所得地址集的大小和关键字集的大小相同，关键字和地址一一对应，此法仅适用于地址集合的大小等于关键字集合的大小的情况，并且关键字的分布基本连续，否则空号较多，将造成空间浪费。

2. 数字分析法

数字分析法是对各个关键字的各个码位进行分析，取关键字中某些取值较分散的数字位作为哈希地址的方法。此方法适用于关键字中的每一位都有某些数字重复出现且频度很高的情况。例如，如图 7.18 所示，每个关键字都由 8 位十进制数字组成。通过分析可知，第 1 位只能取 8，第 2 位只能取 1，第 3 位只能取 3 或 4，第 8 位只能取 2、7 或 5，其余位的数字分布近乎随机。假定哈希地址由 2 位十进制数字组成，为此可取第 4~7 位中的任意两位，或者某两位与另外两位的叠加作为哈希地址，例如取第 4、5 位，则关键字"81346532"对应的哈希地址是 46。

(1)	(2)	(3)	(4)	(5)	(6)	(7)	(8)
8	1	3	4	6	5	3	2
8	1	3	7	2	2	4	2
8	1	3	8	7	4	2	2
8	1	3	0	1	3	6	7
8	1	3	2	2	8	1	7
8	1	3	3	8	9	6	7
8	1	3	6	8	5	3	7
8	1	4	1	9	3	5	5

图 7.18　数字分析法

3．平方取中法

平方取中法是以关键字的平方值的中间几位作为存储地址。求"关键字的平方值"的目的是"扩大差别"，同时平方值的中间各位又能受到整个关键字中各位的影响。平方取中法适用于关键字中的每一位都有某些数字重复出现且频度很高的情况。

4．折叠法

折叠法是将关键字分割成位数相同的几部分（最后一部分的位数可以不同），然后取它们的叠加和（舍去进位）为哈希地址。折叠法主要有移位叠加和间界叠加两种，前者将分割后的几部分低位对齐相加，后者从一端沿分割界来回折叠，然后对齐相加。如关键字为 0442205864，分别按移位叠加和间界叠加计算哈希地址如图 7.19 所示。其中图 7.19（a）所示为移位叠加，图 7.19（b）所示为间界叠加。此方法适用于关键字的数字位数较多的情况。

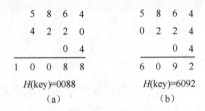

图 7.19　折叠法

5．除留余数法

除留余数法是用模运算（%）得到的方法，其哈希函数 $H(\text{key}) = \text{key} \% p, p \leq m$ ，其中 m 为存储单元数。这种方法的关键是选好 p ，使得每个关键字通过该函数转换后映射到哈希表上任一地址的概率都相等，从而尽可能地减少冲突发生。例如，给定一组关键字为 12, 39, 18, 24, 33, 21，若取 $p=9$ ，则它们对应的哈希函数值将为 3, 3, 0, 6, 6, 3。可见，若 p 中含质因子 3，则所有含质因子 3 的关键字均映射到"3 的倍数"的地址上，从而增加了"冲突"的可能。所以，一般来说，p 应为质数或不包含小于 20 的质因子的合数。

实际工作中需视不同的情况采用不同的哈希函数。通常，选取哈希函数考虑的因素如下。

（1）计算哈希函数所需时间。

（2）关键字长度。

（3）哈希表长度（哈希地址范围）。

（4）关键字分布情况。

（5）记录的查找频率。

实际造表时，采用何种构造哈希函数的方法取决于建表的关键字集合的情况（包括关键字的范围和形态），总的原则是使产生冲突的可能性尽可能小。

7.4.3　处理冲突

哈希法不可避免地会出现冲突，所以应用哈希表时，关键的问题是处理冲突。"处理冲突"的实际含义是为产生冲突的地址寻找下一个哈希地址。常用的处理冲突的方法有开放定址法、链地址法、再哈希法、公共溢出区法等。

1．开放定址法

为产生冲突的地址 $H(\text{key})$ 求得一个地址序列：$H_0, H_1, H_2, \cdots, H_s (1 \leq s \leq m-1)$ 。H_i 为第 i 次冲突产生的哈希函数。有：

$$H_i = (H(\text{key}) + d_i)\%m \qquad\qquad (7\text{-}7)$$

其中 $i=1,2,\cdots,s$，$H(\text{key})$ 为哈希函数，m 为哈希表长，d_i 为增量序列。开放定址法对增量 d_i 有以下 3 种取法。

（1）线性探测法。$d_i = c \times i$，最简单的情况为 $c = 1$。

（2）平方探测法，也称二次探测法。$d_i = 1^2, -1^2, 2^2, -2^2, \cdots, \pm k^2 (k \leqslant m/2)$。

（3）随机探测法。d_i 是伪随机数序列。

无论哪一种开放定址法，在选择 d_i 时都要注意，增量 d_i 应具有"完备性"，即产生的 H_i 均不相同，且产生的所有的 H_i 值能覆盖哈希表中所有地址。这就要求，平方探测法的表长 m 必为形如 $4j+3$ 的质数（如 7,11, 19, 23，…），而随机探测法的 m 和 d_i 没有公因子。

下面重点介绍线性探测法和平方探测法的计算过程。

例如，如果给定关键字集合 { 19, 01, 23, 14, 55, 68, 11, 82, 36 }，设定哈希函数 $H(\text{key}) = \text{key}\%11$（表长=11），使用开放定址法构造哈希表时，采用线性探测法处理冲突，计算过程如表 7.2 所示。

表 7.2　线性探测法的计算过程

$H(\text{key}) = \text{key}\%11$	$H_i = (H(\text{key}) + d_i)\%m$，$d_i = i$				
	H_1	H_2	H_3	H_4	H_5
$H(19) = 19\%11 = 8$					
$H(1) = 1\%11 = 1$					
$H(23) = 23\%11 = 1$	$(1+1)\%11 = 2$				
$H(14) = 14\%11 = 3$					
$H(55) = 55\%11 = 0$					
$H(68) = 68\%11 = 2$	$(2+1)\%11 = 3$	$(2+2)\%11 = 4$			
$H(11) = 11\%11 = 0$	$(0+1)\%11 = 1$	$(0+2)\%11 = 2$	3	4	5
$H(82) = 82\%11 = 5$	$(5+1)\%11 = 6$				
$H(36) = 36\%11 = 3$	$(3+1)\%11 = 4$	$(3+2)\%11 = 5$	6	7	

得到的哈希表如图 7.20（a）所示，关键字下方的数字表示求得哈希地址计算的次数。如 11 下方的 6 表示根据哈希函数计算求得哈希地址的次数为 6 次，第 1 次计算得到的哈希地址为 0，但 0 的位置已有元素 55，有冲突，需要计算新的地址序列 H_1，H_1 为 1，该位置已有元素 01，则继续计算地址序列，经过 5 次探测，最后得出哈希地址为 5。

若采用平方探测法处理冲突，计算过程如表 7.3 所示，得到的哈希表如图 7.20（b）所示。

图 7.20　用开放定址法处理冲突时的哈希表

表 7.3　平方探测法计算过程

$H(\text{key}) = \text{key}\%11$	$H_i = (H(\text{key}) + d_i)\%m$ ， $d_i = 1^2, -1^2, 2^2, -2^2, \cdots$		
	H_1	H_2	H_3
$H(19) = 19\%11 = 8$			
$H(1) = 1\%11 = 1$			
$H(23) = 23\%11 = 1$	$(1+1^2)\%11 = 2$		
$H(14) = 14\%11 = 3$			
$H(55) = 55\%11 = 0$			
$H(68) = 68\%11 = 2$	$(2+1^2)\%11 = 3$	$(2-1^2)\%11 = 1$	$(2+2^2)\%11 = 6$
$H(11) = 11\%11 = 0$	$(0+1^2)\%11 = 1$	$(0-1^2)\%11 = 10$	
$H(82) = 82\%11 = 5$	$(5+1^2)\%11 = 6$	$(5-1^2)\%11 = 4$	
$H(36) = 36\%11 = 3$	$(3+1^2)\%11 = 4$	$(3-1^2)\%11 = 2$	$(3+2^2)\%11 = 7$

容易看出，平方探测法会降低"二次聚集"发生的概率。二次聚集是指使哈希地址不同的记录又产生新的冲突。

2．链地址法

链地址法是把具有相同哈希地址的关键字的值放在同一个链表中。若选定的哈希表长度为 m，则可将哈希表定义为一个由 m 个头指针组成的指针数组 T，凡是哈希地址为 i 的节点，均插入以 $T[i]$ 为头节点的单链表。T 中各分量的初值均应为空。

例如，给定关键字集合 { 19, 01, 23, 14, 55, 68, 11, 82, 36 }，取哈希表长度为 $m=7$，哈希函数为 $H(\text{key}) = \text{key}\%7$，用链地址法处理冲突时的哈希表如图 7.21 所示。

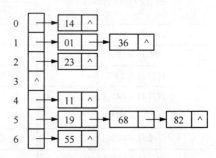

图 7.21　用链地址法处理冲突时的哈希表

3．再哈希法

再哈希法可表示为：

$$H_i = H_i(\text{key}) \qquad i = 1, 2, 3, \cdots, k \tag{7-8}$$

其中，H_i 代表多个不同的哈希函数，当产生冲突时，对得到的哈希值再次使用另一个哈希函数进行计算，直到冲突不再发生。这种方法不易产生"聚集"，但增加了计算的时间。

4．公共溢出区法

公共溢出区法设置 2 个表：基本表和溢出表。前者用于存放未发生冲突的关键字对应的哈希地址，后者用于存放发生冲突的关键字对应的哈希地址。该方法首先将所有关键字通过哈希函数计算出相应的地址，然后将未发生冲突的关键字放入相应的基本表中，一旦发生冲突，就将其依次放入溢出表中。

在查找时，首先通过哈希函数用给定关键字值计算出对应的哈希地址，然后与基本表的相应位置进行比较，如果不相等，则在溢出表中顺序查找。

7.4.4　哈希表的查找及分析

哈希表的查找过程和造表过程类似。假设采用开放定址法处理冲突，设哈希表以数组 R 表示，则查找过程如下。

（1）对于给定值 key，计算哈希地址 $i=H(\text{key})$。

（2）若 $R[i]=\text{null}$，则查找不成功；若 $R[i].\text{key}=\text{key}$，则查找成功。

（3）否则"反复求下一地址 H_i"，直至 $R[H_i]=\text{null}$（查找不成功）或 $R[H_i].\text{key}=\text{key}$（查找成功）为止。

例如在图 7.20（a）所示的哈希表中查找 key=68 时，首先求得哈希地址 $H(68)=2$，由于 $R[2]$ 不为空，且 $R[2].\text{key}\neq\text{key}$，则找第一次冲突处理的地址 $H_1=(2+1)\%11=3$；而 $R[3]$ 不为空且 $R[3].\text{key}\neq\text{key}$，则找第二次冲突处理的地址 $H_2=(2+2)\%11=4$；而 $R[4]$ 不为空且 $R[4].\text{key}=\text{key}$，则查找成功，返回 key=68 的记录在表中的序号 4。

查找 key=51 时，首先求得哈希地址 $H(51)=7$，由于 $R[7]$ 不为空且 $R[7].\text{key}\neq\text{key}$，则找第一次冲突处理的地址 $H_1=(7+1)\%11=8$；而 $R[8]$ 不为空且 $R[8].\text{key}\neq\text{key}$，则找第二次冲突处理的地址 $H_2=(7+2)\%11=9$；而 $R[9]$ 是空记录，则表明表中不存在关键字等于 51 的记录。

结合图 7.20 和图 7.21，如果假定查找每一条记录的概率是相同的，则 3 种冲突处理的平均查找长度分别如下。

（1）线性探测法处理冲突时，ASL=22/9。

（2）平方探测法处理冲突时，ASL=16/9。

（3）链地址法处理冲突时，ASL=13/9。

从查找过程得知，用哈希表查找的平均查找长度实际上并不等于 0。决定哈希表查找的平均查找长度的因素主要有以下 3 个。

（1）选用的哈希函数。

（2）选用的处理冲突的方法。

（3）哈希表饱和的程度——装填因子。

哈希表的装填因子定义为：$\alpha=n/m$（n 为记录数，m 为表的长度）。直观地看，α 越小，发生冲突的可能性就越小；α 越大，即表中记录已很多，发生冲突的可能性就越大。

一般情况下，可以认为选用的哈希函数是"均匀"的，则在讨论平均查找长度时，可以不考虑其他的因素。因此，哈希表的平均查找长度是处理冲突方法和装填因子的函数。可以证明：查找成功时平均查找长度有下列结果。

（1）采用线性探测再哈希处理冲突时，$\text{ASL}\approx\dfrac{1}{2}\left(1+\dfrac{1}{1-\alpha}\right)$。

（2）采用平方探测再哈希处理冲突时，$\text{ASL}\approx-\dfrac{1}{\alpha}\ln(1-\alpha)$。

（3）采用链地址法处理冲突时，$\text{ASL}\approx1+\dfrac{\alpha}{2}$。

从以上结果可见，哈希表的平均查找长度是 α 的函数，而不是 n 的函数。这说明，用哈希表构造查找表时，可以选择一个适当的装填因子 α，使得平均查找长度限定在某个范围内。这是哈希表特有的特点。

7.5 习题

一、单项选择题

1. 顺序查找适用于查找顺序存储或链式存储的线性表，平均比较次数为（   ）；折半查找只适用于查找顺序存储的有序表，平均比较次数为（　　　）。在此假定 N 为线性表中节点数，且每次查找都是成功的。

A. $N+1$　　　　　　　B. $2\log_2 N$　　　　　　C. $\log N$

D. $N/2$　　　　　　　E. $N\log_2 N$　　　　　　F. N^2

2．下面关于折半查找的叙述正确的是（　　　）。

A. 表必须有序，表可以以顺序存储，也可以以链表存储

C. 表必须有序，而且只能从小到大排列

B. 表必须有序且表中数据必须是整型、实型或字符型的

D. 表必须有序，且表只能以顺序存储

3．适用于折半查找的表的存储方式及元素排列要求为（　　　）。

A. 链表存储，元素无序　　　　　　　　　　B. 链表存储，元素有序

C. 顺序存储，元素无序　　　　　　　　　　D. 顺序存储，元素有序

4．具有 12 个关键字的有序表，折半查找的平均查找长度为（　　　）。

A. 3.1　　　　　　　B. 4　　　　　　　C. 2.5　　　　　　　D. 5

5．折半查找的时间复杂度为（　　　）。

A. $O(n^2)$　　　　　　B. $O(n)$　　　　　　C. $O(n\log n)$　　　　　　D. $O(\log n)$

6．分别以下列序列构造二叉查找树，与用其他 3 个序列构造的结果不同的是（　　　）。

A. (100,80,90,60,120,110,130)　　　　　　B. (100,120,110,130,80,60,90)

C. (100,60,80,90,120,110,130)　　　　　　D. (100,80,60,90,120,130,110)

7．在平衡二叉树中插入一个节点后造成了不平衡，设最低的不平衡节点为 A，并已知 A 的左孩子的平衡因子为 0，右孩子的平衡因子为 1，则应作（　　　）型调整以使其平衡。

A. LL　　　　　　　B. LR　　　　　　　C. RL　　　　　　　D. RR

8．下列关于 m 阶 B-树的说法错误的是（　　　）。

A. 根节点至多有 m 棵子树

B. 所有叶子节点都在同一层次上

C. 非叶子节点至少有 $m/2$（m 为偶数）或 $m/2+1$（m 为奇数）棵子树

D. 根节点中的数据是有序的

9．设有一组记录的关键字为{19,14,23,1,68,20,84,27,55,11,10,79}，用链地址法构造哈希表，哈希函数为 $H(\text{key})=\text{key} \%13$，哈希地址为 1 的链中有（　　　）个记录。

A. 1　　　　　　　B. 2　　　　　　　C. 3　　　　　　　D. 4

10．若采用链地址法构造哈希表，哈希函数为 $H(\text{key})=\text{key} \%17$，则需（（1））个链表。这些链的链首指针构成一个指针数组，数组的索引范围为（（2））。

（1）A. 17　　　　　　B. 13　　　　　　C. 16　　　　　　D. 任意

（2）A. 0～17　　　　　B. 1～17　　　　　C. 0～16　　　　　D. 1～16

11．设哈希表长为 14，哈希函数是 $H(\text{key})=\text{key}\%11$，表中已有数据的关键字为 15,38,61,84 共 4 个，现要将关键字为 49 的节点加到表中，用二次探测法处理冲突，则放入的位置是（　　　）。

A. 8　　　　　　　B. 3　　　　　　　C. 5　　　　　　　D. 9

二、填空题

1．顺序查找有 n 个元素的顺序表，若查找成功，则比较关键字的次数最多为_____次；当使用监视哨时，若查找失败，则比较关键字的次数为_____。

2．在顺序表(8,11,15,19,25,26,30,33,42,48,50)中，用折半查找（二分查找）法查找关键字值 20，需做的关键字比较次数为_____。

3．在有序表 $A[1..12]$ 中，采用折半查找法查找等于 $A[12]$ 的元素，所比较的元素索引依次为_____。

4．高度为 4 的 3 阶 B-树中，最多有_____个关键字。

5．在一棵 m 阶 B-树中，若在某节点中插入一个新关键字而引起该节点分裂，则此节点中原有的关键字的个数是_____；若在某节点中删除一个关键字而导致节点合并，则该节点中原有的关键字的个数是_____。

6．如果按关键字值递增的顺序依次将关键字值插入二叉查找树，则对这样的二叉查找树进行查找时，平均比较次数为_____。

7．高度为 8 的平衡二叉树的节点数至少有_____个。

8．已知二叉查找树的左、右子树均不为空，则_____上所有节点的值均小于它的根节点值，_____上所有节点的值均大于它的根节点值。

三、判断题

（   ）1．顺序查找法适用于存储结构为顺序存储结构或链式存储结构的线性表。

（   ）2．折半查找法的查找速度一定比顺序查找法快。

（   ）3．在二叉查找树中插入一个新节点，总是插入到叶子节点下面。

（   ）4．完全二叉树肯定是平衡二叉树。

（   ）5．对一棵二叉查找树按前序遍历方法得出的节点序列是按节点的值从小到大排列的序列。

（   ）6．二叉树中除叶子节点外，任一节点 X，其左子树根节点的值小于该节点（X）的值，其右子树根节点的值大于或等于该节点（X）的值，则此二叉树一定是二叉查找树。

（   ）7．在任意一棵非空二叉查找树中，删除某节点后又将其插入，则所得二叉查找树与原二叉查找树相同。

（   ）8．在 m 阶 B-树中每个节点上至少有 $\lceil m/2 \rceil$ 个关键字，最多有 m 个关键字。

（   ）9．在平衡二叉树中，向某个平衡因子不为 0 的节点的树中插入一新节点，必引起平衡旋转。

四、应用题

1．设有一组关键字 {9,01,23,14,55,20,84,27}，采用哈希函数 $H(key) = key\%7$，表长为 10，用开放地址法的平方探测法 $H_i = (H(key) + d_i)\%m$，$d_i = 1^2, 2^2, 3^2, \cdots$) 处理冲突。要求：对该关键字序列构造哈希表，并计算查找成功的平均查找长度。

2．一棵二叉查找树结构如图 7.22 所示，节点的值从小到大依次为 1～9，请标出各节点的值。

3．用序列(46,88,45,39,70,58,101,10,66,34)建立一个二叉查找树，画出该树，并求在等概率情况下查找成功的平均查找长度。

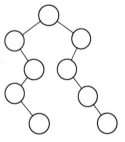

图 7.22 二叉查找树

4．假定对有序表(3,4,5,7,24,30,42,54,63,72,87,95)进行折半查找，试回答下列问题。

（1）画出描述折半查找过程的判定树。

（2）若查找元素 54，需依次与哪些元素比较?

（3）若查找元素 90，需依次与哪些元素比较？

（4）假定每个元素的查找概率相等，求查找成功时的平均查找长度。

7.6　实训

一、实训目的

1．熟悉各种查找算法的基本思想。

2．掌握各种查找算法的使用。

二、实训内容

1．设有一组整数(3,10,6,34,56,20,15,45)，写出用顺序查找法分别查找 20 和 35 的 Java 语言程序，并输出结果。

2．有一组整数(7,12,15,34,45,52,56,65,70)已按由小到大的顺序排好序，现从键盘上输入任意整数，分别用顺序查找法和折半查找法寻找合适的插入位置插入该整数，要求插入后仍然有序。编写相应的程序，并上机调试。

提示：实训任务 1 可以参考算法 7-2 实现。实训任务 2 需要先查找插入位置，顺序查找法可以参考算法 7-2，折半查找法可以参考算法 7-3，注意需要修改这两个算法。当查找失败时，需要返回插入的位置，之后的插入操作可以直接调用从基类 ArrayList 继承的 add 方法来实现，调用语句如下所示。

```
//loc 为插入位置，key 为要插入的关键字
ST.elem.add(loc, new ElemType<Integer>(key));
```

第8章

排　序

建议学时：4 学时

总体要求

- 了解排序的定义和基本术语
- 掌握各种内部排序算法的基本思想、算法特点、排序过程以及它们的时间复杂度分析方法
- 了解稳定排序算法和不稳定排序算法的定义及判断

相关知识点

- 排序的定义和基本术语
- 各种内部排序算法的基本思想、算法特点、排序过程和它们的时间复杂度分析方法
- 稳定排序算法和不稳定排序算法的定义及判断

学习重点

- 简单排序、快速排序、堆排序、归并排序的排序算法、算法描述和性能分析
- 各种排序算法的比较

　　排序是数据处理和程序设计中经常使用的一种重要运算。如何进行排序，特别是如何进行高效率的排序是计算机领域研究的重要课题之一。采用好的排序算法对于提高数据处理的工作效率是很重要的。

8.1　基本概念

排序（Sorting）就是将一组任意序列的数据元素按一定的规律进行排列，使之成为有序序列。表 8.1 所示是一个学生成绩表，其中某个学生记录包括学号、姓名，以及计算机导论、C 语言、数据结构等课程的成绩和总成绩等数据项。在排序时，如果用总成绩来排序，则会得到一个有序序列，如果以数据结构成绩进行排序，则会得到另一个有序序列。

表 8.1　学生成绩表

学号	姓名	计算机导论	C 语言	数据结构	总成绩
2940710801	王实	85	92	86	263
2940710802	张斌	90	91	93	274
2940710803	徐玲玉	66	63	64	193
2940710804	周安	75	74	73	222
……	……	……	……	……	……

作为排序依据的数据项被称为"排序项"，也被称为记录的关键字（Keyword）。关键字分为主关键字（Primary Keyword）和次关键字（Secondary Keyword）。一般地，若关键字是主关键字，则对于任意待排序的序列，经排序后得到的结果是唯一的。若关键字是次关键字，排序的结果不一定唯一，这是因为待排序的序列中可能存在具有相同次关键字值的记录。

排序的确切定义如下。

设序列 $\{R_1, R_2, \cdots, R_n\}$，相应关键字序列为 $\{K_1, K_2, \cdots, K_n\}$。所谓排序是指重新排列 $\{R_1, R_2, \cdots, R_n\}$ 为 $\{R_{p1}, R_{p2}, \cdots, R_{pn}\}$，使得其相应的关键字满足 $\{K_{p1} \leqslant K_{p2} \leqslant \cdots \leqslant K_{pn}\}$ 或 $\{K_{p1} \geqslant K_{p2} \geqslant \cdots \geqslant K_{pn}\}$。

上述排序定义中的关键字 K_i 可以是记录 $R_i (i = 1, 2, \cdots, n)$ 的主关键字，也可以是 R_i 的次关键字。若 K_i 为主关键字，则排序后的结果是唯一的；若 K_i 为次关键字，则排序后的结果不唯一。在记录序列中有两个记录 R_i 和 R_j，它们的关键字 $K_i = K_j$ 且在排序之前记录 R_i 排在 R_j 前面，如果在排序之后，对象 R_i 仍在对象 R_j 的前面，则称这个排序算法是稳定的，否则称这个排序算法是不稳定的。

排序的方法有多种，各种排序算法可以按照不同的原则加以分类。

（1）根据排序过程中涉及的存储器，排序可分为内部排序和外部排序。

内部排序是指在排序期间数据对象全部存放在内存的排序。外部排序是指在排序期间全部对象个数太多，不能同时存放在内存，必须根据排序过程的要求，不断在内存、外存之间移动的排序。本书重点讨论内部排序。

（2）按排序的稳定性，排序可分为稳定排序和不稳定排序。

（3）按排序采用的策略，排序可分为插入排序、交换排序、选择排序、归并排序和基数排序。

要在众多的排序算法中，简单地判断哪一种算法最好是比较困难的。评价一个排序算法好坏的标准主要有两条：第一是执行该算法需要的时间；第二是执行该算法需要的辅助空间。另外算法本身的复杂程度也是要考虑的一个因素。排序是经常使用的一种运算，因此，排序的时间开销是衡量算法优劣十分重要的标志，而排序的时间开销又可以用算法运行中的比较次数和移动次数来衡量。

为了讨论方便，本书把排序关键字设为整数，并且用顺序存储结构。其数据结构定义如下。

```
public class RecordType<T extends Comparable<T>> {
    T key;//关键字域
    //......    其他域
    public RecordType(){
        key=null;
    }
    public RecordType(T data){
        key=data;
    }
}
public class Sort<T extends Comparable<T>> {
    //数据元素存储空间基址
    protected        ArrayList<RecordType<T>> elem;
    protected        int length; //表长度
    //用数组 data 中的前 n 个元素初始化顺序表
    Public    Sort(T[] data,int n){
        elem=new ArrayList<RecordType<T>>();
        RecordType<T> e;
        for(int i=0;i<n;i++){
            e=new RecordType<T>(data[i]);
            elem.add(i, e);
        }
        length=n;
    }
    //各种排序算法
}
```

8.2 插入排序

插入排序（Insertion Sorting）的基本思想是每次将一个待排序的记录，按其关键字的大小插入到前面已经排好序的子序列中的适当位置，直到全部记录插入完成为止。根据查找插入记录位置的方法不同，插入排序的方法有多种，本节主要介绍两种十分简单也十分基本的插入排序的方法：直接插入排序和希尔排序。

8.2.1 直接插入排序

直接插入排序（Straight Insertion Sorting）是一种较为简单的插入排序算法，它首先设 $R = \{R_1, R_2, \cdots, R_n\}$ 为原始序列，$R' = \{\}$ 初始为空。直接插入排序的基本思想是依次取出 R 中的元素 R_i，然后将 R_i 有序地插入 R'。如同玩扑克牌的人抓牌，将抓到的牌插入到手中已排好的牌中适当的位置。

例如 $R=\{5,2,10,2\}$，则直接插入排序过程如表 8.2 所示。

表 8.2 直接插入排序

序号	R	R'
0（原始）	$R=\{5,2,10,2\}$	$R'=\{\}$
1	$R=\{2,10,2\}$	$R'=\{5\}$
2	$R=\{10,2\}$	$R'=\{2,5\}$
3	$R=\{2\}$	$R'=\{2,5,10\}$
4	$R=\{\}$	$R'=\{2,2,5,10\}$

算法思路：设关键字序列 $\{K_1, K_2, \cdots, K_n\}$，初始认为 K_1 就是一个有序序列；令 K_2 插入上述表长为 1 的有序序列中，使之成为一个表长为 2 的有序序列；让 K_3 插入上述表长为 2 的有序序列，使之成为一个表长为 3 的有序序列；依次类推，最后让 K_n 插入表长为 $n-1$ 的有序序列，得到一个表长为 n 的有序序列。

【例 8-1】 设有一组关键字序列为{49,38,65,97,76,13,27,49*,55,04}，这里 n=10，49*表示其值和 49 相同，但在序列中的位置位于第一个 49 之后。用直接插入排序算法进行排序，其排序过程如图 8.1 所示。

具体算法实现如算法 8-1 所示。

【算法 8-1：直接插入排序算法】

```java
//对表中的前 n 个记录进行直接插入排序
public void InsertSort(int n){
    int i,j;
    RecordType<T> temp;
    for(i=1;i<n;i++){
    //如果第 j-1 个元素大于第 j 个元素，将两者交换
        for(j=i;j>0&&
        elem.get(j-1).key.compareTo(elem.get(j).key)>0;j--){
            temp=elem.get(j-1);
            elem.set(j-1, elem.get(j));
            elem.set(j, temp);
        }
    }
}
```

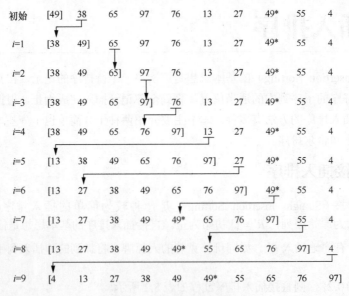

图 8.1　直接插入排序过程

由以上算法可知，直接插入排序由双重循环组成，外循环进行 $n-1$ 次直接插入排序，内循环则完成一次直接插入排序，即用于确定某一记录的插入位置，并完成插入的操作，其主要操作是进行关键字的比较和记录的后移。其时间也主要花费在关键字比较和记录的后移上。对于一个含有 n 个记录的序列，若初始序列按关键字有序递增，此时在每一次排序中仅需进行一次关键字的比较。这时 $n-1$ 次排序总的关键字比较次数为最小值，$C_{min} = n-1$，并且在每次排序中，无须将记录后移，即移动次数为 0。反之，若初始序列按关键字有序递减，此时关键字的比较次数和记录的移动次

数均取最大值，使得插入排序出现最坏的情况。对于要插入的第 i 个记录，均要与前 $i-1$ 个记录的关键字进行比较。每次要进行 $i-1$ 次比较。从记录移动次数看，每次排序将有序序列中所有的 $i-1$ 个记录均后移一个位置，此时移动记录的次数为 $i-1$。从而可得到在最坏情况下关键字比较总次数的最大值 $C_{\max}$ 和记录移动总次数的最大值 $M_{\max}$ 为：

$$C_{\max} = \sum_{i=1}^{n} i = \frac{(n+2)(n+1)}{2}, \quad M_{\max} = \sum_{i=1}^{n}(i-1) = \frac{(n-1)n}{2} \tag{8-1}$$

因此，当初始记录序列关键字的分布情况不同时，算法在执行过程中消耗的时间是不同的。在最好的情况下，即初始序列是正序时，算法的时间复杂度为 $O(n)$；在最坏的情况下，即初始序列反序时，算法的时间复杂度为 $O(n^2)$。若初始记录序列的排列情况为随机排列，各关键字可能出现的各种排列的概率相同时，则可取最好与最坏情况的平均值作为直接插入排序时进行关键字间的比较次数和记录移动的次数，约为 $n^2/4$，即可得直接插入排序的时间复杂度为 $O(n^2)$。从所需的附加空间来看，由于直接插入排序在整个排序过程中只需要一个记录单元的辅助空间，所以其空间复杂度为 $O(1)$，同时，从排序的稳定性来看，直接插入排序是一种稳定的排序算法。

8.2.2　希尔排序

希尔排序（Shell Sorting）又称为缩小增量排序，是由希尔（Shell）于 1959 年提出来的对直接插入排序的一种改进的排序算法。其做法不是每次逐个对元素进行比较，而是先将整个待排序记录序列分割成若干子序列分别进行直接插入排序，待整个序列中的记录基本有序时，再对全体记录进行一次直接插入排序。这样大大减少了记录移动次数，提高了排序效率。

算法基本思路是：先取一个正整数 $d_1(0 < d_1 < n)$，把全部记录分成 d_1 个组，所有距离为 d_1 倍数的记录看成是一组，然后在各组内进行直接插入排序；接着取 $d_2(d_2 < d_1)$，重复上述分组和排序操作，直到 $d_i = 1(i \geq 1)$，即所有记录成为一个组为止。希尔排序对增量序列的选择没有严格的规定，一般而言，对于 n 个记录的序列，一般选 $d_1 = n/2$，$d_2 = d_1/2$，$d_3 = d_2/2$，$\cdots$，$d_i = 1$。

【例 8-2】　设有一组关键字序列为{49,38,65,97,76,13,27,49*,55,04}，这里 $n=10$，49*表示其值和 49 相同，但在序列中的位置位于第一个 49 之后。用希尔排序算法进行排序，其排序过程如图 8.2 所示。

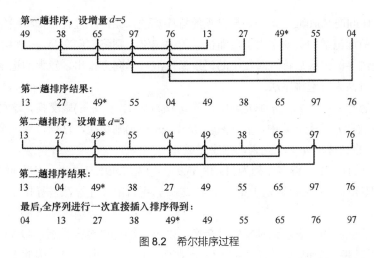

图 8.2　希尔排序过程

具体算法实现如算法 8-2 所示。

【算法 8-2：希尔排序算法】

```
//对表 r 中的第 1 到第 n 个记录进行希尔排序，r[0]为监视哨
public void ShellSort(int n) {
    int i,j,d;
    RecordType<T> temp;
    for(d=n/2;d>0;d=d/2) {//初始增量为 n/2，每次缩小增量值为 d/2
        for(i=d;i<n;i++){
            temp=elem.get(i);
            for (j = i; j >= d; j -= d){//前后记录位置的增量是 d
                if(temp.key.compareTo(elem.get(j−d).key)<0){
                    elem.set(j, elem.get(j−d));;
                }
                else    break;
            }
            elem.set(j, temp);
        }
    }
}
```

虽然以上给出的算法是三层循环，最外层循环为 $\log_2 n$ 数量级的，中间的 for 循环是 n 数量级的，内循环远远低于 n 数量级。当分组较多时，组内元素较少，循环次数少；分组较少时，组内元素增多，但已接近有序，循环次数并不增加。因此，希尔排序的时间复杂度在 $O(n\log_2 n)$ 和 $O(n^2)$ 之间，大致为 $O(n^{3/2})$。

希尔排序对每个子序列单独比较，在比较时进行元素移动，有可能改变相同关键字记录的原始顺序，因此希尔排序是不稳定的排序算法。

8.3　交换排序

交换排序的基本思想是两两比较待排序记录的关键字，若发现两个记录的次序相反即进行交换，直到找到没有反序的记录为止，从而达到排序的目的。本节将介绍两种交换排序：冒泡排序和快速排序。

8.3.1　冒泡排序

冒泡排序（Bubble Sorting）是一种最直观的排序算法，在排序过程中，将相邻的记录的关键字进行比较，若前面记录的关键字大于后面记录的关键字，则将它们交换，否则不交换。或者反过来，使较大关键字的记录后移，即较小的记录像气泡一样向上冒出，较大的记录像石头一样沉入后部。故称此方法为冒泡排序法。

算法的基本思想为：首先在 n 个元素中，若 $a_i>a_{i+1}$ ($i=1, \cdots, n-1$)则交换，这样得到一个最大元素放于 a_n；其次在 $n-1$ 个元素中，若 $a_i>a_{i+1}$ ($i=1, \cdots, n-2$)则交换，这样得到一个次大元素放于 a_{n-1}；依次类推，直到选出 $n-1$ 个元素，排序完成。

【例 8-3】　设有一组关键字序列为{49,38,65,97,04,13,27,49*,55,76}，这里 n=10，49*表示其值和 49 相同，但在序列中的位置位于第一个 49 之后。用冒泡排序算法进行排序，其排序过程如图 8.3 所示。

图中画有箭头弧线的，表示记录发生过交换，以第 1 趟排序过程为例，49 和 38 比较，因为 49 大于 38，所以交换两个记录；然后用 49 和 65 比较，由于 49 小于 65，因此不交换。依次将相

邻两个记录的关键字进行比较，如果前者大于后者，就交换两个记录，如接下来的 97 和 04、97 和 13、97 和 27、97 和 49*、97 和 55、97 和 76 之间的交换。第 1 趟排序结束后，97 作为 10 个元素中的最大值被交换到最后。在接下来的第 2 趟排序选出剩下 9 个记录中的最大值并交换到倒数第 2 个位置。依次类推，第 i 趟排序，选出 $n-i+1$ 个元素中的最大值并交换到第 $n-i+1$ 个位置。经过 $n-1$ 趟排序，排序结束。注意在第 4 趟排序过程中，关键字进行两两比较后并未发生记录交换。这表明关键字已经有序，因此不必进行第 5～9 趟排序。为此在算法描述时，引入标志变量 isExchange。在每一趟排序之前，先将其设为 false，若在一趟排序中交换了记录，则将其设为 true。在一趟排序之后检查 isExchange，若未曾交换记录，便终止算法，排序完成。

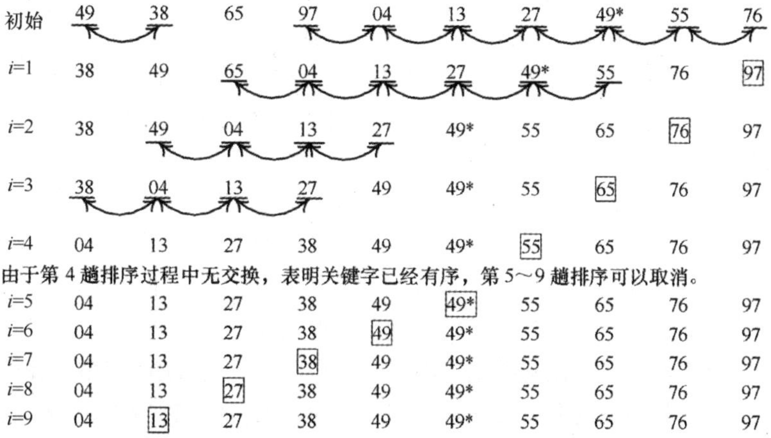

图 8.3　冒泡排序过程

具体算法实现如算法 8-3 所示。

【算法 8-3：冒泡排序算法】

```
//对表 r 中的前 n 个记录进行冒泡排序
public void BubbleSort(int n){
    int i,j;
    boolean isExchange;          //交换标志
    RecordType<T> temp;
    for(i=1;i<n;i++){
        isExchange=false;        //isExchange=false 表示未交换
        for(j=0;j<n-i;j++){
            //如前者大于后者，交换
            if(elem.get(j).key.compareTo(elem.get(j+1).key)>0){
                temp=elem.get(j);
                elem.set(j, elem.get(j+1));
                elem.set(j+1, temp);
                isExchange=true; //isExchange=true 表示发生交换
            }
        }
        if(isExchange==false)break; //未交换，排序结束
    }
}
```

由冒泡排序算法可看出，若初始记录序列是正序的，则一趟扫描即可完成排序，此时所需的关键字比较次数和记录移动的次数均为最小值。

$$C_{\min} = n-1 , \quad M_{\min} = 0 \tag{8-2}$$

即冒泡排序的最好时间复杂度为 $O(n)$。相反，若初始记录序列是反序的，则需要进行 $n-1$ 趟排序，每趟排序要进行 $n-i(1 \leqslant i \leqslant n-1)$ 次关键字的比较，且每次比较都必须移动记录 3 次来达到交换记录位置的目的，此时，关键字比较次数和记录移动的次数均达到最大值。

$$C_{\max} = \sum_{i=1}^{n-1}(n-i) = \frac{n(n-1)}{2}, \quad M_{\max} = \sum_{i=1}^{n-1}3(n-i) = \frac{3n(n-1)}{2} \tag{8-3}$$

因此，冒泡排序的最坏时间复杂度为 $O(n^2)$。在平均情况下，关键字的比较次数和记录的移动次数大约为最坏情况下的一半，因此冒泡排序算法的时间复杂度为 $O(n^2)$。

同时，冒泡排序是一种稳定的排序算法。

8.3.2　快速排序

快速排序（Quick Sorting）是冒泡排序的一种改进。在冒泡排序中，记录的比较和交换是在相邻的单元间进行的，记录每次交换只能上移或下移一个单元，因而总的比较次数和移动次数较多。而在快速排序中，记录的比较和交换是从两端向中间进行的，关键字较小的记录一次就能从后面的单元交换到前面的单元，而关键字较大的记录一次就能从前面的单元交换到后面的单元，记录每次移动得较远，因此可以减少记录总的比较次数和移动次数。

快速排序

快速排序的基本做法是：任取待排序的 n 个记录中的某个记录作为基准（一般选取第一个记录），通过一趟排序，将待排序记录分成左右两个子序列，左子序列记录的关键字均小于或等于该基准记录的关键字，右子序列记录的关键字均大于或等于该基准记录的关键字，从而得到该记录最终排序的位置，然后该基准记录不再参加排序，此趟排序称为第一趟快速排序。然后对所分的左右子序列分别重复上述方法，直到所有的记录都处在它们的最终位置，此时排序完成。在快速排序中，有时将待排序序列按照基准记录的关键字分为左右两个子序列的过程称为一次划分。

快速排序的过程为：设待排序序列为 $R[s..t]$，为了实现一次划分，可设置两个指针 low 和 high，它们的初值分别为 s 和 t。以 $R[s]$ 为基准，划分过程如下。

（1）从 high 开始，依次向前扫描，并将扫描到的每一个记录的关键字同 $R[s]$ 即基准记录的关键字进行比较，直到 $R[high].key<R[s].key$，将 $R[high]$ 赋值到 low 所指的位置。

（2）从 low 开始依次向后扫描，并将扫描到的每一个记录的关键字同 $R[s]$ 即基准记录的关键字进行比较，直到 $R[low].key>R[s].key$，将 $R[low]$ 赋值到 high 所指的位置。重复上述过程。

（3）如此交替改变扫描方向，重复（1）和（2）两个步骤，从两端向中间位置靠拢，直到 low 等于或大于 high。经过此次划分后得到的左右两个子序列分别为 $R[s..low-1]$ 和 $R[low+1..t]$。

排序首先从 $R[0..n-1]$ 开始，按上述方法划分为 $R[0..low-1]$、$R[low]$ 和 $R[low+1..n-1]$ 这 3 个序列，然后对前后两个序列分别按上述方法进行再次划分，依次重复，直到每个序列只剩一个元素为止。

【例 8-4】　设有一组关键字序列为 {49,38,65,97,04,13,27,49*,55,76}，这里 $n=10$，49* 表示其值和 49 相同，但在序列中的位置位于第 1 个 49 之后。用快速排序算法进行排序，排序过程如图 8.4 所示，以 49 为基准的第 1 次划分过程如图 8.5 所示。

具体算法实现如算法 8-4 和算法 8-5 所示。

【算法 8-4：任意子序列 $R[low..high]$ 的一趟划分算法】

```
//对表中的第 low 到第 high 个记录进行一次快速排序的划分
//把关键字小于 elem.get(low).key 的记录放在前端 .
//把大于 elem.get(low).key 的记录放在后端
protected int Partition(int low,int high){
```

```
RecordType<T> temp=elem.get(low);//把 elem.get(low)放在 temp
while (low<high){ //用 elem.get(low);进行一趟划分
    //在 high 端，寻找一个比 temp.key 小的记录放入 low
    while(low<high&&
        elem.get(high).key.compareTo(temp.key)>=0) --high;
    elem.set(low, elem.get(high));
    //在 low 端，寻找一个比 temp.key 大的记录放入 high
    while(low<high&&
        elem.get(low).key.compareTo(temp.key)<=0) ++low;
    elem.set(high, elem.get(low));
}
elem.set(low, temp);
return low;        //返回划分后的基准记录的位置
}
```

初始	49	38	65	97	04	13	27	49*	55	76
第 1 次划分	27	38	13	04	[49]	97	65	49*	55	76
第 2 次划分	04	13	[27]	38	49	97	65	49*	55	76
第 3 次划分	[04]	13	27	38	49	97	65	49*	55	76
第 4 次划分	04	13	27	38	49	76	65	49*	55	[97]
第 6 次划分	04	13	27	38	49	55	65	49*	[76]	97
第 7 次划分	04	13	27	38	49	49*	[55]	65	76	97

图 8.4　快速排序过程

初始：low=0,high=n-1,temp=R[low];

temp	0	1	2	3	4	5	6	7	8	9
49	49	38	65	97	04	13	27	49*	55	76
	↑low									↑high

（1）从high向前找一个关键字小于temp的记录，并赋值到位置low

49	27	38	65	97	04	13	27	49*	55	76
	↑low						↑high			

（2）从low向后找一个关键字大于temp的记录，并赋值到位置high

49	27	38	65	97	04	13	27	49*	55	76
			↑low				↑high			

（3）重复第1步，直到找到关键字小于temp的记录或low≥high

49	27	38	65	97	04	13	27	49*	55	76
			↑low				↑high			

（4）重复第2步，直到找到关键字大于temp的记录或low≥high

49	27	38	13	97	04	97	65	49*	55	76
			↑low			↑high				

（5）重复第1步，直到找到关键字小于temp的记录或low≥high

49	27	38	13	04	04	97	65	49*	55	76
				↑low	↑high					

（6）重复第2步，直到low≥high，R[low]=temp，一次划分结束

49	27	38	13	04	49	97	65	49*	55	76
				↑ low	↑ high					

图 8.5　以 49 为基准的第 1 次划分过程

【算法 8-5：快速排序算法】

```
//对表 R 中的第 low 到第 high 个记录进行快速排序
public void   QuickSort(int low,int high){
    int loc;
    if   (low<high){
        //对第 low 到第 high 个记录进行一次快速排序的划分
```

```
        loc=Partition(low,high);
        QuickSort(low,loc-1);   //对前半区域进行一次划分
        QuickSort(loc+1,high); //对后半区域进行一次划分
    }
}
```

在快速排序中，若把每次划分所用的基准记录看作根节点，把划分得到的左子序列和右子序列分别看成根节点的左、右子树，那么整个排序过程就对应着一棵具有 n 个节点的二叉查找树，需划分的层数等于二叉树的深度，需划分的所有子序列数等于二叉树分枝节点数，而在快速排序中，记录的移动次数通常小于记录的比较次数。因此，在讨论快速排序的时间复杂度时，仅考虑记录的比较次数即可。

若快速排序出现最好的情况（左、右子序列的长度大致相等），则节点数 n 与二叉树深度 h 应满足 $\log_2 n \leqslant h \leqslant \log_2 n+1$，所以总的比较次数不会超过 $(n+1)\log_2 n$。因此，快速排序的最好时间复杂度应为 $O(n\log_2 n)$。若快速排序出现最坏的情况（每次能划分成两个子序列，但其中一个为空），则此时得到的二叉树是一棵单枝树，得到的非空子序列包含 $n-i$（i 代表二叉树的层数）个元素，每层划分需要比较 $n-i+2$ 次，所以总的比较次数为 $(n^2+3n-4)/2$。因此，快速排序的最坏时间复杂度为 $O(n^2)$。

快速排序占用的辅助空间为递归时所需栈的深度，故空间复杂度为 $O(\log_2 n)$。同时，快速排序是不稳定的排序算法。

8.4　选择排序

进行选择排序，每一趟从待排序记录序列中选取一个关键字最小的记录，依次放在已排序记录序列的最后，直至全部记录排完为止。本节将介绍两种交换排序：简单选择排序和堆排序。

8.4.1　简单选择排序

简单选择排序（Simple Select Sorting）也称直接选择排序，它首先选出关键字最小的记录放在第一个位置，再选关键字次小的记录放在第二个位置，依次类推，直至选出 $n-1$ 个记录为止。其基本思路是：设待排序序列为 $(R_1,R_2,\cdots,R_n)$，首先在 $(R_1,R_2,\cdots,R_n)$ 中找最小值记录与 R_1 交换，第二次在 $(R_2,R_3,\cdots,R_n)$ 中找最小值记录与 R_2 交换；第 i 次在 $(R_i,R_{i+1},\cdots,R_n)$ 中找最小值记录与 R_i 交换，最后一次（$n-1$ 次）在 (R_{n-1},R_n) 中找最小值记录与 R_{n-1} 交换，经过 $n-1$ 次选择和交换之后，R 成为一个由小到大排序的有序序列，排序完成。

【例 8-5】　设有一组关键字序列为 {49,38,65,97,76,13,27,49*,55,04}，这里 n=10，49*表示其值和 49 相同，但在序列中的位置位于第一个 49 之后。用简单选择排序算法进行排序，其排序过程如图 8.6 所示。

具体算法实现如算法 8-6 所示。

【算法 8-6：简单选择排序算法】

```
//对表 R 中的前 n 个记录进行简单选择排序
public void    SelectSort(int n){
    int i,j,min;
    RecordType<T> temp;
    for(i=1;i<n;i++){
        min=i-1;
```

```
//在 i,···,n 范围内寻找一个最小元素放入 elem[i-1]中
for (j=i;j<n;++j)
    if(elem.get(min).key.compareTo(elem.get(j).key)>0)
        min=j;
if(min!=i-1){
    temp=elem.get(min);
    elem.set(min, elem.get(i-1));
    elem.set(i-1, temp);
}
    }
}
```

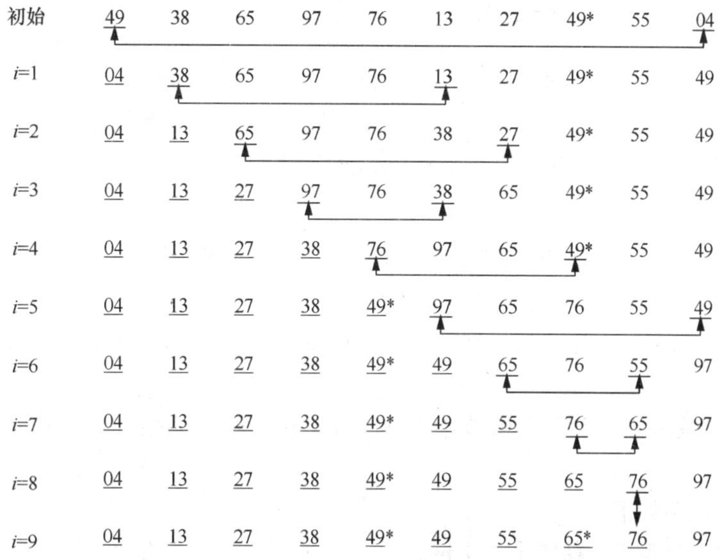

初始	49	38	65	97	76	13	27	49*	55	04
$i=1$	04	38	65	97	76	13	27	49*	55	49
$i=2$	04	13	65	97	76	38	27	49*	55	49
$i=3$	04	13	27	97	76	38	65	49*	55	49
$i=4$	04	13	27	38	76	97	65	49*	55	49
$i=5$	04	13	27	38	49*	97	65	76	55	49
$i=6$	04	13	27	38	49*	49	65	76	55	97
$i=7$	04	13	27	38	49*	49	55	76	65	97
$i=8$	04	13	27	38	49*	49	55	65	76	97
$i=9$	04	13	27	38	49*	49	55	65*	76	97

图 8.6　简单选择排序过程

在简单选择排序中，不论初始记录序列状态如何，共需进行 $n-1$ 次选择和交换，每次选择需要进行 $n-i(1 \leqslant i \leqslant n-1)$ 次比较，而每次交换最多需要 3 次移动。因此，总的比较次数 C 和移动次数 M 分别为：

$$C = \sum_{i=1}^{n-1}(n-i) = \frac{n(n-1)}{2}, \quad M = \sum_{i=1}^{n-1}3 = 3(n-1) \tag{8-4}$$

由此可见，简单选择排序的时间复杂度为 $O(n^2)$。由于简单选择排序交换次数较少，当记录占用的字节数较多时，通常比直接插入排序的执行速度要快一些。

在简单选择排序中存在着不相邻记录之间的互换，因此，简单选择排序是一种不稳定的排序算法。

8.4.2　堆排序

堆排序（Heap Sorting）是利用堆特性进行排序的一种排序算法。

定义：设有 n 个元素序列 $\{R_1, R_2, \cdots, R_n\}$，其关键字序列为 $\{K_1, K_2, \cdots, K_n\}$，若关键字满足：

$$K_i \leqslant K_{2i} \text{且} K_i \leqslant K_{2i+1} (i=1,2,\cdots,\lfloor n/2 \rfloor)$$

$$\text{或} K_i \geqslant K_{2i} \text{且} K_i \geqslant K_{2i+1} (i=1,2,\cdots,\lfloor n/2 \rfloor) \tag{8-5}$$

则称该序列为堆。前者称为小根堆，后者称为大根堆。例如，序列 $\{3,7,4,9,10,8\}$ 为堆。下面的讨论将以小根堆为例。

根据完全二叉树的性质，当 n 个节点的完全二叉树的节点由上至下、从左至右编号后，编号为 i 的节点的左孩子节点编号为 $2i$（$2i \leqslant n$），其右孩子编号为 $2i+1$（$2i+1 \leqslant n$）。因此，可以借助完全二叉树来描述堆。若完全二叉树中任一非叶子节点的值均小于或等于（或者大于或等于）其左、右孩子节点的值，则从根节点开始按节点编号排列所得的节点序列就是一个堆。图 8.7（a）、图 8.7（b）所示是堆，图 8.7（c）所示不是堆，可以看出，在堆中，根即第一个元素是整个序列的最小值（小根堆）或最大值（大根堆）。

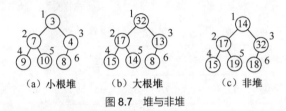

（a）小根堆　　　（b）大根堆　　　（c）非堆

图 8.7　堆与非堆

堆排序的思想如下。

（1）若序列 $\{R_1, R_2, \cdots, R_n\}$ 的关键字序列 $\{K_1, K_2, \cdots, K_n\}$ 是小根堆，则 K_1 为最小值。

（2）输出堆顶元素 R_1，将 R_1 和 R_n 交换。

（3）将剩余 $\{R_1, R_2, \cdots, R_{n-1}\}$ 按关键字序列调整为堆，当作新的序列，重复第（1）步，直到序列剩一个元素。

堆排序有两个主要问题需要考虑：如何将 n 个元素建立为堆；输出堆顶元素后，剩下的 $n-1$ 个元素如何调整为堆。

建堆的基本思路如下。

（1）把给定序列看成一棵完全二叉树。

（2）从第 $i=\lfloor n/2 \rfloor$ 个节点开始，与子树节点比较，若直接子节点中的关键字较小者小于第 i 个节点的关键字，则交换，直到叶子节点或不再交换为止。

（3）令 $i=i-1$，重复第（2）步直到 $i=1$。

【例 8-6】　设有一组关键字序列为 $\{49, 38, 65, 97, 04, 13, 27, 49^*, 55, 76\}$，这里 $n=10$，49^* 表示其值和 49 相同，但在序列中的位置位于第一个 49 之后。用堆排序算法进行排序。

第一步：将该序列按关键字建成一个小根堆。建堆过程如图 8.8 所示。

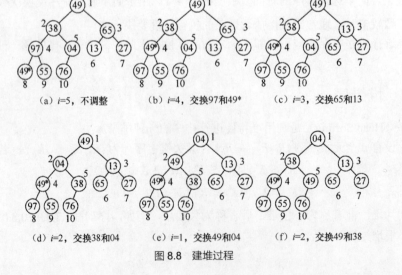

（a）$i=5$，不调整　　　（b）$i=4$，交换97和49*　　　（c）$i=3$，交换65和13

（d）$i=2$，交换38和04　　　（e）$i=1$，交换49和04　　　（f）$i=2$，交换49和38

图 8.8　建堆过程

建堆过程如下。

（1）把 n 个元素看成是完全二叉树，因为 $n=10$，所以从 $i=5$ 开始，$K_5 < K_{10}$（04<76）不用调整，如图 8.8（a）所示。

（2）令 $i=4$，因为 $K_8 < K_9$ 且 $K_4 > K_8$（49*<55 且 97>49*），则需要交换 97 和 49*。由于 97 已经是叶子节点，不需要再调整，如图 8.8（b）所示。

（3）令 $i=3$，因为 $K_6 < K_7$ 且 $K_3 > K_6$（13<27 且 65>13），则需要交换 65 和 13。由于 65 已经是叶子节点，不需要再调整，如图 8.8（c）所示。

（4）令 $i=2$，因为 $K_4 > K_5$ 且 $K_2 > K_5$（49*>04 且 38>04），则需要交换 38 和 04。交换后，$K_5 < K_{10}$ (38<76)，不需要再调整，如图 8.8（d）所示。

（5）令 $i=1$，因为 $K_2 < K_3$ 且 $K_1 > K_2$（04<13 且 49>04），则需要交换 49 和 04，如图 8.8（e）所示。交换后，因为 $K_4 > K_5$ 且 $K_2 > K_5$（49*>38 且 49>38），则需要交换 49 和 38。交换后，$K_5 < K_{10}$（49<76），不需要再调整，如图 8.8（f）所示。

第二步：堆排序，输出堆顶元素，将堆尾元素移至堆顶。由于除目前新的堆顶元素外，其余元素都是堆，则只需从 $i=1$ 开始，将其余元素调整为堆，如图 8.9（a）所示。重复上述操作，直到堆中剩下一个元素为止，排序过程如图 8.9（b）～图 8.9（h）所示。

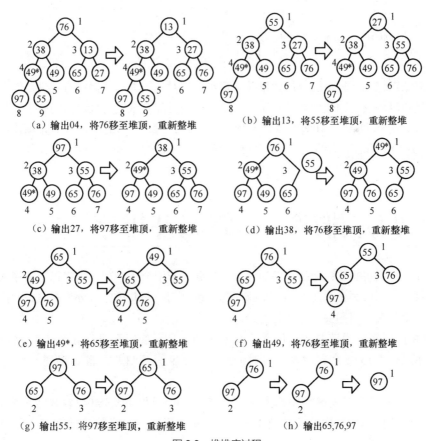

（a）输出04，将76移至堆顶，重新整堆　　（b）输出13，将55移至堆顶，重新整堆

（c）输出27，将97移至堆顶，重新整堆　　（d）输出38，将76移至堆顶，重新整堆

（e）输出49*，将65移至堆顶，重新整堆　　（f）输出49，将76移至堆顶，重新整堆

（g）输出55，将97移至堆顶，重新整堆　　（h）输出65,76,97

图 8.9　堆排序过程

具体算法实现如算法 8-7 和算法 8-8 所示。

【算法 8-7：对表中的节点编号为 m 到 n 的元素进行建堆】

```
protected void Createheap(int m,int n){
```

```
        int i,j;
        boolean flag;
        i=m; j=2*i+1; //j 为 i 的左孩子节点
        RecordType<T> temp=elem.get(i);
        flag=false;
        while(j<=n-1&&flag!=true){ //沿值较小的分支向下筛选
            //选取孩子节点中值较小的分支
            if(j<n-1&&
                elem.get(j).key.compareTo(elem.get(j+1).key)>0)j++;
            if(temp.key.compareTo(elem.get(j).key)<0)flag=true;
            else {
                elem.set(i, elem.get(j)); i=j; j=2*i+1;//继续向下筛选
                elem.set(i, temp);
            }
        }
    }
```

【算法 8-8：堆排序算法】

```
//对表 R 中的前 n 个记录进行堆排序
public void HeapSort(int n){
    int i;
    for (i=n/2-1;i>=0;i--)Createheap(i,n);//初始化堆
    System.out.print("Output x[]:");
    //输出堆顶元素，并将最后一个元素放到堆顶位置，重新建堆
    for (i=n-1;i>=0;i--){
        System.out.print(elem.get(0).key+" ");     //输出堆顶元素
        elem.set(0, elem.get(i));   //将堆尾元素移至堆顶
        Createheap(0,i);            //整理堆
    }
}
```

堆排序算法对记录数较少的排序效果并不理想，但对 n 较大的数据很有意义，因为其运行时间主要在初始建堆和反复调整堆上。算法 Createheap 的时间复杂度与堆对应的完全二叉树的深度的数量级 $\log_2 n$ 有关，而算法 HeapSort 对 Createheap 的调用数量级为 n。所以整个堆排序的时间复杂度为 $O(n\log_2 n)$。在空间复杂度方面，堆排序只需一个辅助空间，为 $O(1)$。此外，堆排序是不稳定的排序算法。

8.5　归并排序（二路归并排序）

归并排序的主要思想是：把待排序的记录序列分成若干个子序列，先将每个子序列的记录排序，再将已排序的子序列合并，得到完全排序的记录序列。归并排序可分为多路归并排序和二路归并排序。这里仅对二路归并排序进行讨论。

二路归并排序算法思路是：对任意长度为 n 的序列，首先看成是 n 个长度为 1 的有序序列，然后两两归并为 n/2 个有序表；再对 n/2 个有序表两两归并，直到得到一长度为 n 的有序表。

【例 8-7】 设有一组关键字序列为{49,38,65,97,76,13,27,49*,55,04}，这里 n=10，49*表示其值和 49 相同，但在序列中的位置位于第一个 49 之后。用二路归并排序算法进行排序，其排序过程如图 8.10 所示。

具体算法实现如算法 8-9 和算法 8-10 所示。

【算法 8-9：把两个有序表归并成一个有序表】

//将有序表 a[i..m]以及 a[m+1..n]有序归并到 b[i..n]中

```
protected void   Merge (ArrayList<RecordType<T>> a,
                 ArrayList<RecordType<T>> b,int i,int m, int n){
    int la,lb,lc;
    la=i;lb=m+1;lc=i; //序列 la,lb,lc 的始点
    while(la<=m&&lb<=n){
        if(a.get(la).key.compareTo(a.get(lb).key)<0)
            b.set(lc++,a.get(la++)); //有序合并
        else  b.set(lc++, a.get(lb++));
    }
    //复制第 1 个序列中剩下的元素
    while(la<=m){ b.set(lc++,a.get(la++));}
    //复制第 2 个序列中剩下的元素
    while(lb<=n){ b.set(lc++, a.get(lb++));}
}
```

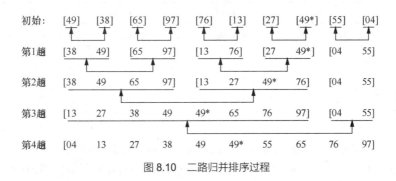

图 8.10   二路归并排序过程

【算法 8-10：归并排序算法】

```
//将有序表 elem[s..t]有序归并排序到 list[s..t]中
public void MergeSort(ArrayList<RecordType<T>> list,int s,int t)
{
    int m;
    ArrayList<RecordType<T>> temps
        =new ArrayList<RecordType<T>>(); //定义一个辅助空间
    //初始化辅助空间
    for(int i=0;i<length;i++)temps.add(new RecordType<T>());
    //仅剩一个序列时，直接复制到 list 中
    if (s==t) list.set(s, elem.get(s));
    else{
        m=(s+t)/2;
        MergeSort(temps,s,m);//把 elem[s..m]归并到 temps[s..m]
        //把 elem[m+1..t]归并到 temps[m+1..t]
        MergeSort(temps,m+1,t);
        //把有序表 temps[s..m]和 temps[m+1..t]归并到 list[s..t]中
        Merge(temps,list,s,m,t);
    }
}
```

算法 MergeSort 递归调用约 $\lceil \log_2 n \rceil$ 趟，每一趟归并排序就是将两两有序子序列合并为一个有序序列，运算数量级为 $O(n)$，因此，归并排序的时间复杂度为 $O(n\log_2 n)$。利用二路归并排序时，需要利用与待排序序列长度相同的数组作为临时存储单元，故该排序算法的空间复杂度为 $O(n)$。

二路归并排序中，将每两个有序子序列合并成一个有序序列时，若分别在两个有序子序列中出现有相同关键字的记录，则会先复制前一个有序子序列中有相同关键字的记录，后复制后一个有序子序列中有相同关键字的记录，从而保持它们的相对位置不变。因此，二路归并排序是一种稳定的排序算法。

8.6　各种排序算法的比较

本章介绍的排序算法，是常用的几种排序算法，它们各有优缺点。下面列出其中几种典型的排序算法的性能，如表 8.3 所示。

表 8.3　几种典型的排序算法的性能

排序算法	最好时间复杂度	时间复杂度	最坏时间复杂度	辅助空间	稳定性
直接插入排序	$O(n)$	$O(n^2)$	$O(n^2)$	$O(1)$	√
冒泡排序	$O(n)$	$O(n^2)$	$O(n^2)$	$O(1)$	√
快速排序	$O(n\log_2 n)$	$O(n\log_2 n)$	$O(n^2)$	$O(\log_2 n)$	×
简单选择排序	$O(n^2)$	$O(n^2)$	$O(n^2)$	$O(1)$	×
堆排序	$O(n\log_2 n)$	$O(n\log_2 n)$	$O(n\log_2 n)$	$O(1)$	×
二路归并排序	$O(n\log_2 n)$	$O(n\log_2 n)$	$O(n\log_2 n)$	$O(n)$	√

1．从时间复杂度比较

从时间复杂度角度考虑，直接插入排序、冒泡排序、简单选择排序是 3 种简单的排序算法，时间复杂度均为 $O(n^2)$，而快速排序、堆排序、二路归并排序的时间复杂度都为 $O(n\log_2 n)$。若从最好的时间复杂度考虑，直接插入排序和冒泡排序的时间复杂度最好，为 $O(n)$，其他的最好时间复杂度与平均情况相同。若从最坏的时间复杂度考虑，则快速排序的为 $O(n^2)$，直接插入排序、冒泡排序、简单选择排序与平均情况相同，但系数大约增加一倍，所以运行速度将降低一半，最坏情况对简单选择排序和二路归并排序影响不大。

2．从空间复杂度比较

二路归并排序的空间复杂度最大，为 $O(n)$；快速排序的空间复杂度为 $O(\log_2 n)$；其他排序的空间复杂度为 $O(1)$。

3．从稳定性比较

直接插入排序、冒泡排序、二路归并排序都是稳定的排序算法，而简单选择排序、快速排序、堆排序是不稳定的排序算法。

4．从算法简单性比较

直接插入排序、冒泡排序、简单选择排序都是简单的排序算法，算法简单，易于理解，而堆排序、快速排序、二路归并排序都是改进型的排序算法，算法比简单的排序算法要复杂得多，也难以理解。

5．一般选择规则

（1）当待排序的记录数 n 不大时（$n \le 50$），可选用直接插入排序、冒泡排序和简单选择排序中的任意一种排序算法，它们的时间复杂度虽为 $O(n^2)$，但方法简单，容易实现。其中直接插入排序和冒泡排序在原记录关键字"基本有序"时，排序速度比较快。而简单选择排序的记录比较次数较少，但是，若要求排序稳定，不能采用简单选择排序。

（2）当待排序的记录数 n 较大，而对稳定性不做要求，并且内存容量不宽余时，应采用快速排序或堆排序。一般来讲，它们的排序速度较快。但快速排序对于原序列基本有序的情况，时间复杂度达到 $O(n^2)$，而堆排序不会出现类似情况。

（3）当待排序记录的个数 n 较大，内存空间允许，且要求排序稳定时，采用二路归并排序为好。

8.7 习题

一、选择题

1. 如果待排序序列中两个数据元素具有相同的值，在排序前后它们的相互位置互换，则称该排序算法是不稳定的。（ ）就是不稳定的排序算法。

    A．冒泡排序   B．归并排序   C．希尔排序   D．直接插入排序

    E．简单选择排序

2. 下面给出的 4 种排序算法中，排序过程中的比较次数与排序算法无关的是（ ）。

    A．选择排序法   B．插入排序法   C．快速排序法   D．堆排序法

3. 数据序列(8,9,10,4,5,6,20,1,2)只能是下列排序算法中的（ ）的两趟排序后的结果。

    A．选择排序   B．冒泡排序   C．插入排序   D．堆排序

4. 数据序列(2,1,4,9,8,10,6,20)只能是下列排序算法中的（ ）的两趟排序后的结果。

    A．快速排序   B．冒泡排序   C．选择排序   D．插入排序

5. 对一组数据(84,47,25,15,21)排序，数据的排列次序在排序的过程中的变化为：

（1）84 47 25 15 21   （2）15 47 25 84 21   （3）15 21 25 84 47   （4）15 21 25 47 84

则采用的是（ ）排序。

    A．选择   B．冒泡   C．快速   D．插入

6. 有一组数据(15,9,7,8,20,−1,7,4)用快速排序的划分方法进行一趟划分后数据的排序为（ ）（按递增序）。

    A．下面的 B、C、D 都不对   B．9,7,8,4,−1,7,15,20

    C．20,15,8,9,7,−1,4,7   D．9,4,7,8,7,−1,15,20

7. 在下面的排序算法中，辅助空间为 $O(n)$ 的是（ ）。

    A．希尔排序   B．堆排序   C．选择排序   D．归并排序

8. 下列排序算法中，在待排序数据已有序时，花费时间反而最多的是（ ）排序。

    A．冒泡   B．希尔   C．快速   D．堆

9. 下列排序算法中，每一趟都能选出一个元素放到其最终位置上，并且其时间性能受数据初始特性影响的是（ ）。

    A．直接插入排序   B．快速排序   C．简单选择排序   D．堆排序

10. 对初始状态为递增序列的表按递增顺序排序，最省时间的是（ ）算法，最费时间的是（ ）算法。

    A．堆排序   B．快速排序   C．插入排序   D．归并排序

11. 就平均性能而言，目前最好的内部排序算法是（ ）排序法。

    A．冒泡   B．希尔   C．交换   D．快速

12. 如果只想得到由 1000 个元素组成的序列中第 5 个最小元素之前的部分排序的序列，用（ ）方法最快。

    A．冒泡排序   B．快速排列   C．希尔排序   D．堆排序

    E．简单选择排序

13．在序列 "局部有序" 或序列长度较小的情况下，最佳内部排序的方法是（　　）。

A．直接插入排序　　　　B．冒泡排序　　　　C．简单选择排序　D．归并排序

14．从未排序序列中依次取出一个元素与已排序序列中的元素进行比较，然后将其放在已排序序列的合适位置，该排序算法称为（　　）排序法。

A．插入　　　　　　　　B．选择　　　　　　　C．希尔　　　　　　D．二路归并

15．用直接插入排序算法对下面 4 个序列进行排序（由小到大），元素比较次数最少的是（　　）。

A．94,32,40,90,80,46,21,69　　　　　　　　B．32,40,21,46,69,94,90,80

C．21,32,46,40,80,69,90,94　　　　　　　　D．90,69,80,46,21,32,94,40

16．直接插入排序在最好情况下的时间复杂度为（　　）。

A．$O(\log_2 n)$　　　　B．$O(n)$　　　　　C．$O(n\log_2 n)$　　　D．$O(n^2)$

17．若用冒泡排序算法对序列 {10,14,26,29,41,52} 从大到小排序，需进行（　　）次比较。

A．3　　　　　　　　　B．10　　　　　　　　C．15　　　　　　　D．25

18．对关键字序列 28,16,32,12,60,2,5,72 进行快速排序，从小到大一次划分结果为（　　）。

A．(2,5,12,16)26(60,32,72)　　　　　　　　B．(5,16,2,12)28(60,32,72)

C．(2,16,12,5)28(60,32,72)　　　　　　　　D．(5,16,2,12)28(32,60,72)

二、填空题

1．分别采用堆排序、快速排序、冒泡排序和归并排序，对初态为有序的表排序，则最省时间的是_____算法，最费时间的是_____算法。

2．直接插入排序用监视哨的作用是_____。

3．对 n 个记录的表 $r[1..n]$ 进行简单选择排序，所需进行的关键字间的比较次数为_____。

三、判断题

（　　）1．内部排序要求数据一定要以顺序方式存储。

（　　）2．排序算法中的比较次数与初始元素序列的排列无关。

（　　）3．排序的稳定性是指排序算法中的比较次数保持不变，且算法能够终止。

（　　）4．简单选择排序算法在最好情况下的时间复杂度为 $O(n)$。

（　　）5．在待排数据基本有序的情况下，快速排序效果最好。

（　　）6．堆肯定是一棵平衡二叉树。

四、应用题

1．算法模拟。设待排序的记录共 7 个，排序码分别为 8,3,2,5,9,1,6。

（1）用直接插入排序。试以排序码序列的变化描述形式说明排序全过程（动态过程），要求按递减顺序排序。

（2）用简单选择排序。试以排序码序列的变化描述形式说明排序全过程（动态过程），要求按递减顺序排序。

（3）直接插入排序算法和简单选择排序算法的稳定性如何？

2．有一随机序列 (25,84,21,46,13,27,68,35,20)，现采用某种方法对它们进行排序，其每趟排序结果如下，则该排序算法是什么？

初　始：25,84,21,46,13,27,68,35,20　　第一趟：20,13,21,25,46,27,68,35,84

第二趟：13,20,21,25,35,27,46,68,84　　第三趟：13,20,21,25,27,35,46,68,84

3．全国有 10000 人参加物理竞赛，只录取成绩优异的前 10 名，并将他们从高分到低分输出。

而对落选的其他考生，不需要排出名次。问此种情况下，用何种排序算法速度最快？为什么？

4．给出一组关键字：29,18,25,47,58,12,51,10。分别写出按下列各种排序算法进行排序时的变化过程。

（1）快速排序：每划分一次书写一个次序。

（2）堆排序：先建成一个堆，然后每从堆顶取下一个元素后，将堆调整一次。

5．请写出应填入下列叙述中括号内的正确答案。

排序有各种方法，如插入排序、快速排序、堆排序等。

设一数组中原有数据如下：15,13,20,18,12,60。下面是一组由不同排序算法进行一遍排序后的结果。

（　　　）排序的结果为：12,13,15,18,20,60。

（　　　）排序的结果为：13,15,18,12,20,60。

（　　　）排序的结果为：13,15,20,18,12,60。

（　　　）排序的结果为：12,13,20,18,15,60。

8.8　实训

一、实训目的

掌握排序的基本算法，并会应用排序算法解决实际问题。

二、实训内容

1．编写一个程序实现学生成绩管理，每个学生有 3 门课（语文、数学、英语）的成绩，从键盘输入学生信息。

2．学生信息包括学号、姓名、3 门课成绩。计算出学生的平均成绩，按照学生平均成绩由高到低排序。

要求采用直接插入排序、冒泡排序、快速排序、简单选择排序、堆排序、二路归并排序中的 4 种排序算法完成。

提示：学生信息可以按如下内容定义。

```
public class Student {
    private int stuNo;
    private String name;
    private double score1;
    private double score2;
    private double score3;
    public Student(int stuNo,String name,double s1,double s2,double s3){
        this.stuNo=stuNo;
        this.name=name;
        score1=s1;
        score2=s2;
        score3=s3;
    }
    public double getAvg() {
        return (score1+score2+score3)/3;
    }
    public int getStuNo() {
        return stuNo;
    }
    public String getName() {
        return name;
```

```
        }
    }
```

实训任务 1 可以参照下面算法实现。

```
public class StuSort {
    Student[] stus;
    int stuNum;
    void InputStuMsg(int n)
    {
        int i;
        int no;
        String name;
        double s1,s2,s3;
        stus=new Student[n];
        for(i=1;i<=n;i++){
            System.out.println("请输入第"+i+"个学生的信息:");
            Scanner sc=new Scanner(System.in);
            System.out.print("学号： ");no=sc.nextInt();
            System.out.print("姓名： ");name=sc.next();
            System.out.print("语文： ");s1=sc.nextDouble();
            System.out.print("数学： ");s2=sc.nextDouble();
            System.out.print("英语： ");s3=sc.nextDouble();
            stus[i]=new Student(no, name, s1, s2, s3);
        }
    }

}
```

实训任务 2 可以参照算法 8-1、算法 8-3～算法 8-9 来实现。

第 9 章

综合项目实训

建议学时：8 学时

总体要求

- 完成一个或多个实训项目，最终上交程序源代码及实训与课程设计报告
- 综合实训的目的是强化动手能力的培养，并考查学生对技术细节和知识的掌握程度
- 实训主要采用 Eclipse 作为实验/开发平台，一方面增强学生对理论学习的理解，另一方面培养学生的实际能力，为其以后走向工作岗位奠定坚实的基础

相关知识点

- 本书中涉及的所有知识点

数据结构是一门实践性较强的课程。为了学好这门课程，必须在掌握理论知识的同时，加强上机实践，实训的目的就是要达到理论与实际应用相结合，提高学生组织数据及编写大型程序的能力，并培养基本的、良好的程序设计技能以及团队合作能力。

实训中要求综合运用所学知识，上机解决一些与实际应用结合紧密的、规模较大的问题，通过分析、设计、编码、调试等各环节的训练，使学生深刻理解并牢固掌握数据结构和算法设计技术，提高分析、解决实际问题的能力。

通过实训，要求学生在数据结构的逻辑特性和物理表示、数据结构的选择和应用、算法的设计及其实现等方面，加深对课程基本内容的理解。同时，在程序设计方法以及上机操作等基本技能和职业素质方面，学生将受到比较系统和严格的训练。

9.1　实训题目及设计要求

9.1.1　评分参考评准

实训报告的参考评分标准如表 9.1 所示，可按百分制评分，也可按"优、良、中、及格、不及格" 5 个等级评分。

表 9.1　实训报告的参考评分标准

评分内容	所占比例	评分	备注
功能完成情况	50%		
程序的友好性及健壮性	15%		
源文件代码规范性	10%		
采用的数据结构和算法合理性	15%		
设计报告的详细性和规范性	10%		
合计	100%		

下面给出一些实训题目，供读者参考。

9.1.2　智能仓库控制系统

题目描述　设仓库是一个可存放 $2 \times n$ 件货物箱的狭长空间（表示仓库分上、下两层货物架，每层可存放 n 件货物箱），为了提高空间利用率，该仓库采用运载工具存取货物箱。仓库只允许一个运载工具在其内部工作，运载工具只能沿固定的轨道单向运动。需要提取货物箱时先让运载工具找到货物箱的库存位置，再取货并送出仓库。需要存放货物箱时先由库管员将货物箱放到运载工具上，再由运载工具将货物箱送到库存位置上。提取货物时不能存放货物，反之，存放货物时不能提取货物。请根据上述场景叙述为该仓库设计操作控制程序，实现仓库的智能控制与管理。

基本要求

（1）要求使用链表模拟仓库，使用队列模拟库管员的操作，使用运行程序时的终端读入或输出操作模拟仓库库存需求。

（2）要求能处理或区分以下信息：货物箱的编号、货物箱的重量、货物箱存入或提取的时间信息、货物箱库存位置编号，以及内装货物的编号、名称、种类、客户编号、预计存放时间。

（3）该系统的具体业务流程是：若有货物到达，则装箱并暂存到库管员的存货队列之中，然后库管员指示运载工具将货物箱存入库存位置；若提取货物，则先让运载工具从库存位置取货物箱，再交由库管员开箱将货物放到取货队列之中，最后由客户取走。（注意当无库存位时货物只能暂存到存货队列之中，同样当取货队列满时运载工具必须停止取货操作。）

输入、输出形式　输入、输出时有中文提示。

界面要求　有合理的提示，每个功能可以设立菜单，根据提示可以完成相关的功能要求。

存储结构　学生根据系统功能要求设计并在实训报告中指明自己用到的存储结构。

测试数据　要求自行设计测试数据（包括合法数据和非法数据），完成程序测试。测试数据及测试结果要在实训报告中写明。

9.1.3　运动会分数统计

题目描述　参加运动会的有 n 所学校，学校编号为 $1,\cdots,n$。比赛分成 m 个男子项目和 w 个女子项目。项目编号为男子 $1,\cdots,m$，女子 $m+1,\cdots,m+w$。不同的项目取前五名或前三名积分；取前五名的积分分别为 7、5、3、2、1，前三名的积分分别为 7、5、3；哪些项目取前五名或前三名由学生自己设定。（$m\leqslant20$，$n\leqslant20$。）

基本要求

（1）可以输入各个项目的前三名或前五名的成绩。

（2）可以统计各学校总分。

（3）可以按学校编号、男女团体总分排序输出。

（4）可以按学校编号查询学校某个项目的情况，可以按项目编号查询取得前三名或前五名的学校。

规定　输入数据形式和范围是 20 以内的整数（如果做得更好，可以输入学校的名称、运动项目的名称）。

输出形式　有中文提示，各学校分数为整数。

界面要求　有合理的提示，每个功能对应一个操作菜单，根据提示可以完成相关操作。

存储结构　学生根据系统功能要求设计，但是要求运动会的相关数据要存储在数据文件中。相关数据结构（参考）如下。

项目名次及分值：用二维数组 $Score[m+w][5]$。

单项获奖情况登记表：项目编号、获奖名次、获奖学校、得分（自动得分）。

学校获奖名次表：学校编号、团体总分、名次。

测试数据　要求使用合法数据、整体非法和局部非法数据进行程序测试，以保证程序的稳定。测试数据及测试结果需在实训报告中写明。

9.1.4　学生成绩管理系统

题目描述　设计一个学生成绩管理系统，通过该系统可以实现如下功能。

（1）录入功能：可以录入学生信息，学员信息包括学号、姓名、3 门课（语文、数学、英语）成绩。

（2）统计功能：计算出每个学生的平均成绩，按照学生平均成绩由高到低排序，并能统计出平均分最高的学生、不及格学生信息及人数、平均分在 80 分以上的学生信息及人数。

（3）查找功能：指定学号，从学生信息表中找到该学生信息，并可以对该学生的成绩进行修改。

（4）插入功能：在排序后的学生成绩表中插入一个学生的信息，要求插入后仍然保持成绩表有序。

（5）删除功能：要求输入指定的学号，从学生信息表中删除该学生信息，删除后的成绩表保持有序。

（6）数据存放在文件中，使用数据时，一次性将数据从文件读入内存，退出程序时可以将数据存放到磁盘中。

输入、输出形式　有中文提示，各门课成绩为整数，平均成绩为小数，保留两位小数。

界面要求　有合理的提示，每个功能可以设立菜单，根据提示可以完成相关的功能。

存储结构　学生根据系统功能要求设计，并在实训报告中指明自己用到的存储结构。

测试数据　要求自行设计测试数据，包括合法数据和非法数据，完成程序测试，以保证程序的稳定。测试数据及测试结果需在实训报告中写明。

9.1.5　飞机售票系统

题目描述　设计一个飞机售票系统，通过该系统可以实现如下功能。

（1）录入功能：可以录入航班情况。

（2）查询功能：可以查询某个航线的情况，如输入航班号，可以查询起降时间、起飞抵达城市、航班票价、票价折扣、确定航班是否满员等；可以输入起飞抵达城市，查询飞机航班情况。

（3）订票功能：可以订票，如果该航班已经无票，可以提供相关可选择航班，订票时客户资料有姓名、证件号、订票数量及航班情况，另外要对订单进行编号。

（4）退票功能：可退票，退票后修改相关数据文件。

（5）修改航班信息：当航班信息改变，可以修改航班数据文件。

（6）数据存放在文件中，使用数据时，一次性将数据从文件读入内存，退出程序时可以将数据存放到磁盘中。

输入、输出形式　输入、输出时有中文提示。

界面要求　有合理的提示，每个功能可以设立菜单，根据提示可以完成相关的功能。

存储结构　学生根据系统功能要求设计，并在实训报告中指明自己用到的存储结构。

测试数据　要求自行设计测试数据，包括合法数据和非法数据，完成程序测试，以保证程序的稳定。测试数据及测试结果需在实训报告中写明。

9.1.6　仓库货物管理系统

题目描述　设计一个仓库货物管理系统，通过该系统可以实现如下功能。

（1）录入功能：可以录入货品信息。

（2）查询功能：可以查询某个货品信息，如输入货品号或货品名，可以查询货品名或货品号、货品库存量、货品单价、进货日期、货品生产厂家及供应商等。

（3）统计功能：计算出每个货品的库存总价，按照库存总价由大到小排序，并能统计出库存总价最高的货品，库存量少于某一个值（如 5）的货品。

（4）删除功能：要求输入指定的货号，从货品信息表中删除该货品。

（5）数据存放在文件中，使用数据时，一次性将数据从文件读入内存，退出程序时可以将数据存放到磁盘中。

输入、输出形式　输入、输出时有中文提示。

界面要求　有合理的提示，每个功能可以设立菜单，根据提示可以完成相关的功能。

存储结构　学生根据系统功能要求设计，并在实训报告中指明自己用到的存储结构。

测试数据　要求自行设计测试数据，包括合法数据和非法数据，完成程序测试，以保证程序的稳定。测试数据及测试结果需在实训报告中写明。

9.1.7　校园导游系统

题目描述　设计一个校园导游系统，为来访的客人提供信息查询服务。

（1）设计校园的平面图。选取若干个有代表性的景点（不少于 10 个），抽象成一个无向带权图（无向网），以图中顶点表示校园各景点，边上的权值表示两景点之间的距离。

（2）存放景点编号、名称、简介等信息供用户查询。

（3）为来访客人提供图中任意景点相关信息的查询。

（4）为来访客人提供图中任意景点之间的路线查询（提供一条最短路径）。

（5）可以为校园平面图增加或删除景点或边，修改边上的权值等。

输入、输出形式　输入、输出时有中文提示。

界面要求　有合理的提示，每个功能可以设立菜单，根据提示可以完成相关的功能。

存储结构　系统采用自定义的图类型存储抽象校园图的信息。其中，各景点间的邻接关系用图的邻接矩阵存储；图的所有景点（顶点）信息用数组存储，其中每个数组元素是一个景点实例，包含景点编号、景点名称及景点介绍 3 个分量；图的顶点个数及边的条数由分量 vexNum、arcNum 表示，它们是整型数据。

测试数据　要求自行设计测试数据，包括合法数据和非法数据，完成程序测试，以保证程序的稳定。测试数据及测试结果需在实训报告中写明。

9.2　实训与课程设计报告模板

下面以"校园导游系统"为例，展示完整的实训与课程设计报告以供参考。报告共包含 7 章内容，分别是概述、需求分析、概要设计、详细设计、程序设计与实现、测试分析和总结。完整的实训与课程设计报告如下所示。

***大学

20＿＿＿届实训与课程设计报告

课程名称　　　数据结构

课程性质　　　专业基础

设计项目　　　校园导游系统

指导老师　　　　　　（职称：　　　）

专业方向　　　　

学生学号　　　　

学生姓名　　　　

同组成员　　　　

评　　分　　　　

本科□　　　　专科□

20　　年　　月　　日

第 1 章　概述

1.1　实训与课程设计目的

数据结构是一门实践性较强的专业基础课程，为了学好这门课程，必须在掌握理论知识的同时，加强上机实践。

本次实训与课程设计的目的如下。

（1）巩固和加深对数据结构基本知识的理解，提高综合运用课程知识的能力。

（2）掌握算法分析与设计的基本内容，培养规范化程序设计的习惯。

（3）学会使用各种计算机资料和有关参考资料，提高程序设计的基本能力。

1.2　实训与设计任务与要求

1．设计任务

设计一个校园导游系统，为来访的客人提供各种信息查询服务。

（1）设计学校的校园平面图，所含景点不少于 10 个，以图中顶点表示校内各景点，存放景点名称、编号、简介等信息，以边表示路径，存放路径长度等相关信息。

（2）为来访客人提供图中任意景点相关信息的查询。

（3）为来访客人提供景点的路线查询，即已知一个景点，查询到某景点之间的一条最短路径及长度。

2．设计要求

（1）对系统进行功能模块分析、控制模块分析。

（2）系统设计要能完成题目要求的功能。

（3）编程简练、可用，尽可能地使系统的功能更加完善和全面。

（4）说明书、流程图要清楚。

（5）提高学生的文档写作能力。

（6）特别要求自己独立完成。

3．创新要求

在基本要求达到后，可进行创新设计，如改善算法性能、实现友好的人机界面。

4．其他要求

（1）要按照书稿的规格完成实训与课程设计报告的编辑与排版。

（2）实训与课程设计报告包括目录、正文、总结、参考文献、附录等。

（3）实训与课程设计报告装订按学校的统一要求完成。

1.3　进度计划

第 1 天：构思及收集资料，理解并掌握系统构建所需的各项技术；进行系统的需求分析、系统的功能模块划分，确定系统的体系架构，确定系统开发采用的技术，并对相关技术进行详细了解和学习。

第 2～4 天：系统的详细设计，确定各功能模块的实现方法及算法，编程实现系统各项功能及测试。

第 5 天：撰写实训与课程设计报告。

第 2 章　需求分析

设计一个校园导游系统，为来访的客人提供各种信息查询服务。详细需求如下。

（1）设计学校的校园平面图。选取若干个有代表性的景点，抽象成一个无向带权图（无向网），以图中顶点表示校内各景点，边上的权值表示两景点之间的距离。

（2）存放景点编号、名称、简介等信息供查询。

（3）为来访客人提供图中任意景点相关信息的查询。

（4）为来访客人提供图中任意景点之间的路线查询。

（5）可以为校园平面图增加或删除景点或边、修改边上的权值等。

第 3 章　概要设计

为了实现以上功能，可以从 3 个方面着手设计。

3.1　主界面设计

为了实现校园导游系统各功能的管理，首先设计一个含有多个菜单项的主菜单子程序以链接系统的各项子功能，方便用户使用本系统。校园导游系统主菜单运行界面如图 3.1 所示。

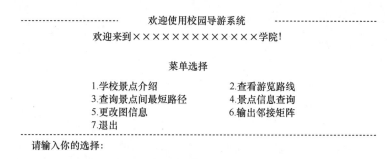

图 3.1　校园导游系统主菜单运行界面

3.2　系统功能设计

本系统除了要完成图的初始化功能，还设置了 8 个子功能菜单，其功能模块如图 3.2 所示。图的初始化由函数 init ()实现。依次读入的图的顶点个数和边的条数，分别初始化为图结构中图的顶点向量数组和图的邻接矩阵。

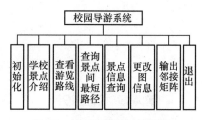

图 3.2　校园导游系统功能模块

7 个子功能的设计描述如下。

（1）学校景点介绍：当用户选择该功能时，系统即输出学校全部景点的信息，包括景点编号、景点名称及景点简介。

（2）查看游览路线：该功能采用迪杰斯特拉算法实现。当用户选择该功能时，系统能根据用户输入的起始景点编号，求出从该景点到其他景点的最短路径线路及距离。

（3）查询景点间最短路径：该功能采用弗洛伊德算法实现。当用户选择该功能时，系统能根据用户输入的起始景点及目的地景点编号，查询任意两个景点之间的最短路径线路及距离。

（4）景点信息查询：该功能根据用户输入的景点编号输出该景点的相关信息。例如，景点编号、名称等。

（5）更改图信息：更改图信息可以实现图的若干基本操作。例如，增加新的景点、删除边、重建图等。

（6）输出邻接矩阵：该功能即输出图的邻接矩阵的值。

（7）退出：退出校园导游系统。

3.3　存储结构设计

本系统采用 MGraph 类存储抽象校园图的信息。其中：各景点间的邻接关系用图的邻接矩阵类来存储；景点（图的顶点）存储在数组之中，其中每个数组元素是一个 Vexsinfo 类的实例，包含 4 个字段域（景点编号、景点名称、景点介绍、是否被访问过）；图的顶点个数及边的条数由分量 vexNum、arcNum 表示，它们是整型数据。

```
class Vexsinfo        /*顶点信息*/
{
    public int ID;                    /*景点编号*/
    public String name;               /*景点名称*/
    public String introduction;       /*景点介绍*/
    public Boolean isVisited;         /*是否被访问过*/
    public Vexsinfo(int id, String name)
    {
        this.ID = id;
        this.name = name;
        this.introduction = "";
        this.isVisited = false;
    }
}
class MGraph   /*图结构信息，邻接矩阵表示*/
{
    public Vexsinfo[]   vexs;      /*顶点信息*/
    public int[][] arcs;           /*邻接矩阵，用整型值表示权值*/
    public int arcNum;             /*边数*/
    public int vexNum;             /*顶点数*/
    public MGraph(int maxVexsNum, int maxsize)
    {
        this.vexs = new Vexsinfo[maxVexsNum];
        this.arcs = new int[maxsize][maxsize];
        this.arcNum = maxVexsNum;
        this.vexNum = maxsize;
        init();     //进行图的初始化，后文有完整的实现代码
    }
}
```

第 4 章　详细设计

4.1　校园图设计与抽象

本设计以成都某高校主要景点为例，抽象的无向网如图 4.1 所示。全校共抽象出 23 个景点、34 条道路。各景点分别用图中的顶点表示，景点编号为 $V_0 \sim V_{22}$；34 条道路分别用图中的边表示，边上的权值表示景点之间的模拟距离。

4.2　校园图操作定义

在抽象的校园图 MGraph 类中添加以下成员方法，描述有关图、图的顶点和边的操作。

```
public void init(){}        /*初始化图*/
public void introduceCompus(){}; /*校园图介绍，显示各景点的编号、名称和简介*/
public void browsePath(){};      /*查看游览路线，显示从给定景点出发，到其他景点的最短路径*/
public void showShortestPath(){};/*查询景点间最短路径，显示从给定景点出发到另一景点的最短路径*/
public void showVexsinfo(){};    /*景点信息查询，显示给定景点的编号、名称和简介*/
public int changeGraph(){}/*更改图信息，可以对景点信息进行修改*/
public void printMatrix(){} /*输出学校地图的邻接矩阵*/
public int locateVex(int v){ } /*在图中查找景点的编号*/
```

```
public int recreate(){}          /*重新构建图*/
public int delVex(){}            /*删除景点（顶点）*/
public int delArc(){}            /*删除边*/
public int addVex(){}            /*添加景点（顶点）*/
public int addArc(){}            /*添加边*/
public int modify(){}            /*更新操作*/
```

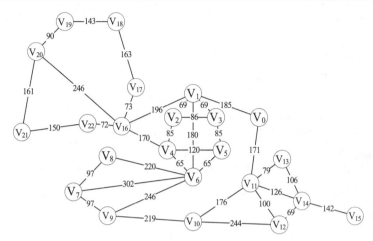

图 4.1 成都某高校抽象的无向网

第 5 章 程序设计与实现

5.1 学校景点介绍

显示各景点的编号、名称和简介。

```
/*显示所有景点信息*/
public void introduceCompus()    /*校园图介绍，显示各景点的编号、名称和简介*/
{
    System.out.print(" \n\n 编号\t 景点名称 \t 简介\n");
    System.out.print("_____\n");
    for(int i=0;i<this.vexNum ;i++)
        System.out.print(this.vexs[i].ID+"\t"
                +this.vexs[i].name+"\t"+this.vexs[i].introduction);
    System.out.print("_____  _____\n");
}
```

5.2 查看游览路线

显示从给定景点出发，到其他景点的最短路径。

```
public void browsePath()    /*查看游览路线，显示从给定景点出发，到其他景点的最短路径*/
{
    /*采用迪杰斯特拉算法，求从顶点 v0 到其余顶点的最短路径 p[][]及其带权长度 d[v] （最短路径的距离）
    *p[][]数组用于存放两顶点间是否有通路标志。若 p[v][w]==1，则 w 是从 v0 到 v 的最短路径上的顶点*/
    int min, t=0, v0;    /*v0 为起始景点的编号*/
    int []d = new int[35];
    int [][]p = new int[35][35];
    System.out.print("\n 请输入一个起始景点的编号： ");
    Scanner scan = new Scanner(System.in);
    v0 = scan.nextInt();
    System.out.print("\n\n");
    while(v0<0 || v0>this.vexNum)
    {
        System.out.print("\n 你所输入的景点编号不存在\n");
        System.out.print("请重新输入： ");
        v0 = scan.nextInt();
    }
```

```
        for(int v=0;v<this.vexNum ;v++)
        {
            this.vexs[v].isVisited = false;      /*初始化各顶点访问标志*/
            d[v]=this.arcs[v0][v];       /*v0 到各顶点 v 的权值赋值给 d[v]*/
            /*初始化 p[][]数组，各顶点间的路径全部设置为空路径 0*/
            for(int w=0;w<this.vexNum ;w++)
                p[v][w]=0;
            if(d[v]<1000)     /*v0 到 v 有边相连，修改 p[v][v0]的值为 1*/
            {
                p[v][v0]=1;
                p[v][v]=1;               /*各顶点自己到自己要连通*/
            }
        }
        d[v0]=0;                          /*自己到自己的权值设为 0*/
        this.vexs[v0].isVisited=true;        /* v0 的访问标志设为 true，v 属于 s */
        /*对其余 vexNum-1 个顶点 w，依次求 v 到 w 的最短路径*/
        for(int i=1;i<this.vexNum ;i++)
        {
            min = 1000;
            /*在未被访问的顶点中，查找与 v0 最近的顶点 v*/
            for(int w=0; w<this.vexNum; w++)
                if(!this.vexs[w].isVisited && d[w]<min)   /*v0 到 w (有边)的权值小于 min*/
                {
                    t=w;
                    min=d[w];
                }
            this.vexs[t].isVisited=true;   /*v 的访问标志设置为 1，v 属于 s*/
            /*修改 v0 到其余各顶点 w 的最短路径权值 d[w]*/
            for(int w=0; w<this.vexNum; w++)
                /*若 w 不属于 s，且 v 到 w 有边相连*/
                if(!this.vexs[w].isVisited&&(min+this.arcs[t][w]<d[w]))
                {
                    d[w]=min+this.arcs[t][w];      /*修改 v0 到 w 的权值 d[w]*/

                    /*所有 v0 到 v 的最短路径上的顶点 x，都是 v0 到 w 的*/
                    for(int x=0; x<this.vexNum; x++)
                        p[w][x]=p[t][x]; /*最短路径上的顶点*/
                    p[w][w]=1;
                }
        }
        for(int v=0;v<this.vexNum ;v++) /*输出 v0 到其他顶点 v 的最短路径*/
        {
            if(v!=v0)
                System.out.print(this.vexs[v0].name);   /*输出景点 v0 的景点名*/
                /*对图中每个顶点 w，试探 w 是否是 v0 到 v 的最短路径上的顶点*/
                for(int w=0;w<this.vexNum ;w++)
                {
                    /*若 w 是，且 w 不等于 v0，则输出该景点*/
                    if(p[v][w]==1 && w!=v0 && w!=v)
                        System.out.print(this.vexs[w].name);
                }
                System.out.print(this.vexs[v].name);
                System.out.print("\t 总路线长为"+d[v]+"米\n\n");
        }
}
```

5.3　查询景点间最短路径

查询景点间最短路径，显示从给定景点到另一景点的最短路径。

```
public void showShortestPath()
{
    /* 用费洛伊德算法，求各对顶点(v,w)间的最短路经 p[v][w][]及其带权长度 d[v][w]。
     * 若 p[v][w][u]==1，则 u 是 v 到 w 的当前求得的最短路经上的顶点*/
    int j, k;
    int[][] d = new int[22][22];
    int[][][] p= new int[22][22][22];
```

```
        /*初始化各对顶点(v,w)之间的起始距离 d[v][w]及路径 p[v][w][ ]数组*/
        for(int v=0;v<this.vexNum;v++)
            for(int w=0; w<this.vexNum ;w++)
                {
                    d[v][w]=this.arcs[v][w];   /*d[v][w]中存放 v 至 w 间初始权值*/
                    /*初始化最短路径 p[v][w][ ] 数组，第 3 分量全部清 0*/
                    for(int u=0;u<this.vexNum ;u++) p[v][w][u]=0;
                    if(d[v][w]<1000)   /*如果 v 至 w 间有边相连*/
                        {
                            p[v][w][v]=1;              /* v 是 v 至 w 最短路径上的顶点*/
                            p[v][w][w]=1;              /*w 是 v 至 w 最短路径上的顶点*/
                        }
                }
        /*求 v 至 w 的最短路径及距离*/
        for(int u=0; u<this.vexNum; u++)
            /*对任意顶点 u，试探其是否为 v 至 w 最短路径上的顶点*/
            for(int v=0;v<this.vexNum ;v++)
                for(int w=0;w<this.vexNum ;w++)
                    /*从 v 经 u 到 w 的一条路径更短*/
                    if(d[v][u]+d[u][w]<d[v][w])
                        {
                            /*修改 v 至 w 的最短路径长度*/
                            d[v][w]=d[v][u]+d[u][w];
                            /*修改 v 至 w 的最短路径数组*/
                            for(int i=0;i<this.vexNum ;i++)
                                /*若 i 是 v 至 u 的最短路径上的顶点，
                                  或 i 是 u 至 w 的最短路径上的顶点，
                                  则 i 是 v 至 w 的最短路径上的顶点*/
                                p[v][w][i] = (p[v][u][i]==1 || p[u][w][i]==1)?1:0;
                        }
        System.out.print ("\n 请输入出发点和目的地编号：");
        Scanner scan = new Scanner(System.in);
        k=scan.nextInt();
        j=scan.nextInt();
        System.out.print("\n\n");

        while(k<0 || k>this.vexNum || j<0 || j>this.vexNum)
            {
                System.out.print("\n 你所输入的景点编号不存在！");
                System.out.print("\n 请重新输入出发点和目的地编号：\n\n");
                k=scan.nextInt();
                j=scan.nextInt();
                System.out.print("\n\n");
            }
        System.out.print(this.vexs[k].name );      /*输出出发景点名称*/
        for(int u=0; u<this.vexNum ;u++)
            if(p[k][j][u]==1 && k!=u && j!=u) /*输出最短路径上中间景点名称*/
                    System.out.print(this.vexs[u].name );
        System.out.print(this.vexs[j].name );/*输出目的地景点名称*/
        System.out.print("\n\n\n 总长为"+d[k][j]+"米\n\n\n");
}
```

5.4 景点信息查询

显示给定景点的编号、名称和简介。

```
public void showVexsinfo()
{
        System.out.print("\n 请输入要查询的景点编号：");
        Scanner scan = new Scanner(System.in);
        int k = scan.nextInt();
        while(k<0 || k>this.vexNum)
            {
                System.out.print("\n 你所输入的景点编号不存在！");
                System.out.print("\n 请重新输入：");
                k = scan.nextInt();
            }
```

```
            System.out.println("\n\n 编号: "+this.vexs[k].ID);
            System.out.println("\n\n 景点名称: "+this.vexs[k].name);
            System.out.println("\n\n 介绍: "+this.vexs[k].introduction);
}
```

5.5 查找景点在图中的编号

```
public int locateVex(int v)
{
        for (int i=0;i<this.vexNum ;i++)
            if (v==this.vexs[i].ID)
                    return i;         /*找到, 返回顶点编号 i*/
        return −1;                    /*否则, 返回−1*/
}
```

5.6 更改图信息

可以对景点信息进行修改。
```
public int changeGraph()/*更改图信息, 可以对景点信息进行修改*/
{
        int    yourChoice;
        Scanner scan = new Scanner(System.in);
        do      {
            yourChoice=0;
            System.out.print("\n----------------------------欢迎使用校园导游系统----------------------------\n");
            System.out.print("\n                    请选择要完成的操作 !          \n\n");
            System.out.print("\n                        菜 单 选 择                \n\n");
            System.out.print("          1. 再次建图        2. 删除节点   \n");
            System.out.print("          3. 删除边          4. 增加节点   \n");
            System.out.print("          5. 增加边          6. 更新信息   \n");
            System.out.print("          7. 输出邻接矩阵    8. 返回上一级 \n");
            System.out.print("\n----------------------------------------------------------------------------\n");
            System.out.print("\n 请输入你的选择: ");
            yourChoice = scan.nextInt();
            switch(yourChoice)
            {
            case 1: recreate(); break;      /*重建图, 调用(11)*/
            case 2: delVex();break;         /* 删除顶点 */
            case 3: delArc();break;         /* 删除边 */
            case 4: addVex();break;         /*增加顶点*/
            case 5: addArc();break;         /* 增加边 */
            case 6: modify();break;         /* 更新图的信息, 调用(16) */
            case 7: printMatrix();break;    /*输出邻接矩阵, 调用(7) */
            case 8: return 1;               /*返回主菜单*/
            default: System.out.print("输入选择不明确, 请重新输入\n");break;
            }
        }while(yourChoice!=8);
        return 1;
}
```

5.7 重新构建图, 以邻接矩阵表示

```
public int recreate() /*重建图, 以图的邻接矩阵存储图*/
{
        int    j, m, n, v0,v1,distance;
        System.out.print("请输入图的顶点数和边数: \n");
        Scanner scan = new Scanner(System.in);
        this.vexNum = scan.nextInt();
        this.arcNum = scan.nextInt();
        System.out.print("下面请输入景点的信息: \n");
        for(int i=0; i<this.vexNum; i++)/*构造顶点向量(数组)*/
        {
            System.out.print("请输入景点的编号: ");
            this.vexs[i].ID = scan.nextInt();
            System.out.print("\n 请输入景点的名称: ");
            this.vexs[i].name = scan.nextLine();
            System.out.print("\n 请输入景点的简介: ");
```

```
                this.vexs[i].introduction = scan.nextLine();
        }
        for(int i=0;i<this.arcNum ;i++)/*初始化邻接矩阵*/
                for(j=0;j<this.arcNum;j++)
                        this.arcs[i][j]=1000;
        System.out.print("下面请输入图的边的信息: \n");
        for(int i=1;i<=this.arcNum;i++)/*构造邻接矩阵*/
        {
                /*输入一条边的起点、终点及权值*/
                System.out.print("第"+i+"条边的起点 终点 长度为: ");
                v0 = scan.nextInt();
                v1 = scan.nextInt();
                distance = scan.nextInt();
                m=locateVex(v0);
                n=locateVex(v1);
                if(m>=0 && n>=0)
                {
                        this.arcs[m][n] = distance;
                        this.arcs[n][m] =this.arcs[m][n];
                }
        }
        return 1;
}
```

5.8　删除景点（顶点）

```
public int delVex() /*删除景点（顶点）*/
{
        if (this.vexNum<=0)
        {
                System.out.print("图中已无顶点");
                return 1;
        }
        System.out.print("\n 下面请输入你要删除的景点编号: ");
        Scanner scan = new Scanner(System.in);
        int v = scan.nextInt();
        while(v<0 || v>this.vexNum)
        {
                System.out.print("\n 输入错误！请重新输入");
                v = scan.nextInt();
        }
        int m=locateVex(v);
        if(m<0)
        {
                System.out.print("顶点"+v+"不存在！ ");
                return 1;
        }
        /*对顶点信息所在顺序表进行删除 m 点的操作*/
        for(int i=m;i<this.vexNum;i++)
        {
                this.vexs[i].ID=this.vexs[i+1].ID;
                this.vexs[i].name = this.vexs [i+1].name;
                this.vexs[i].introduction = this.vexs [i+1].introduction;
        }
        /*对原邻接矩阵，删除该顶点到其余顶点的邻接关系。分别删除相应的行和列*/
        for(int i=m;i<this.vexNum-1 ;i++)           /*行*/
                for(int j=0;j<this.vexNum ;j++)          /*列*/
                        /*二维数组，从第 m+1 行开始依次往前移一行，即删除第 m 行*/
                        this.arcs [i][j]=this.arcs [i+1][j];
        for(int i=m;i<this.vexNum-1 ;i++)
                for(int j=0;j<this.vexNum;j++)
                        /*二维数组，从第 m+1 列开始依次往前移一列，即删除第 m 列*/
                        this.arcs [j][i]=this.arcs [j][i+1];
        this.vexNum--;
        System.out.print("顶点"+m+"删除成功！ ");
        return 1;
}
```

5.9　删除边

```
public int delArc()          /*删除边*/
{
        if(this.arcNum <=0)
        {
                System.out.print("图中已无边，无法删除。");
                return 1;
        }
        System.out.print("\n 下面请输入你要删除的边的起点和终点编号：");
        Scanner scan = new Scanner(System.in);
        int v0 = scan.nextInt();
        int v1 = scan.nextInt();
        int m= locateVex(v0);
        if(m<0){
                System.out.print(" 顶点"+v0+"不存在！");
                return 1;
        }
        int n=locateVex(v1);
        if(n<0)
        {
                System.out.print("顶点"+v1+"不存在！");
                return 1;
        }
        this.arcs[m][n]=1000; /*修改邻接矩阵对应的权值*/
        this.arcs[n][m] =1000;
        this.arcNum --;
        System.out.print("边 (" + v0 + "," + v1 + ")删除成功！");
        return 1;
}
```

5.10　添加景点（顶点）

```
public int addVex()          /*添加景点（顶点）*/
{
        System.out.print("请输入你要增加节点的信息：");
        System.out.print("\n 编号：");
        Scanner scan = new Scanner(System.in);
        this.vexs[this.vexNum].ID = scan.nextInt();
        System.out.print("\n 名称：");
        this.vexs[this.vexNum].name = scan.nextLine();
        System.out.print("简介：");
        this.vexs[this.vexNum].introduction = scan.nextLine();
        this.vexNum++;
        /*对原邻接矩阵新增加的一行及一列进行初始化*/
        for(int i=0;i<this.vexNum;i++)
        {
                this.arcs[this.vexNum-1][i]=1000;/*最后一行（新增的一行）*/
                this.arcs[i][this.vexNum-1]=1000; /*最后一列（新增的一列）*/
        }
        return 1;
}
```

5.11　添加边

```
public int addArc() /*添加边*/
{
        int    m, n, distance;
        System.out.print("\n 请输入边的起点和终点编号，权值：");
        Scanner scan = new Scanner(System.in);
        m = scan.nextInt();
        n = scan.nextInt();
        distance = scan.nextInt();
        while(m<0 || m> this.vexNum || n<0 || n>this.vexNum)
        {
                System.out.print("输入错误，请重新输入：");
```

```
                m = scan.nextInt();
                n = scan.nextInt();
        }
        if(locateVex(m)<0)
        {
                System.out.print("此顶点"+m+"不存在");
                return 1;
        }
        if(locateVex(n)<0)
        {
                System.out.print("此顶点"+n+"不存在：");
                return 1;
        }
        this.arcs[m][n] = distance;
        this.arcs[n][m] = this.arcs[m][n];/*对称赋值*/
        System.out.print("边（"+m+","+n+"）添加成功！");
        return 1;
    }
```

5.12　更新图信息

```
/*更新图的部分信息，返回值: 1*/
public int modify()
{
        System.out.print("\n 下面请输入你要修改的景点的个数：\n");
        Scanner scan = new Scanner(System.in);
        int changenum = scan.nextInt();
        while(changenum<0 || changenum>this.vexNum)
        {
                System.out.print("\n 输入错误！请重新输入");
                changenum = scan.nextInt();
        }
        for(int i=0;i<changenum;i++)
        {
                System.out.print("\n 请输入景点的编号：");
                int m = scan.nextInt();
                int t= locateVex(m);
                System.out.print("\n 请输入景点的名称：");
                this.vexs[t].name = scan.nextLine();
                System.out.print("\n 请输入景点的简介：");
                this.vexs[t].introduction = scan.nextLine();
        }
        System.out.print("\n 下面请输入你要更新的边数");
        changenum= scan.nextInt();
        while(changenum<0 || changenum>this.arcNum )
        {
                System.out.print("\n 输入错误！请重新输入");
                changenum = scan.nextInt();
        }
        System.out.print("\n 下面请输入更新边的信息：\n");
        for(int i=1;i<=changenum ;i++)
        {
                System.out.print("\n 修改的第"+i+"条边的起点、终点、长度分别为：");
                int v0 = scan.nextInt();
                int v1 = scan.nextInt();
                int distance = scan.nextInt();
                int m=locateVex(v0);
                int n=locateVex(v1);
                if(m>=0 && n>=0)
                {
                        this.arcs[m][n] = distance;
                        this.arcs[n][m] = this.arcs[m][n] ;
                }
        }
        System.out.print("图信息更新成功！");
        return 1;
}
```

5.13　输出学校景区图的邻接矩阵

```java
public void printMatrix() /*输出学校地图的邻接矩阵*/
{
    for(int i=0; i<this.vexNum ;i++)
    {
        System.out.print("\n");
        for(int j=0; j<this.vexNum; j++)
        {
            if (this.arcs[i][j]==1000)
                System.out.print(" *    ");
            else
                System.out.print(this.arcs[i][j]);
        }
    }
    System.out.print("\n");
}
```

5.14　地图初始化

```java
public void init()    /*通过初始化，一次性得到具有若干点的地图*/
{
    String[] names= {......};   //各景点名称
    String[] introduces= {......};  //各景点介绍
    for(int i=0;i<this.vexNum;i++)/*依次设置图的各顶点信息*/
    {
        this.vexs[i] = new Vexsinfo(i,names[i],introduces[i]);
    }
    for(int i=0;i<this.vexNum ;i++)        /*先初始化图的邻接矩阵*/
        for(int j=0;j<this.vexNum ;j++)
            this.arcs[i][j] = 1000;   /*1000 表示无边*/
    this.arcs[0][1]=185;this.arcs[0][11]=171;this.arcs[1][2]=69;
    this.arcs[1][3]=69;this.arcs[1][6]=180; this.arcs[1][16]=196;
    this.arcs[2][3]=86;this.arcs[2][4]=85;this.arcs[3][5]=85;
    this.arcs[4][5]=120;this.arcs[4][6]=65;this.arcs[4][16]=170;
    this.arcs[5][6]=65;this.arcs[6][7]=302;this.arcs[6][8]=220;
    this.arcs[6][9]=246;this.arcs[7][8]=97;this.arcs[7][9]=97;
    this.arcs[9][10]=219;this.arcs[10][11]=176;this.arcs[10][12]=244;
    this.arcs[11][12]=100;this.arcs[11][13]=79;this.arcs[11][14]=126;
    this.arcs[12][14]=69;this.arcs[13][14]=106;this.arcs[14][15]=142;
    this.arcs[16][17]=73;this.arcs[16][20]=246;this.arcs[16][22]=72;
    this.arcs[17][18]=163;this.arcs[18][19]=143;this.arcs[19][20]=90;
    this.arcs[20][21]=161;this.arcs[21][22]=150;
    for(int i=0;i<this.vexNum ;i++)          /*邻接矩阵是对称矩阵，对称赋值*/
        for(int j=0;j<this.vexNum ;j++)
            this.arcs[j][i]=this.arcs[i][j];
}
```

5.15　主程序设计

主程序包括 main()方法，该方法实现图 3.1 所示的操作界面，同时实现有关图的操作调用。

```java
import java.util.Scanner;
public class Test {
    public static void main(String[] args)
    {
        int yourChoice;
        String iSExit="n";
        MGraph campus=new MGraph(23,23);
        Scanner scan = new Scanner(System.in);
        do{
            yourChoice=0;
            System.out.print("\n---------------------------欢迎使用校园导游系统--------------------------------\n");
            System.out.print("\n                            欢迎来到×××××××××××学院!\n\n");
            System.out.print("\n                              菜 单 选 择    \n\n");
```

```
System.out.print("                    1. 学校景点介绍              2. 查看游览路线      \n");
System.out.print("                    3. 查询景点间最短路径        4. 景点信息查询      \n");
System.out.print("                    5. 更改图信息               6. 输出邻接矩阵      \n");
System.out.print("                    7. 退出 \n");
 System.out.print("\n-------------------------------------------------------------------------\n");
System.out.print("\n 请输入你的选择：");
yourChoice= scan.nextInt();
switch(yourChoice)
{
        case 1: campus.introduceCompus(); break;
        case 2: campus.browsePath(); break;
        case 3: campus.showShortestPath(); break;
        case 4: campus.showVexsinfo(); break;
        case 5: campus.changeGraph(); break;
        case 6: campus.printMatrix(); break;
        case 7:
           System.out.print("您确定要退出系统吗?(Y/N):");
           iSExit= scan.nextLine();
           if(iSExit=="Y" || iSExit=="y")
                   System.exit(0);
           else
                   iSExit="n";
           break;
        default:
               System.out.print("输入选择不明确，请重新输入\n");
           break;
    }
}while(yourChoice!=7||iSExit=="n");
scan.close();
  }
}
```

第 6 章　测试分析

系统启动后首先显示图 3.1 所示的主界面，各子功能测试运行结果略，请读者自行完成测试。

第 7 章　总结

本次实训与课程设计，使我对数据结构这门课程有了……数据结构是一门……课程，为了学好这门课程，必须在掌握理论知识的同时，加强上机实践。

我的课程设计题目是……刚开始的时候，我感到完全无从下手，甚至觉得完成这次实训与课程设计根本就是不可能的，于是开始……之后便开始……经过努力，我终于写完了程序，但程序在运行时有很多问题。特别是……但通过……帮助最终基本解决问题。

在本次实训与课程设计中，我明白了理论与实际应用结合的重要性，并提高了……能力。这次实训与课程设计同样提高了我的综合运用所学知识的能力，并使我对 Java 语言有了更深入的了解。

……

总的来说，这次实训与课程设计让我获益匪浅，使我对数据结构也有了进一步的理解和认识。

参考文献

[1] 罗福强, 杨剑, 刘英. 数据结构（Java 语言描述）[M]. 北京: 人民邮电出版社, 2015.

[2] 严蔚敏, 吴伟民. 数据结构（C 语言版）[M]. 北京: 清华大学出版社, 1997.

[3] 耿国华. 数据结构（C 语言描述）[M]. 北京: 高等教育出版社, 2005.

[4] 杨剑. 数据结构[M]. 北京: 清华大学出版社, 2011.

[5] ALLEN WEISS M. 数据结构与算法分析（Java 语言描述）[M]. 2 版. 冯舜玺, 译. 北京: 机械工业出版社, 2009.

[6] DROZDE A. C++数据结构与算法[M]. 4 版. 徐丹等, 译. 北京: 清华大学出版社, 2014.

[7] 邓俊辉. 数据结构（C++语言版）[M]. 3 版. 北京: 清华大学出版社, 2013.

[8] SAHNI S. 数据结构、算法与应用（C++语言描述）[M]. 2 版. 王立柱, 刘志红, 译. 北京: 机械工业出版社, 2015.